妝花

THE BEAUTY *of the* FLOWER

史蒂芬・A・哈里斯 Stephen A. Harris

獻給我的母親琳達．哈里斯（Linda Harris, 1945-2022）。
她用獨特的方式培養我對大自然的熱愛，並鼓勵我去觀察。

CONTENTS 目次

PREFACE

作者序

誠實勇敢的約翰・梵烏弗勒（John Van Ufele）從名為巴西的美洲地區回來，在一六〇七年向我展示了一本書。他在書中以繽紛的色彩描繪了一些植物和活潑的生物。根據他的說法，他在決定要旅行時學會了繪畫，如此一來，返家後便能用色彩來呈現奇特的異國見聞，以供回憶和娛樂之用。

——《植物通史》（*The Herball, or General Historie of Plantes*, 1633）約翰・傑拉德（John Gerard）

人類是視覺動物，想想看我們每天隨時在全球各地拍下多少數位影像就知道了。我們用這些影像來記錄日常生活、人際關係以及我們所居住的這個世界，藉此創造回憶、驗證感知與影響他人。有人相信影像能跨越文化的藩籬，證明事物的價值與真實性，並且用一種單靠言語和文字無法企及的方式引起關注。另外，「眼見為實」這句格言暗示了影像與真實性有特殊的關聯；影像不會說謊。然而，影像就如同言語和文字一樣容易遭到操縱、扭曲和誤解，因此同樣會受到大眾檢視、詮釋和批判。尤其是有人用美麗的圖片來左右我們的思想、社交互動和回憶時，影像的這些特性或許更為顯著。想想看企業、政府和廣告商為了販售商品和推廣觀點，是如何運用照片來操縱我們對於人和事件的詮釋及感受。因此，要讓影像成為嚴謹的科學證據，就必須冷靜地思考影像的脈絡，再以好奇且不輕信的態度解讀影像。

◇ 這是一幅由C.馬修斯（C. Mathews）手工上色的雛菊金屬版畫，參照的是藝術家桑德斯（Miss Saunders）的原創插畫，她的作品對威廉．巴克斯特（William Baxter）在一八三四至四三年出版的六冊著作《英國顯花植物》（*British Phaenogamous Botany*）深具貢獻。這幅畫細緻地呈現出雛菊的習性和花朵的樣貌，讓觀眾能以不同角度欣賞這種極其常見的英國野花。

人類從數萬年前就開始用圖像記錄大自然，描繪了可供食用的動物、具有療效的植物，以及富有裝飾性、神聖性及象徵意義的各種事物。世界各地的許多文化都出現了植物插畫，這是一門精確描繪植物的專業。在歐洲的自然科學領域，植物插畫的興起與文藝復興有關，在十八世紀更隨著歐洲人在全球探險及擴張版圖而蓬勃發展。但到了十九世紀末，植物插畫已經走向式微。對藝術機構而言，植物插畫不過是技術性繪圖，而科學界重視的主題也改變了，且科學家已找到其他方法來繪製與記錄科學發現。

如今，科學植物插畫經常被抽離原本的創作脈絡，與最初的用途分開。經過這樣的切割，植物插畫變成用以販售和推廣文化遺產的物品，可供翻印牟利或作為創造生活風格的掛飾。比方說，許多賀卡、禮物包裝紙和化妝品包裝上都裝飾著瑪麗亞．西碧拉．梅里安（Maria Sibylla Merian）、喬治．迪厄尼修斯．艾雷特（Georg Dionysius Ehret）與沃爾特．胡德．菲奇（Walter Hood Fitch）等知名自然史繪師的作品，或者是取材這些作品的圖像。然而，植物插畫的用途並非裝飾和布置，也不是用來兜售影響力或行銷商品。植物插畫是一門有科學使命的藝術，是為了記錄、展示跟植物有關的科學資料而存在，傳遞這些資料。成功的植物插畫不用賞心悅目，需力求真確。當然，如果美感與精確性都能兼備更好，許多傑出的植物繪師也確實達到了這樣的成就。人們對於圖像的解讀可能會隨著時間改變，但植物插畫作為一種準確觀察和記錄而來的資料，可以說是永存不朽的科學紀錄。不過，植物插畫的演進歷程以及它與科學觀念之間的交互作用相當豐富、複雜且微妙。藝術家和科學家的工作都會受到當下的時空環境所影響。

透過十五世紀中期至今的植物插畫，本書將探討科學和藝術之間的交流，揭示植物插畫運用於傳遞植物相關科學資訊的方式，以及植物學圖像的觀看如何有了改變。第一章的重點在於科學植物插畫是合作的產物，主要探討繪師和印刷師在呈現科學資料與理論時運用的手法。第二章是植物插畫的介紹，從它在近東地區的起源談起，並涵蓋一些反覆出現的主題，諸如寫實畫作與理想形象的差距、繪師先備知識的作用，以及圖像與文字的整合。第三章是植物學的簡史，著眼於

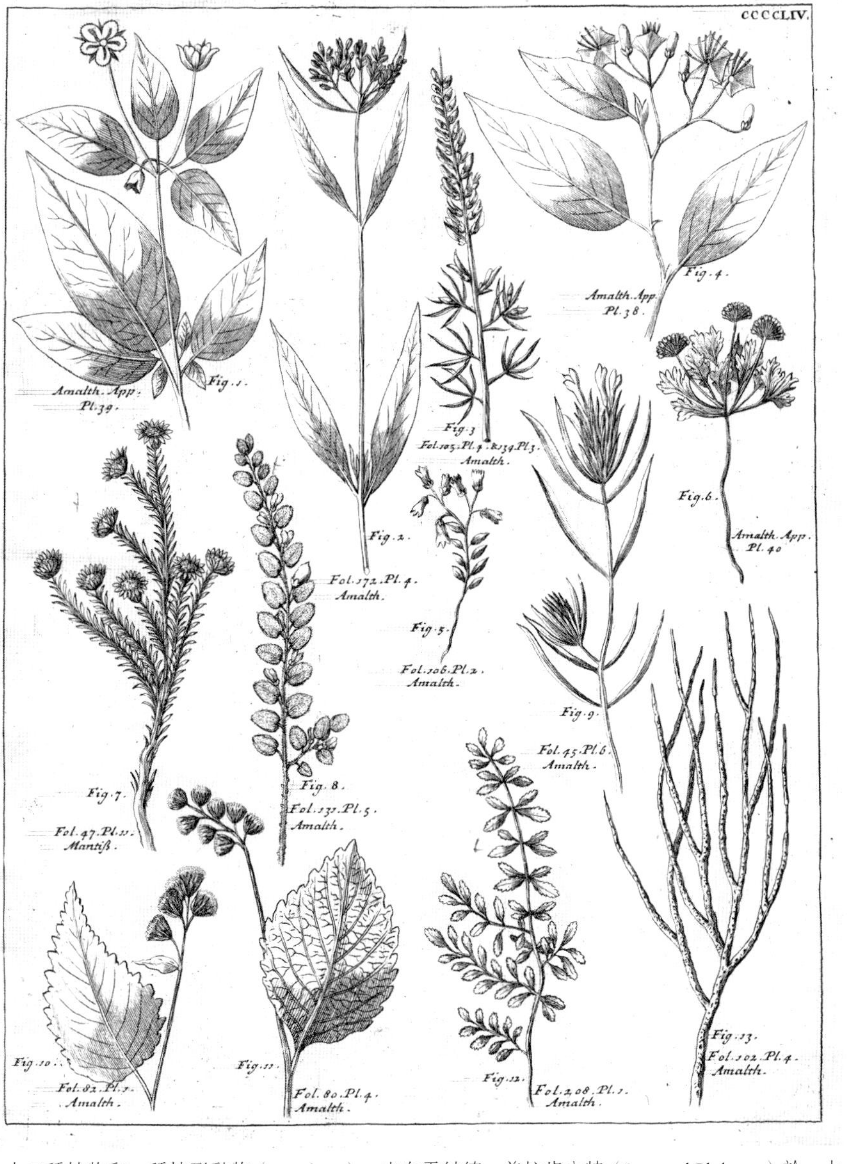

十二種植物和一種植形動物（zoophyte），出自雷納德．普拉肯內特（Leonard Plukenet）於一七〇五年出版的《植物大全》（*Amaltheum botanicum*）。這些圖像是根據普拉肯內特收到的乾燥標本所繪製，並以蝕刻技術製作印版，標本則來自非洲、澳洲、巴西、中國、印度和北美洲。這些植物並非有系統的排列，而是凌亂地放置在版面上，可能是依循它們送達的順序，或者放得進這片空間為主。

插畫如何在植物的命名和分類、生理學和實驗以及演化和遺傳方面呈現重要的觀察結果。第四章則說明在野外實察中，植物插畫對於發掘生物多樣性有何貢獻。第五章探討了繪師的角色，但並非浪跡荒野的那一型，而是以人為培植景觀作為題材的繪師。第六章、第七章與第八章所談論的繪師則是發揮所長，記錄植物內部構造和生長情形的人，他們也記錄了一些植物學理論的測試結果。最後，第九章談的是插畫有何教育用途，以及插畫在植物科學理論傳播中的角色。

本書收錄的圖像凸顯了植物插畫的科學用途，因而會挑戰將植物插畫視為一門美學的既定觀念。如今，植物插畫繪師的技藝似乎面臨數位攝影的考驗，為其帶來挑戰的還有植物學家的提問，以及科學家記錄、保存和展示資料的方式。不過，不同時期的植物插畫繪師都積極運用當下的技術優勢，例如，光學技術的發展帶來了更清晰的視野，化學技術的進步催生了新的顏料，而工程技術的突破則與新的印刷工藝有關。

如今在全世界遭遇的課題中，植物圖像和植物本身扮演著舉足輕重的角色；這些課題包括不斷膨脹的糧食需求、地球生物多樣性的保存以及環境韌性的培養。對於二十一世紀的植物插畫繪師以及與他們共事的科學家而言，他們的考驗是要結合傳統插畫和攝影技術的優勢，以便在捕捉和儲存資料時發揮加乘效果，成功將精確的植物資訊傳達給形形色色的受眾。

ONE Plant And Page

植物與版面

若不將花卉描繪下來，很難以恰如其分的眼光欣賞它們的美麗；而要在花朵變化之前，逼真地畫出它們的面貌又更顯困難。
——《普羅瑟碧娜：路邊野花研究》（*Proserpina*, 1875）約翰．羅斯金（John Ruskin）*1

十八世紀的全球探險家正為大自然多樣性和經濟潛力歡欣鼓舞之際，商人、醫師、軍人和殖民官員紛紛將大量植物送往歐洲各重要城市*2。這些植物有的被種植在花園裡，有的被壓製成乾燥標本，保存進植物標本館，並在十八世紀逐步發展成植物學研究不可或缺的工具。一七〇五年，曾擔任英國女王瑪麗二世[1]御用植物學家的雷納德．普拉肯內特（Leonard Plukenet）出版了《植物大全》（*Amaltheum botanicum*），由至少六位雕版師為數百種植物製作了一百零四幅蝕刻銅版畫。這些扁平畫作看起來像簡易的示意圖，難以表現植物的自然面目。問題或許出在這些植物太過新奇，而製畫的藝術家並不熟悉植物的基本結構，也不太了解構造之間的關係，甚至可能受他們所參照的植物標本來製畫影響。

在《植物大全》的最後一幅插畫中，右上角是巴西東北部某種馬鈴薯的嫩枝，有著三片葉子、幾朵花和幾個花苞，更重要的是，有一根皮刺從左下那片葉子上方的莖冒出來。包括這幅畫在內，共有二十

1 譯註：瑪麗二世（Queen Mary II）與丈夫威廉三世（William III）是英國光榮革命的核心人物，兩人在一六八九至九四年間共治英國。

幅畫是根據威廉．丹皮爾（William Dampier）採集回英國的植物標本所創作；他曾是一名有私掠許可的海盜，在一六九九年至一七〇一年間，由政府資助的環球航行中蒐集到這些標本 *3。這些來自澳洲、巴西和東南亞的標本被丹皮爾「博學的好友」借給普拉肯內特和他的工匠，這位好友就是博物學家約翰．伍德沃德（John Woodward）*4。

這個標本是威廉．丹皮爾（William Dampier）一六九九年在巴西採集到的茄屬植物，學名是 *Solanum paniculatum*。雷納德．普拉肯內特（Leonard Plukenet）的《植物大全》（*Amaltheum Botanicum*, 1705）收錄了根據這個標本製作而成的蝕刻版畫，但有一朵花苞被繪師畫錯或被雕版師刻錯（也可能兩人都錯），再加上植物學家杜納僅憑這幅插畫就下判斷，於是誤將這種已知的常見植物當成新的物種。

普拉肯內特書中這幅巴西馬鈴薯的畫作，有整整一百多年都未受到外界注意，直到一八一三年才被法國植物學家米歇爾．杜納（Michel Dunal）正式列為新的物種，學名是 *Solanum brasilianum*。不過，這種植物只在普拉肯內特的畫中出現過，經過數十年的搜尋都未發現活體植株。

解讀丹皮爾的標本時，杜納仰賴的是一位陌生繪師的筆下功夫，但連他自己在內，無人去調查過用來作畫的標本。杜納將這種植物列為新物種的兩百多年後，有人在牛津大學植物標本館重新找出這個標本，同時找出丹皮爾蒐集的其他乾燥植物，重新檢查才發現當初的繪師搞錯了，那根皮刺其實是畫錯位置的花苞，這個標本實際上是巴西最常見的茄屬（Solanum）植物。杜納所描述的「新物種」並未滅絕，而是根本就不存在*5。繪師無意間犯下錯誤，而杜納又假設這幅畫非常精準，結果就變成眾「眼」鑠金的謠傳。

什麼是植物插畫？

植物插畫是一種如實反映植物外觀的作品，仔細描繪了轉瞬即變、有時還很脆弱的植物構造。十九世紀的法國藝術家安東．帕斯卡（Antoine Pascal）在著作中探討比利時繪師皮埃爾．約瑟夫．雷杜德（Pierre Joseph Redouté）[2] 所運用的植物插畫技法時表示，「花卉繪畫有三種用途：直接應用於工業、用來展示植物學知識，或本身就是一種藝術品。」*6

成功的植物插畫，繪師需透過仔細的第一手觀察，以不假修飾的自然主義風格精確描繪植物。作品繁多的十九世紀蘇格蘭植物繪師沃爾特．胡德．菲奇（Walter Hood Fitch）特別強調這幾點：

「嚴謹的植物繪畫通常只會呈現一兩株植物，而且每株都必須準確描繪和著色。然而，在花俏的繪畫或包含多株植物的圖畫中，繪師可能會因為觀眾的眼睛無法明辨秋毫，便機巧地略過一些細節以節省力氣。我可以說繪師經常濫用觀眾的疏忽，這種做法不僅不吸引人，還時常令人反感；另外，許多花卉繪畫教授的作品不利於提升社會大眾對植物的品味。」*7

有鑑於此，一個直接衡量植物插畫品質的標準是：我們能否單靠

2 譯註：皮埃爾．約瑟夫．雷杜德（1759 – 1840）以玫瑰、百合及石竹類花卉繪畫聞名於世，被譽為「花之拉斐爾」。

畫作就輕易辨認出這種植物。義大利畫家朱塞佩．阿爾欽博托（Giuseppe Arcimboldo）以鮮花、果實和種子入畫，完成了匠心獨運的〈四季〉系列油畫（*The Four Seasons*, 1563, 1572-3），這些作品就符合前述標準 *8。阿爾欽博托對每個元素的描繪如此精確，讓人得以辨識畫中的蔬果。相較之下，文森．梵谷（Vincent van Gogh）的〈向日葵〉（*Sunflowers*, 1880s）系列畫作，或克勞德．莫內（*Claude Monet*）繪製的〈睡蓮〉（*Water Lilies*, 1890s-1920s）系列作品，則都沒有達到這個標準。在梵谷和莫內的畫中，雖然能大概看出植物的類別，但看不出細微而重要、通常極為毫末的特徵，那卻是不同物種之間的決定性差異。

在古希臘、古埃及、亞述帝國和古中國文化裡，人們都曾創造能長期留存的植物圖像。早在西元一千年以前，忠實呈現中藥藥草外觀的圖畫就已出現，不過，「可識別性」的標準其實與西方科學的發源地——東地中海地區——以及人文主義的興起息息相關 *9。植物圖像花了一段時間才慢慢被納入西方世界研究大自然時的科學方法，與此同時，跨文化的交流無可避免地影響了西方植物插圖的實踐。比方說，拜十七和十八世紀的耶穌會傳教士所賜，中國和歐洲的植物插圖在東西方世界之間相互傳播，而十八世紀的印度本土繪師也對歐洲的植物分類學貢獻良多。*10

光是憑著高超的技法精準畫出植物的外觀，尚不足以創造出具有科學用途的植物插畫。圖書館和檔案室有許多精美的植物插畫，卻不見得有科學價值，原因是缺乏詮釋資料（metadata），也就是解讀這些插畫的脈絡：它們是在何時何地由誰創作？另外，未出版的插畫永遠不會被納入經由同儕審查而產生的科學論文中。一幅插畫要發揮完整的科學價值，除了要精確描繪植物、附上資料和用來佐證的實體標本之外，還要在科學界擴散、流傳，供科學家研究、審查和評論。

英國維多利亞時代的博物學家理查．史布魯斯（Richard Spruce）花了十五年，在南美洲北部的亞馬遜河流域探索山巒與森林。他一邊旅行，一邊採集標本和文物，這些珍品日後都歸入了歐洲和北美洲的文化收藏。史布魯斯尤其對小而嬌嫩的蘚類植物（liverwort）感興趣，這些植物生長在森林的地面、樹幹、溪流和池塘的邊緣，與苔類植物（moss）[3]有著親緣關係。回到英國後，史布魯斯立即投入多年的時間，以維多利亞時期慣用的科學格式來分類與記錄發現。比方說，他在一八八四年出版的《亞馬遜河流域與安地斯山脈的蘚類植物》（*Hepaticae Amazonica et Andinae*）共收錄數百個物種，用來說明的石版插圖共用掉二十二塊圖板。這些插畫的作者是頂尖苔蘚學家羅伯特．布雷斯維特（Robert Braithwaite）與英國真菌學家兼植物學家喬治．愛德華．馬西（George Edward Massee），兩人都與史布魯斯密切合作。*11 布雷斯維特和馬西擁有深厚的自然歷史素養，但史布魯斯也有他的優勢：他實地考察過這些活生生的植物，不只是靠著乾皺標本從熱水中恢復的模樣來認識它們。因此，不出意料，在他跟布雷斯維特來往的信件裡，他特別指出「蘚類植物畫得很好」，但同時強調他原本可以提供更多協助——「如果我當時就在你們附近，或許就能幫你們挑選目標。」*12 但若真的這麼做，史布魯斯恐怕很快就會認為根據標本製作的插畫在「反覆浸濕和乾燥的過程中」已然失真，他甚至可能會阻止他們創造這些插畫。

最具科學價值的植物插畫誕生於科學家、繪師和印刷師的緊密合作，正如十八世紀的瑞典博物學家卡爾．林奈（Carolus Linnaeus）強調：「要創造一幅值得讚賞的畫作，畫家、雕版師和植物學家同樣不可或缺；如果有任何一員出了差錯，畫作就會有缺陷。」*13 科學家可能會提供受描繪的物件或闡述要表達的概念，再由繪師承接這個願景，運用活生生或死去的植物作畫。要讓繪師的作品被納入科學界的討論，則須將它們轉化成可以流通的媒介；在過去，這就意味著印在紙上。有位優秀的植物學家兼植物插畫繪師直截了當地表示：「畫一幅素描，跟畫一幅可供雕版印刷的圖畫，是兩個很不一樣的概念。」然而，兩者（或它們在現代的對應技術）都同樣不可或缺。*14 科學家、繪師印刷師可以是同一個人，舉例而言，在十九世紀的倫敦，有一間專攻自然歷史作品的印刷店屬於索爾比家族所有，而詹姆斯．索爾比（James De Carle Sowerby）可能是整個家族最有才華的成員，他曾獲倫敦地質協

3 譯註：淡江大學化學系榮譽教授吳嘉麗曾在《科學月刊》發表〈窺看「苔蘚」奧祕—新骨架與生物活性〉一文，提及台灣向來習慣將 moss 翻譯為「苔類」，liverwort 則是「蘚類」，但這種譯名跟日本、南韓及中國對這這兩類植物的漢字表示恰好相反，在國際學術交流活動上需特別注意，以免引發誤解。由於本書沿用的是台灣既定翻譯，特此提醒。

這是西澳大利亞綠海藻（Struvea plumosa），收錄於愛爾蘭植物學家和藻類學家威廉．亨利．哈維（William Henry Harvey）的五冊著作《澳洲海藻的歷史》（*Phycologia Australic*, 1858-63）。這幅畫作由哈維繪製並進行石版印刷，呈現出原始大小的藻類碎片漂浮在水中的樣子，還附上放大的分枝和生殖構造。哈維對海藻愛好者表示同情，因為要辨識海藻「通常需要用顯微鏡檢查」，但他也指出，「屬別並不多，一旦認識之後，就很容易記住和區分。」*16

會讚美：「他透過繪畫和雕刻，為我們帶來化石、貝殼和植物的畫作，相當精準且真實地表現了它們的特徵——唯有科學藝術家才能達到這種成就。」*15 在更多時候，科學家、繪師和印刷師是各自獨立的角色，因為他們仰賴的技能是互補的，很少人可以集所有能力於一身。因此，植物插畫的出版向來是合作的結果。

重點是，出版過程中的每個步驟，都會不斷修改草圖，根據插畫的用途、收錄這幅插畫的作者意圖和能夠運用的技術，來消除、旋轉、填補、模糊和凸顯植物的一些特徵。修改過程中的每一步都可能削弱或強化植物的細節。一幅插畫在科學上能如何解釋，以及會衍生什麼樣的結論，都取決於插畫的製作目的，以及繪師和印刷師的技術。

儘管有上述疑慮，我們仍能從十五世紀以來的植物插畫觀察到幾個主要趨勢。這些趨勢與繪師使用哪些技法、在何種表面繪製圖像、彩色顏料的種類和來源、為了凸顯或揭露新細節而運用的放大技術、題材的多樣性，以及植物插畫的受眾息息相關。

審美權威也許會認為植物插畫只是有著嚴格框架的技術繪圖，缺乏藝術表現空間，有時更諷刺只需要熟練且機械性地操作畫筆。對於這種「繪師」與「藝術家」的二分法，有位植物插畫繪師的觀察是：「為出版繪製的畫作通常被稱為『插畫』，這個詞時帶貶義，彷彿『插畫』終究屬於比『藝術』次等的類別。」*17 另一位植物插畫權威則表示，繪師的處境是「受委託繪製插畫，但過程中沒有任何自由——不可能自我表達——且像相機一樣運作。」*18

自十五世紀歐洲使用印刷機以來，有各式各樣高品質的植物插畫獲得出版，從中可以發現，儘管受限，科學植物插畫仍有藝術表現的自由。繪師駕馭媒材的功力以及創作上的種種選擇，都大幅提升了插畫的整體吸引力、視覺效果和科學用途。在技藝高超的繪師筆下，即使是最神祕難解的植物也能被描繪得既美麗又啟人深思，不僅讓人目眩神迷，還能提供豐富的資訊。

為什麼要畫植物？

基本上，植物插畫與科學資料的保存、資訊展示及知識傳播有關。重要的是，植物插畫保存了用傳統博物館技術可能很難保存的植物資料。舉例來說，一旦經過壓扁和乾燥的程序，圓形仙人掌的多汁外形、蘭花的複雜形狀、鳳梨的細緻色彩和相思樹的立體結構就都消失了。[*19] 植物科學的許多領域都吸引繪師一展長才，這些領域包括：發掘野生植物和栽培植物並加以描述與分類、剖析植物體的組織結構，以及探索植物的生長和分布，當然，還有教學。除了這些領域，十九世紀的博物學家兼藝術家威廉．伯切爾（William Burchell）更強調，欲造訪陌生國度或人跡罕至之處的人……（應該要）最重視繪畫這門藝術，不只是為了與朋友分享所見所聞，也是為滿足自身。在重溫往日印象時，畫作是比遊記更生動的媒介，讓人樂在其中。[*20]

伯切爾的評論預示了照片在今日的用途。至於植物插畫，作為一種科學證據，它必須奠基於客觀的個人觀察，精準呈現出樣本的外觀。在希荷尼穆斯．博克（Hieronymus Bock）的《德國植物與常見命名法》（*De stirpium*, 1552）中，有一幅叫作「水堅果」（Wassernuß）的木刻版畫，是一個富有想像力的綜合體，與任何已知植物都不相符。儘管畫中那顆分離的果實看起來就是菱角[*21]，這幅插畫和圖說都無法讓不熟悉菱角的讀者辨認出這種植物。同樣地，在閱讀蘇格蘭外科醫師兼植物學家威廉．羅克斯堡（William Roxburgh）的《科羅曼德海岸植物》（*Plants of the Coast of Coromandel*, 1819）時，除非是專業的植物學家，否則讀者必須端詳插圖才能明白作者對菱角的敘述：

「葉子具葉柄，簇生於莖端，呈腎臟般菱形，下半部平整，上半部有鋸齒。葉面光滑，呈深綠色，背面有絨毛，呈紫色；寬度三至四英寸，長度通常短於葉寬。具絨毛的葉柄隨著葉齡增加而變長，靠近頂端部分最為膨大，因為這裡有許多氣囊，為整株植物提供浮力。」[*22]

這是虛構植物「水堅果」的木刻版畫，由大衛．康達爾（David Kandel）根據阿爾布雷希．邁耶（Albrecht Meyer）的一幅水彩畫所創作，收錄於希荷尼穆斯．博克（Hieronymus Bock）的《德國植物與常見命名法》（*De stirpium*, 1552）。背景裡有幾株歐洲香蒲，前景的兩株植物則有著穗狀花序，它們被畫在像草一樣的莖上，裝飾著像是屬於菱角或金錢薄荷的，環狀排列的葉片，同時也有菱角的果實。畫中也單獨呈現一顆果實（右）和一粒取出的種子。

植物插畫如同其參考的標本，往往不會是個純然的物件，可能揭露出錯綜複雜的社交關係、贊助和權力模式。如同其他藝術家和科學家，植物插畫的繪師和生態學家往往仰賴著政府、貴族或商業機構的資助。在一八三〇年代，植物學家約翰．林德利（John Lindley）在出版弗朗茲．鮑爾（Franz Bauer）的蘭花插畫時，引起了讀者對此類議題的關注：

「透過能傳達原作之美的版畫，將所有如此輝煌的藝術作品都公諸於世，是慷慨的君主和開明政府值得追求的目標；對民間人士而言，高昂的費用必然會成為無法跨越的障礙。像我這樣卑微的小老百姓，至多僅能選擇那些最能表現植物形態的作品來出版。但即使如此，由於這類事業極少受到支持，我不得不耗費多年為之。」*23

鮑爾在十八世紀晚期從奧匈帝國來到英國，自那時起便一直受到約瑟夫．班克斯（Joseph Banks）的資助，他是打造英國皇家植物園（別名邱園）的幕後功臣。

一七九五年至一八一九年間，英國東印度公司從數千幅由蒙兀兒藝術家在羅克斯堡指導下創作的植物插畫中，挑選了三百幅來出版，最後成為《科羅曼德海岸植物》（*Plants of the Coast of Coromandel*）書中，對開大小的手工上色銅版畫。東印度公司此舉有兩個動機，一是「促進印度的科學發展」，二是「鼓勵公司海外雇員在閒暇時間進行有益的研究，作為向上級推薦自己的手段，並且在祖國贏得應有的聲譽。」*24

一本書若加上插圖，尤其是彩色插圖，可以變得更引人入勝，但有時這樣做需要很高的成本。在圖文並茂的植物書籍中，《科羅曼德海岸植物》（*Plants of the Coast of Coromandel*）這類奢華的限量版作品位於高價的一端，低價的一端則是教科書、辨識圖鑑和教學輔助工具，它們的插圖是實用取向，旨在讓內容變得清楚易懂或提升銷售量。以蘇格蘭植物學家約翰．赫頓．巴爾福（John Hutton Balfour）的《植物學手冊》（*A Manual of Botany*, 1875; 1st edn 1848）第五版為例，這本書是英國植物學的標準教科書，書背上寫著「九百六十三幅插圖」，字體跟作者名字差不多大；扉頁並未寫出黑白插圖的確切數量，僅模糊表示「超過九百張插圖」。這件事顯然代表有插圖就能提高銷量。

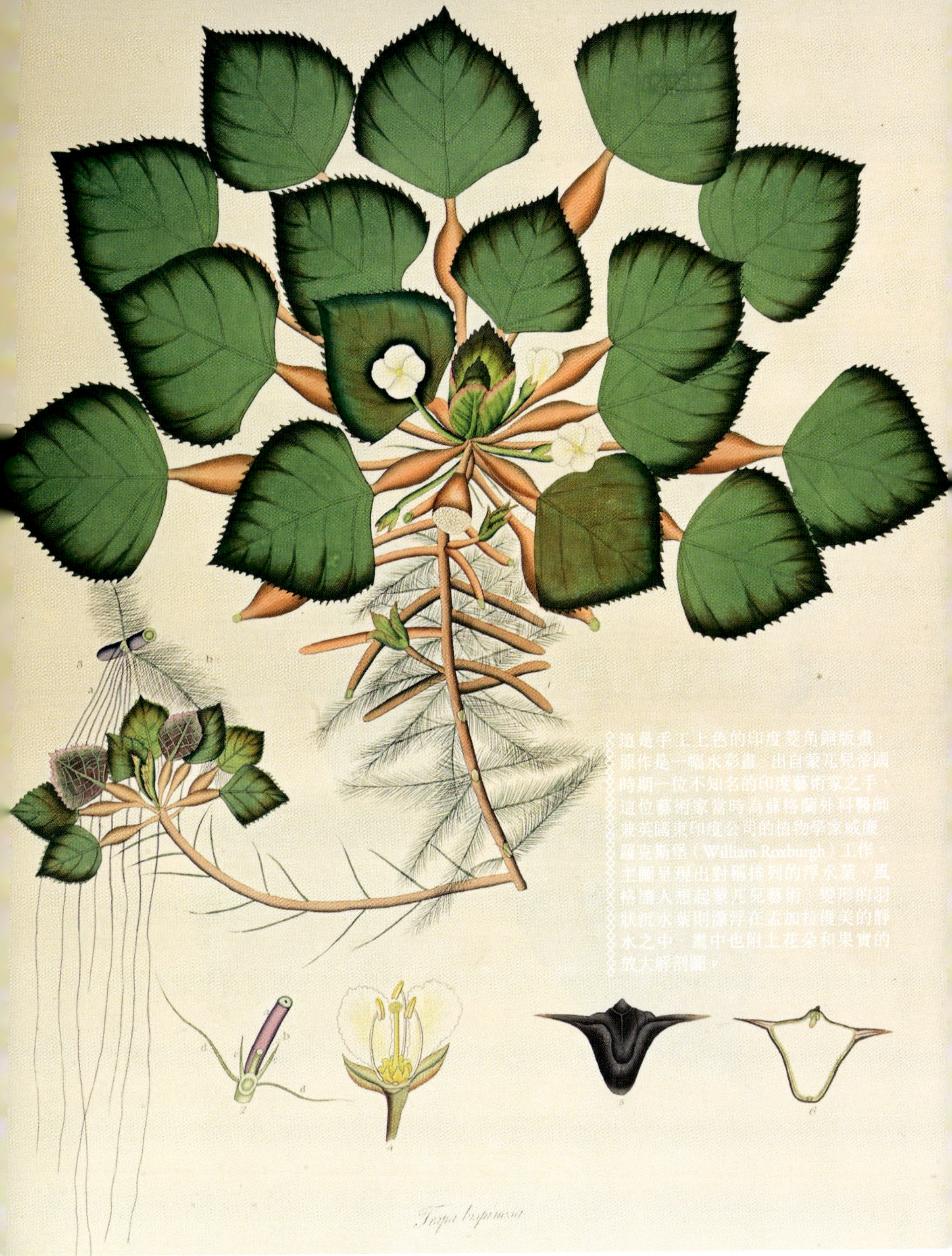

這是手工上色的印度菱角銅版畫，原作是一幅水彩畫，出自蒙兀兒帝國時期一位不知名的印度藝術家之手，這位藝術家當時為蘇格蘭外科醫師兼英國東印度公司的植物學家威廉．羅克斯堡（William Roxburgh）工作。主圖呈現出對稱排列的浮水葉，風格讓人想起蒙兀兒藝術，變形的羽狀沉水葉則漂浮在孟加拉優美的靜水之中，畫中也附上花朵和果實的放大解剖圖。

植物插畫出自何人之手？

植物插畫能夠出版，靠的是藝術家、博物學家和印刷師巧妙且富有創意的合作，藉由這種方法，可靠的資料得以記錄和保存，除了在同一個世代流通，也代代相傳下來。然而，關於植物插畫有個常見的刻板印象，很多人認為繪師都是一些需要消遣的女士，「這門學問非常細緻，因此特別適合她們。」[*26] 身兼教師與藝術家的弗瑞德列克．愛德華．休姆（Frederick Edward Hulme）更表示，畫植物比畫風景和人像更輕鬆，也沒那麼令人生厭，因為畫風景和人像「必須以勤勉的精神，充滿耐性地去尋找和努力……」但休姆顯然對他談論的主題相當無知。花卉繪師不需要擔心刺眼的陽光、疲憊的跋涉和沉重的裝備，卻要待在自己的房間裡，在靜謐之中與眼前的花朵相對，盡可能努力將其美麗的外形和色調描繪下來。[*27] 十九世紀中葉，英國小說家查爾斯．狄更斯（Charles Dickens）也利用了人們對植物插畫的既定想法將《塊肉餘生錄》（*David Copperfield*）主人翁大衛．科波菲爾（David Copperfield）的第一任妻子朵拉．斯本羅（Dora Spenlow）描繪成具有特殊社會背景、不食人間煙火的年輕女子，成天淨是悠哉悠哉地畫花、彈吉他，還有呵護她的小狗吉普。

時間回推數十年，蘇格蘭植物學家兼花園作家約翰．克勞迪斯．勞登（John Claudius Loudon）曾斷然表示，「能夠以植物學的方式來畫花卉，以園藝學的方式來畫果實……是過著悠閒鄉村生活的年輕女性最有貢獻的成就之一。」[*28] 他還恭喜那些管理英國植物苗圃，並且讓女兒去學習繪製「科學畫像」的男性，「在所有機械性行當之中，畫畫可能還比寫作和算術有用。」博物學家訓練女兒學畫畫並不是罕見的現象。十七世紀晚期，英國醫師兼博物學家馬汀．利斯特（Martin Lister）就在這方面栽培兩個女兒安和蘇珊娜，讓她們繪製他著作裡的插畫並進行雕版。[*29] 植物繪師哈莉特．安．帝瑟爾頓—戴爾（Harriet Anne Thiselton-Dyer）則是英國皇家植物園負責人約瑟夫．道爾頓．胡克（Joseph Dalton Hooker）之女，她的父親克紹箕裘，繼承了威廉．傑克森．胡克（William Jackson Hooker）的工作，後來又將職位交給她的丈夫威廉．特納．帝瑟爾頓—戴爾（William Turner Thiselton--Dyer）。

哈莉特的繪畫技巧出類拔萃，在十九世紀晚期和二十世紀早期是數一數二頂尖的專業植物繪師。*30 儘管男性在植物學的發現上占據主導地位，依賴植物插畫的科學領域仍處處可見女性的成就，只是她們的貢獻通常未獲承認，或就算被看見了，也沒有得到相應的肯定。*31

對於很多植物繪師而言，擁有專業上的酬勞和贊助才能發光發熱。比方說，十八世紀美國南部的動植物繪師馬克．蓋茨比（Mark Catesby）獲得一群英國博物學家和醫師的聯合資助。*32 弗朗茲．鮑爾的弟弟費迪南．鮑爾（Ferdinand Bauer）也是繪師，獲得了植物學家約翰．西伯索普（John Sibthorp）的支持。*33 被譽為「花之拉斐爾」的比利時繪師雷杜德能夠成功，則是因為他有法國王后瑪麗．安東尼（Marie Antoinette）和法蘭西第一帝國首任王后約瑟芬．波拿巴（Joséphine Bonaparte）的資助。*34 另外，丹麥植物學家兼外科醫師納撒尼爾．沃爾夫．瓦利克（Nathaniel Wolff Wallich）雇用了三位印度藝術家戈拉昌德（Gorachand）、維什努佩索（Vishnupersaud）與拉朱（Rungia Raju），讓他們在加爾各答植物園大展長才，為他的《亞洲稀有植物》（*Plantae Asiaticae Rariores*, 1830-32）製作兩百九十四幅插畫。該書呈對開大小，共有三冊。這幾位印度繪師的勤奮不懈與他們處理色彩的技巧備受矚目，不只一位殖民地行政官員如此評論：

「土生土長的旁遮普人……對色彩有一種本能的鑑賞力，儘管對於色彩運用的原則一無所知，在搭配上卻往往比歐洲學有專精的工匠還要恰當。他們經常使用誇張的色彩，但看起來總是溫暖、豐富而大膽。這些本土藝術家也很有耐心，他們會花上好幾週甚至好幾個月來畫圖，精心雕琢最微小的細節；為了在描摹和表現上追求完美，他們花多長時間都不嫌久，花多少力氣都不嫌多。這些本土藝術家最大的缺點是對於透視法和繪畫一無所知，所幸這些缺點是最容易彌補的。」*35

才華洋溢的藝術家也可能被培養成植物插圖繪師。在威爾士藝術家摩西．格里菲斯（Moses Griffith）年輕時，他曾為同鄉的博物學家兼古物學家托馬斯．彭南特（Thomas Pennant）工作，且深受他的賞識與栽培。一七七二年，為彭南特工作大約三年後，格里菲斯就跟著彭南特去蘇格蘭旅遊了，同行的還有英國牧師兼博物學家約翰．萊特福特（John Lightfoot）。格里菲斯在旅途中畫了一些動植物的圖畫，後來由愛爾蘭畫家彼得．梅索（Peter Mazell）進行雕版，印製在萊特福特推出的兩冊著作《蘇格蘭植物誌》（*Flora Scotica*, 1777）中。

〈畫家〉和〈木刻師〉，出自里昂哈特．福克斯（Leonhart Fuchs）的《植物歷史評註》（*De historia stirpium commentarii insignes*, 1542）。「畫家」面前有一隻花瓶，裡頭插一束麥仙翁；阿爾布雷希．邁耶（Albrecht Meyer）顯然正在根據實物作畫，海因里希．福爾茅赫（Heinrich Füllmaurer）則忙著把一幅畫複製到木版上，最後將由木刻師法伊特．魯道夫．施佩克勒（Veit Rudolph Speckle）來雕刻，而這位木刻師似乎「在與畫家爭奪榮耀與勝利」。*36

德國醫師里昂哈特．福克斯（Leonhart Fuchs）一五四二年出版的《植物歷史評註》（*De historia stirpium commentarii insignes*）則首次具體彰顯了植物插圖出版過程中的團隊合作。為了這本十六世紀的重量級植物學著作，有一群工匠花了十多年籌備五百多幅木刻版畫。他們是靠著繪畫和木刻維生的專業人士，逐漸學會了如何盡己所能地描繪植物。*37

這類例子顯示，大眾想像中的植物插畫繪師身分，以及插畫與性別、休閒與階級、業餘與專業之間的關聯，實際上非常微妙複雜，卻經常遭受誤解。

植物是在哪裡畫的？

植物插畫繪師的作畫地點，無論是出於選擇或他人的要求，都跟他們本身一樣各不相同。就以十八世紀晚期至十九世紀早期的鮑爾一家三兄弟為例，約瑟夫（Joseph Bauer）、費迪南（Ferdinand Bauer）和弗朗茲（Franz Bauer）都是傑出的專業植物插畫繪師，約瑟夫的工作地點是澳洲和列支敦斯登，費迪南則根據在東地中海地區和澳洲實地考察時完成的素描，在牛津和倫敦繪製水彩畫，而弗朗茲主要都待在英國皇家植物園的工作室和實驗室。*38

多了繪畫，十八和十九世紀貿易、殖民和探險航行的文字紀錄變得更出色了。擁有繪畫技巧的人往往是具有相當造詣的業餘人士，他們的技能或許是出自紳士教育的栽培。有時候，當特定的人被聘為自然歷史插畫繪師，這個角色就變得更加專業。比方說，來自蘇格蘭的西德尼．帕金森（Sydney Parkinson）是約瑟夫．班克斯（Joseph Banks）雇用的自然歷史繪師，在一七六八至七一年隨著英國航海家詹姆斯．庫克（James Cook）搭乘奮進號航向澳洲和太平洋，期間創作了一千五百多幅植物素描和畫作。*39 德國貴族和博物學家格奧葛．海因利希．馮朗斯多夫（Georg Heinrich von Langsdorff）則在俄羅斯的贊助下，於一八二四至二九年率隊遠赴巴西進行科學調查，一行人從巴西南部的聖保羅搭船到北部的帕拉。*40 有兩位隊員是專業藝術家，分別是德國的尤翰．摩荷茲．歐根達茲（Johann Moritz Rugendas）和法國的阿德里安．圖奈（Adrien Taunay），不過，歐根達茲在一八二六年放棄探險，圖奈則在兩年後溺水身亡。

參與科學遠征的繪師會四處遊歷，另外還有一些繪師卻是長期定居在每次工作的地方。德裔荷蘭博物學家瑪麗亞．西碧拉．梅里安（Maria Sibylla Merian）在蘇利南待了兩年，從一六九九年到一七〇一年都在描繪當地的植物和昆蟲。*41 荷蘭藝術家弗蘭斯．揚松．波斯特（Frans Janszoon Post）則是在拿騷殖民地總督約翰．毛利斯（Johan Maurits）的贊助下，花了七年待在另一個荷屬西印度公司的殖民地，也就是荷屬巴西（今日的東北部城市黑西腓一帶），為當地的動植物與自然景觀作畫。*42

除了靠旅行取得素材，有些繪師畫的是「自投羅網」的植物，諸如博物館的標本或花園裡栽培的植物。舉例而言，法國植物學家賈克—菲力．科努（Jacques-Philippe Cornut）撰寫了關於加拿大植物的第一份紀錄《加拿大植物誌》（*Canadensium Plantarum*, 1635），其中附有法國藝術家皮耶．瓦萊（Pierre Vallet）的植物插畫。*43 然而，無論是植物學家或藝術家都沒有親訪加拿大，他們使用的素材，是從北美洲的法屬殖民地送往法國巴黎國王花園（Jardin du Roi）的活株和標本植物。同樣地，在雷杜德最為人知曉的作品中，他畫的是那些為馬爾梅松城堡花園增色的植物，該城堡曾是拿破崙之妻約瑟芬．波拿巴（Joséphine Bonaparte）的住所。

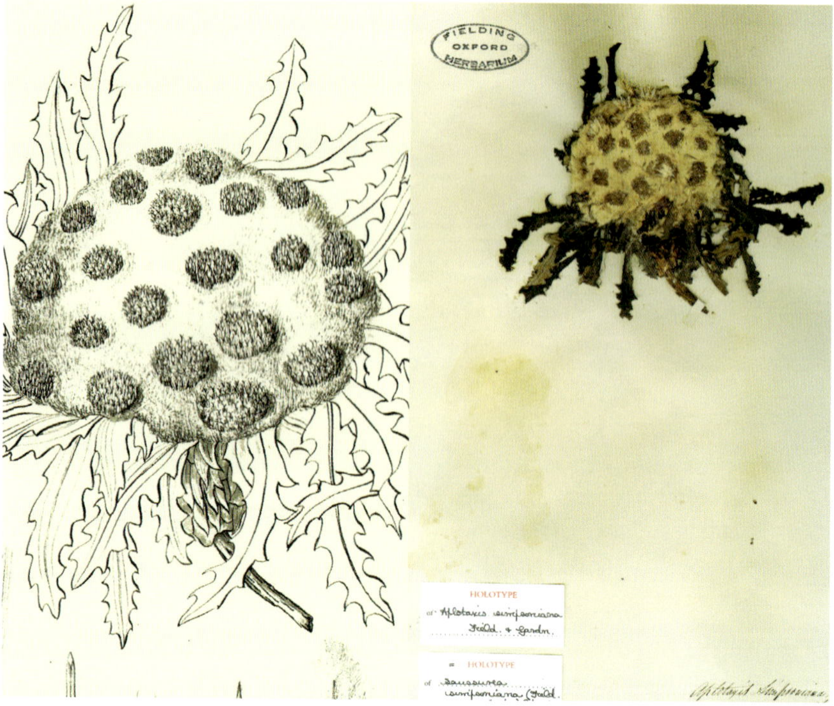

左圖是喜馬拉雅小果雪兔子（Saussurea simpsoniana）的鋼筆畫，出自瑪麗．瑪麗亞．菲爾丁（Mary Maria Fielding）之手，花朵與絨毛細節可能是喬治．加德納（George Gardner）所加。右圖是她作畫用的標本，來自她丈夫亨利．伯倫．菲爾丁（Henry Borron Fielding）的植物標本集，這個標本是孟加拉本土步兵團的辛普森中尉（R.S.Simpson）一八三六年在印度西北部採集而來。該物種的正式描述以及瑪麗的插圖版畫都載於亨利．伯倫．菲爾丁與加德納共同出版的《稀有植物集錦》（*Sertum plantarum*,1844）裡，其學名是為了紀念採集者。

製作插畫

不管插畫出自誰的筆下，也不管作畫地點在哪裡，繪師都要決定記錄植物樣本的方式。他們的選擇與自身造詣、工作環境、要描繪的植物種類和研究人員的需求有關，也牽涉到這幅插畫的出版形式。儘管有各式各樣可用的媒材，鉛筆、鋼筆和水彩是占大宗的三種方法。然而，植物插畫的功能以及目標受眾的接受程度可能會受到製作及傳播媒介的左右。比方說，附黑白圖片的植物圖鑑恐怕不如彩色圖片的實用，除非讀者非常熟悉如何解讀植物插畫。[*44]

十九世紀的英國植物繪師瑪麗・瑪麗亞・菲爾丁（Mary Maria Fielding）用鋼筆描繪了丈夫亨利取得的稀有植物[*45]，她用來作畫的標本是熱帶地區的野外植物學家所採集，再由亨利從拍賣會購得。相較於那位根據丹皮爾的標本畫出巴西馬鈴薯的藝術家，瑪麗雖然也只靠著扁平的標本作畫，卻成功表現出活體植物的立體結構感。她的四百四十五幅鋼筆畫大多發表於丈夫亨利的兩冊《稀有植物集錦》（*Sertum plantarum*, 1844, 1849）。她也創作了五百三十幅左右的英國植物水彩畫，但至今從未出版。[*46]

十九世紀早期，許多植物繪畫和水彩畫的實用手冊紛紛面世，像是帕翠克・西姆（Patrick Syme）的《學習花卉繪畫實用指南》（*Practical Directions for Learning Flower Drawing*, 1810）、愛德華・普雷帝（Edward Pretty）的《花卉水彩畫實務探析》（*A Practical Essay on Flower Painting in Water Colours*），以及詹姆斯・安德魯斯（James Andrews）的《花卉繪畫教學：簡易漸進的自然描繪與著色研究》（*Lessons in Flower Painting : A Series of Easy and Progressive Studies, Drawn and Coloured after Nature*, 1836）。[*47] 這些書籍經常以畫帖的形式出現。英國小說家兼藝術家亨麗埃塔・瑪麗亞・莫里亞蒂（Henrietta Maria Moriarty）出版《五十幅溫室植物畫》（*Fifty Plates of Green-House Plants*, 1807），旨在「提升年輕仕女的繪畫水準」。莫里亞蒂的許多圖畫並非原創作品，而是根據《柯蒂斯植物學雜誌》（*Curtis's Botanical Magazine*）依樣畫葫蘆，該雜誌會定期出版手工上色版畫，主題是英國花園裡的異國植物。

一八六九年，畫過數千種植物的蘇格蘭植物繪師沃爾特．胡德．菲奇（Walter Hood Fitch）將數十年的專業經驗彙整為八篇附有木口木刻（wood engraving）版畫的短文，在英國園藝學期刊《園丁紀事》（*Gardeners' Chronicle*）上發表。*48 菲奇是一位「更習慣用鉛筆而非鋼筆」的藝術家 *49，他直言不諱地表示植物插畫的關鍵在於繪畫能力：「要學會著色很簡單，但精準的繪畫眼光唯有靠著持續不懈的觀察才能培養。」再者，一幅作品的描繪和著色都要精確，因為前面沒有畫好，後續著色再漂亮也沒用。大部分花卉繪畫的初學者在尚未掌握素描之前，就急於為畫作上色。他們沒有意識到，假如作品畫錯了，再怎麼費力而華麗的塗抹也不過是「紙張染色」的粗糙功夫。

類似的觀點在五十年前就出現過。有人在評論英國藝術家約翰．卡特．伯吉斯（John Cart Burgess）的《花卉繪畫藝術實務探析》（*A Practical Essay on the Art of Flower Painting*, 1811）時指出：「我們的這些大小姐和少爺啊，往往只是隨興塗抹出一朵玫瑰或模糊難辨的花圈，就自以為精通花卉繪畫。」*50 菲奇則相信他所描述的方法「同樣適用於繪製乾燥植物和活體植物」。*51

繪製植物插圖時，菲奇最重視的是精確性和細節，要達到這兩點，繪師必須具有一定的植物學知識。植物插圖手冊不能只是列出名稱，應該要加強讀者對植物基本結構的認識：「我經常看到這種無知的負面案例——真是不可原諒，只要有一點點知識就可以避免這些問題。一個作品應該要能成為範例，而不是淪為反面教材。」*52 如今，以自然為題的寫實插圖不僅要掌握素材的外觀，還要了解其演化上的功能與結構的關聯性。

菲奇主張，為插畫上色是簡單的程序，但數百年來，準確畫出活株植物的顏色始終挑戰著藝術家和植物學家，對園丁而言更是如此——細微的色差可能就決定了該品種的商業價值。*53 另外，頂尖的植物插畫上色師也學著將調色盤中有限的原料發揮到極致。*54

這是英國植物學家夏洛特．喬治娜．特羅爾（Charlotte Georgina Trower）的水彩畫，畫中是一九一二年在英國德文郡採集的花葉野芝麻。特羅爾是英國赫特福德郡的一位地主，在她人生的後二十一年裡，與駐牛津的業餘植物學家喬治．克拉里奇．德魯斯（George Claridge Druce）合力創作了一千八百多幅英國植物的水彩畫。

複製插畫

自十五世紀中期起，機械印刷在歐洲變得普及，紙張、油墨、活字印刷技術與印刷機也不斷進步，這些變革與全球的社會、政治和經濟事件息息相關。*55 不過，印刷術、紙張、油墨和活字印刷技術並非起源歐洲，而是中國和東亞地區。*56 中國現存的四十多部本草類古籍共收錄上萬幅以木版印刷的黑白和彩色植物插畫，其中最早的刻版藥譜是《本草圖經》，成書於西元九六〇年至一一二七年間的北宋時期。*57 在傳統中藥藥草「青蒿」[4] 被發現是抗瘧疾藥物青蒿素的主要來源後，這些插畫及相關文本的不朽價值引發了全世界的關注。*58

凸版印刷、凹版印刷和平版印刷是在不同表面之間轉移油墨圖案的三大方式。*59 凸版印刷會在版面突起部分上墨，再壓印至紙張上；凹版印刷會在版面上製造凹陷，將油墨填入凹陷處，然後再進行壓印；平版印刷則是將油墨直接塗在平坦的印刷表面上。在十九世紀中期之前，木版經常用來印製書籍插圖，因為它們的凸起部分很適合搭配活字印刷技術，在印刷機上排出要印刷的版面。十七和十八世紀，凹版印刷和凸版印刷是相互競爭的關係，但十九世紀以後，兩者都漸漸被平版印刷取代。

凸版印刷

木刻印版有兩種，一種是與木理方向平行的木材縱切面，另一種是與木理方向垂直的橫切面。木紋木刻（woodcut）用的通常是松木一類的軟木，或白楊木、蘋果木等硬木的縱切面，木刻工具包括單刃刻刀、圓口和平口的鑿刀。木口木刻的過程大致相同，但用的是雕線刀（graver）等更為精巧的工具，以便雕刻黃楊木這類質地緊密、紋理細緻的木材橫切面。*60 不管是木紋木刻或木口木刻，沒有要印出來的部分會通通從版面上去除，讓構圖線條浮凸起來。木材和切面的類型會影響版畫品質，因為切面的光滑度、木刻線條可以達到的精細度，以及木版在印刷時的物理特性都有所不同。

4 譯註：青蒿為菊科植物黃花蒿（Artemisia annua）的乾燥地上部分，性寒，味苦、辛，歸肝、膽經，主治暑邪發熱、陰虛發熱、夜熱早涼、骨蒸勞熱、瘧疾寒熱、濕熱黃疸。資料來源：〈抗瘧疾中藥——青蒿研究新知〉，衛福部國家中醫藥研究所，2011 年 3 月。

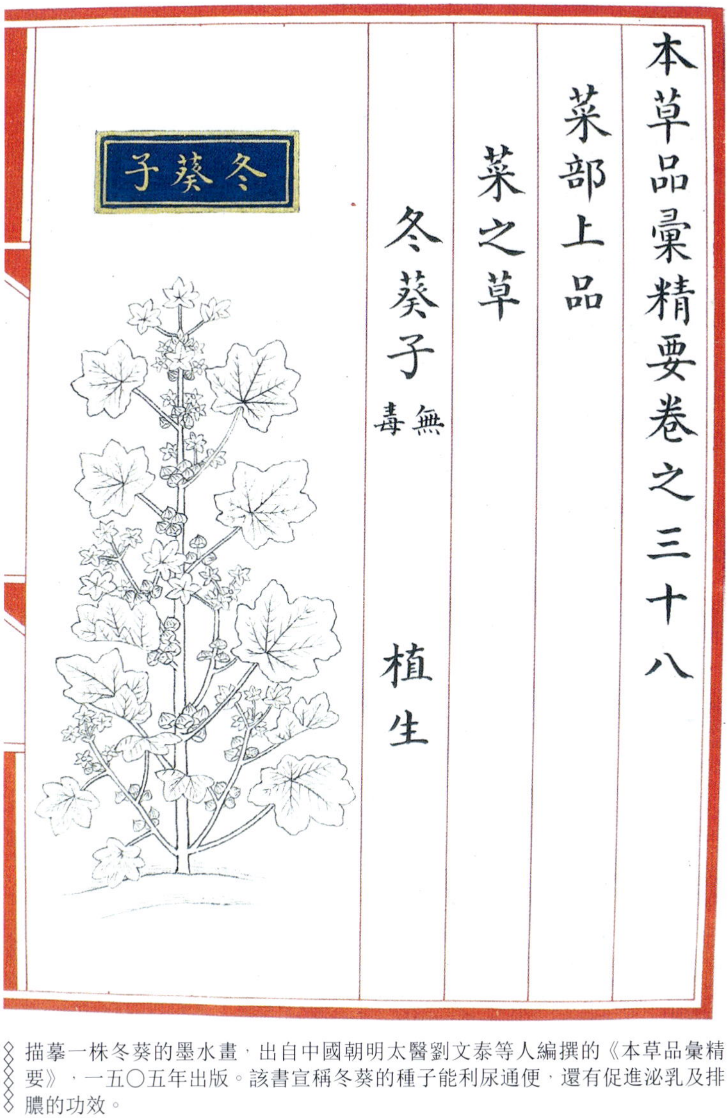

◊ 描摹一株冬葵的墨水畫，出自中國朝明太醫劉文泰等人編撰的《本草品彙精要》，一五〇五年出版。該書宣稱冬葵的種子能利尿通便，還有促進泌乳及排膿的功效。

德國醫師兼教士希荷尼穆斯．博克（Hieronymus Bock）推出《新草藥誌》（*New Kreuterbuch*, 1539），屬於歐洲最早印製的一批草藥誌，以詳細的植物說明和沒有插圖知名。不過，在一五四六年至五二年出版的三個後續版本中，德國藝術家大衛．康達爾（David Kandel）的數百幅木刻版畫也隨書發行。康達爾多以德國早期的圖畫為範本，但他也在一些原創木刻版畫中發揮自己的幽默感，像是將德國鄉村生活場景和寓言情境融入樹木的圖像。*61 以一幅無花果樹的作品為例，他多畫了一個年輕男子因吃了太多無花果而上吐下瀉的情景；另一幅蘋果樹的作品則不合常態地同時畫滿果實與花朵，另外還加了一條蛇，以及散於落果之間的人骨。*62 從康達爾的作品也能看出，早期木刻技術在描繪植物時受限於木版尺寸，或因為木版在加工時的物理特性而影響了線條的密度和粗細。

隨著新技法的運用，十六世紀的木刻版畫則變得更加精細複雜，凸顯了過去常被忽視的木刻師手藝。一五四四年，義大利醫師兼博物學家皮耶特羅．安德列亞．馬提奧利（Pietro Andrea Mattioli）出版了《佩達紐斯．迪奧斯科里德斯六部著作評析》（*Commentarii in sex libros Pedacii Dioscoridis*）。這本書最後共有十四個版本，被譯入許多歐洲語言，早期版本的銷量據說超過三萬兩千本。*63 這本書的賣點之一在於，在威尼斯和布拉格出版的晚期版本具有精美的木刻版畫，且充分利用了木版的可用版幅。

這是由大衛．康達爾（David Kandel）製作的無花果樹木刻版畫，出自希荷尼穆斯．博克的《德國植物與常見命名法》（*De stirpium*, 1552）。畫中是一棵根部裸露、有很多果實和葉子的樹。有一片葉子和一顆果實並未與樹體相連，它們的大小與特徵卻不夠精確，跟圖中男人的形象一比更是明顯。這幅畫被嵌在一頁拉丁文的文字中，以單頁凸版印刷的方式製作。

當木刻版畫越來越精緻，製作上就越來越費功夫，所需時間變得更長，成本也較以往更高。文藝復興時期，有一位非常重要的印刷商克里斯托夫．普朗坦（Christophe Plantin）在安特衛普開設了印刷公司，該公司一五六四年出版了一本書籍，其中有三分之二的成本都花在書中的一百三十九幅木刻版畫上。*64 如同今日的圖片庫，若在不同的作品運用同樣的木刻版畫可以降低成本。*65 但到了十七世紀，隨著凹版印刷技術解決了圖像清晰度的問題，植物類書籍就漸漸較少使用木刻版畫了。

一幅蘋果樹的插畫，出自皮耶特羅．安德列亞．馬提奧利（Pietro Andrea Mattioli）一五六五年版本的《佩達紐斯．迪奧斯科里德斯六部著作評析》（*Commentarii in sex libros Pedacii Dioscoridis*）。這幅木刻版畫被巧妙地壓縮在長約二十一點六公分、寬約十五點四公分的版幅內，以不同角度呈現出各種形狀的果實，且可能是為了節省空間而同時納入花朵。這幅木刻版畫極富裝飾性，卻不是蘋果樹枝通常的外觀。

〈羅布麻〉，出自義大利博物學家法比歐．科隆納（Fabio Colonna）的《一些植物的歷史》（*Phytobasanos*, 1592）。科隆納相當重視書中的插圖，親自參與了書籍製作的每個環節。這幅飾以木刻邊框的金屬版畫展示了一株連根的植物，它的五瓣花朵與豆莢狀果實都是成對出現。不過，繪師誤解了這株羅布麻的構造，讓每朵花都只結出一枚果實，事實上應該是兩枚才對。

凹版印刷

在銅板為主的軟金屬板上刻出凹槽有兩大方式：雕凹線法和蝕刻法。[*66]與木板雕刻不同，金屬板使用雕凹線法，是藉一種叫推刀（burin）的雕刻刀，去除板面上形成墨線的部分。雕刻師會直接將V形刀頭的鋒利推刀挖入金屬板面，沿著線條刨掉薄薄的一層金屬。若旋轉金屬板來配合推刀，就可以創造出彎曲的凹槽，改變力道則能刻出深淺和粗細不同的溝線。溝線越粗越深，能容納的油墨就越多，印在紙上的線條顏色也就越深。然而，這個過程的物理特性讓雕刻師只能以特定方式工作，限制了雕刻出來的圖像風格。

相較之下，蝕刻法是一種化學過程，而非機械性的操作，比起雕凹線法更為自然。蝕刻師會在金屬板塗上抗酸的蠟，然後在表面劃出線條，暴露出下面的金屬。當這塊塗蠟的金屬板浸泡在酸性溶液裡，只有暴露的金屬會被腐蝕。酸性溶液「咬住」金屬板的時間越長，線條就會越深、越寬，印刷出來的圖像顏色也越深。如何巧妙地控制酸對金屬的作用，正是蝕刻師的一項技藝。為了增添微妙的色調層次，還可以運用點刻法（stippling）、美柔汀（Mezzotint）和細點腐蝕法（aquatint）等技術。

蝕刻銅版的植物插畫首見於一五八〇年代的羅馬，由米蘭工匠喬瓦尼．安布羅吉奧．布蘭比拉（Giovanni Ambrogio Brambilla）製作，再由皮耶德羅．迪．諾比利（Pietro de' Nobili）出版。*67 時年二十四歲的拿坡里博物學家法比歐．科隆納（Fabio Colonna）推出《一些植物的歷史》（*Phytobasanos*, 1592），號稱是第一本有金屬蝕刻版畫的植物學著作，收錄了三十七幅整頁的銅版畫，其中有四幅是海洋動物，每幅都有一圈風格獨特、木刻凸版印刷的邊框。*68 到了十七世紀早期，凹版印刷在細節上的表現已經比凸版印刷更為細緻。

凹版印刷與十八世紀「植物插畫的黃金時期」息息相關。許多最為人熟知的作品在出版時就已貴得驚人，如今在拍賣會上更以高價成交。這些著作彷彿是戰利品，是為了妝點各個機構的圖書館與豐富鑑賞家的藏書才出版，並非有助於博物學家記錄植物及認識植物多樣性的實用資料。羅伯特．約翰．桉爾頓（Robert John Thornton）所著的《花之殿堂》（*Temple of Flora*, 1807）有著精美的插圖，這本書的目的是教授林奈植物學，但該書受到諸多嚴厲批判，比方說：「如此奢華的展演只能吸引那些具有高尚的藝術品味，又有財力浸淫其中的人，抑或是只能收進公共圖書館，那裡蒐集了各種奇珍異物的檔案。」*69

凹版印刷品因為價格高昂而難以流通，但為了將紙張壓進滿是油墨的溝槽，印刷滾筒會施以高壓，所以版面會在印刷過程中逐漸磨損。隨著印刷次數增加，印出來的線條會越來越模糊，無論圖畫本身的科學價值如何，其品質都會下降。因此，凹版印刷每次的印刷量都很小，或者是需要重新製版，而且次數有時很頻繁，銅版尤其有這個問題。堅硬鋼版的印刷量雖然很大，卻比銅版更難加工。

凹版印刷方法逐漸侷限了插畫類書籍的生產，尤其會影響形式、版面設計和印刷數量。像書籍形式就受到凹版印刷的限制——文字採凸版印刷，所以文字和圖像不會出現在同一個頁面上，除非文字也用了雕凹線法或蝕刻法。如此一來，圖畫會跟相關的文字說明分開，常會附上「裝訂指引」來指示圖像應插入文字版面中的哪個位置。二十世紀初期，對早期現代印刷的植物學著作非常了解的艾格妮絲．阿爾伯（Agnes Arber）指出：

「圖畫往往會成為一部作品的主要特色，而且很容易失去與文本的關聯，因而減損了文本的價值。於是，有著精緻版畫的書籍只能吸引富裕的業餘人士，這些人對十七世紀植物學著作的影響力顯而易見，而這些書籍的主題明確轉向園藝學。較為樸素的木刻版畫⋯⋯可以受到更嚴格的掌控，對於進行實務工作的植物學家來說更合用。插畫在科學史上確實是一流的幫手，但若喧賓奪主，就會阻礙科學的進步。」*70

木刻技術在十八世紀末重新流行起來，用以複製植物插畫。木口木刻師巧妙地把木板拼在一起，用木材的橫切面製作出精雕細琢的大型插畫，能印刷數千次而品質仍未下降，*71 而且這樣的插畫還可以嵌入文字頁面。直到平版印刷技術普及，尤其是石版技術普及以後，木刻版畫才終於式微。

三芒山羊草與加拿麗鷸草．出自約翰．克里斯蒂安．丹尼爾．馮．施雷伯（Johann Christian Daniel von Schreber）的《禾草誌》（*Beschreibung der Gräser*, 1769），參照的是德國藝術家克里斯提安．戈特利布．蓋澤（Christian Gottlieb Geyser）的插畫。這幅手工上色的銅版畫由卡爾．利伯海希特．克魯修斯（Carl Leberecht Crusius）在一七六七年雕刻，畫中還納入這些禾本科植物花部結構的解剖圖。

這幅作者不詳的〈上埃及的非洲棕櫚〉是木口木刻版畫，參考的是法國植物插畫繪師奧古斯特・法蓋特（Auguste Faguet）的作品。這幅畫發表於愛爾蘭園丁威廉・羅賓遜（William Robinson）一八七一年出版的《花園：全方位園藝插圖週刊》（*The Garden, an Illustrated Weekly Journal of Gardening in All its Branches*）第一卷，畫中的棕櫚被置於非寫實的場景中。

這是喀什米爾糙蘇（Phlomis cashmeriana）與喜馬拉雅鼠尾草（Salvia hians）的手工上色石版畫，收錄於約翰．佛比士．洛伊爾（John Forbes Royle）的《喜馬拉雅山脈植物學插圖》（*Illustrations of the botany and other branches of the natural history of the Himalayan Mountains*, 1839），這兩株原產喜馬拉雅山區的植物都屬於唇形科。一八三一年退休的洛伊爾原本是印度北方邦的薩哈蘭普爾植物園園長，在職期間雇用了當地藝術家來繪製植物。路赫蒙．辛（Luchmun Sing）在印度繪製了這些植物，而接下來在倫敦，來自馬爾他的石版印刷師馬克西姆．高西（Maxim Gauci）負責將圖像轉移到石材上，再由倫敦眾多印刷廠的其中一間完成印刷和後續修飾。

平版印刷

在一七九〇年代，出身波希米亞的劇作家阿洛伊斯．塞內費爾德（Alois Senefelder）發明了最早的平版印刷技術，也就是別名「石印術」的石版印刷，這種技術利用的是油水不相溶的特性。塞內費爾德使用了光滑的石灰岩塊作為石板，原料來自巴伐利亞的索爾恩霍芬周邊採石場。他先用蠟筆在石板上繪製圖像，接著用特定方式來處理石版，好讓油性的印刷墨水塗在石版上的時候，只會附著在蠟筆繪製的部分，而不會停留在其他區域。如此一來，把紙張放在帶有油墨的石版上再送入印刷機，繪製的圖像就會清晰地轉印到紙上。

對繪師而言，在石板上繪圖不會比使用鉛筆畫畫更困難；比起木材和金屬這種相對棘手的材質，木版也沒有它們遇到的技術性問題。事實上，無論是一般繪師或身兼植物學家的繪師，都可以省略在紙上繪製插圖的步驟，直接在石板上作畫。不過，石版插圖就如同木版與金屬版畫，印刷師的功夫依然是產出高品質插圖的關鍵。

索爾恩霍芬採石場如今依然是石版印刷的石材來源，該處曾在一八六〇年代出土了完整的始祖鳥化石而名聲遠播。不過，到了十九世紀末，有人發現鋅、鋁等金屬具有與石灰岩相似的親水性與疏水性。在二十世紀，隨著成本下降以及插畫的印製漸趨高度機械化，鋅、鋁一類的材料變得越來越重要。

一八三〇年代，約翰．林德利（John Lindley）發現石版印刷跟凹版印刷比起來仍有一些技術限制，他也坦言，如果要讓插畫類著作廣泛流通，折衷是必要的手段：

「目前已經證明，在表現（弗朗茲）鮑爾（Franz Bauer）先生的畫作時，相較於銅版的雕凹線法，石印法才是不可或缺的技術；遺憾的是，即使是出自最精湛的手藝，石版印刷也很少能展現出高質感或細膩的筆觸；如果經手的是業餘人士（如同部分版畫的做法），這種方法就更不適合了。無論如何，我們希望畫作所解釋的主要事實都已忠實呈現，也希望一些版畫在藝術上的缺陷不會損害它們作為科學插畫的價值。」*72

到了十九世紀中葉，石版印刷已經是複製植物插畫時既快速又便宜的主要技術。*73 另外，在歐洲各地出版的插畫類植物叢書，尤其是以園藝植物為主題的叢書，也運用了石版印刷技術來回應大眾對於插畫和植物資訊的需求。*74

自然印刷

將大自然記錄下來並以植物插畫的形式發行是個緩慢的過程，且往往要經過藝術家和印刷師的修飾及調整。因此，那些不需要繪畫和印刷技術就能快速、精準且「如實」描繪植物外觀的方法便很吸引人。只要把「黃銅拓印」的原理運用在植物學領域，使用軟鉛筆或蠟筆就可以留下樹皮或葉子的印痕。不過，在攝影技術普及之前，自然印刷（nature printing）似乎提供了更好的解方。

自然印刷是一系列技術的總和，利用自然物件的表面直接印製圖像，不需要插畫師正式參與。*75 在歐洲，使用自然物件直接印刷的歷史至少可追溯到十三世紀，其他地區可能更早。*76 將平整乾燥的植物標本塗上燈黑[5]或印刷油墨，然後緊壓在紙張上，就能夠留下清楚的印子。*77 包括法比歐．科隆納（Fabio Colonna）與小雅各布．博巴特（Jacob Bobart the Younger）[6]在內的一些植物學家都在個人的植物學筆記中使用了這種方法，也會用這種技術擴充他們收藏的標本集，尤其會運用在稀有的植物上。*78 在二十世紀蘇聯植物採集者製作的中亞野蘋果標本中，也經常可以看到用成熟蘋果的切面當作印章而留下的輪廓。*79 除了個人筆記，有些十八世紀的書籍也是自然印刷的例子，例如德國醫師約翰．希羅尼穆斯．克尼霍夫（Johann Hieronymus Kniphof）的三冊著作《鮮活植物標本集》（*Botanici in originali seu Herbarium vivum*, 1757-64）。由於每個樣本能印刷的次數有限，所以印出來的結果都不盡相同。

5 譯註：燈黑（lampblack）是一種以碳為基調，透過燃燒生成的黑色顏料。

6 譯註：小雅各布．博巴特（Jacob Bobart the Younger）的父親是老雅各布．博巴特（Jacob Bobart the Elder），後者有「德國植物王子」的美譽，一六四二年成為牛津大學植物園的首任負責人，後來將職務交棒給兒子。

在流傳最廣的自然印刷書籍中，有一本是湯瑪斯・摩爾（Thomas Moore）的《大不列顛和愛爾蘭的蕨類植物》（*The Ferns of Great Britain and Ireland*, 1855），自然印刷的部分共有五十一頁；另一本是威廉・格羅薩爾特・強斯通（William Grosart Johnstone）與亞歷山大・克羅爾（Alexander Croall）合著的四冊著作《自然印刷的英國海藻：不列顛群島藻類的歷史》（*The Nature-Printed British Sea-Weeds*, 1859-60），自然印刷的部分共兩百零七頁，附有圖表和解剖圖。這兩部作品都由英國印刷師亨利・布拉德伯里（Henry Bradbury）進行彩色的自然印刷，使用的是電鑄工法。相較於直接把植物當作凸版印刷的版面，布拉德伯里將植物夾在鋼版和鉛版之間，以便在鉛版上留下印痕。接著，鉛版會用來製作銅質的電鑄版，再進行凸版印刷。

雖然自然印刷能省下不少時間和精力，卻未能成為有效的科學記錄方法。*81 自然印刷的作品非常賞心悅目也有助於喚起記憶，卻難以達到植物插畫的嚴謹標準，呈現出來的細節更無法與照片相比。

這是一幅自然印刷的火焰百合，附有葉子的壓製標本和地下莖的鋼筆素描。這幅十七世紀或十八世紀早期的自然印刷作品可能出自小雅各布・博巴特（Jacob Bobart the Younger）之手，他是負責管理牛津大學植物園的園藝家，用來印刷的樣本是栽種於英國的植物。一般認為火焰百合是在一六九〇年，由生於荷蘭的英國貴族、第一代波特蘭伯爵威廉・本廷克（William Bentinck）引入英國。*80

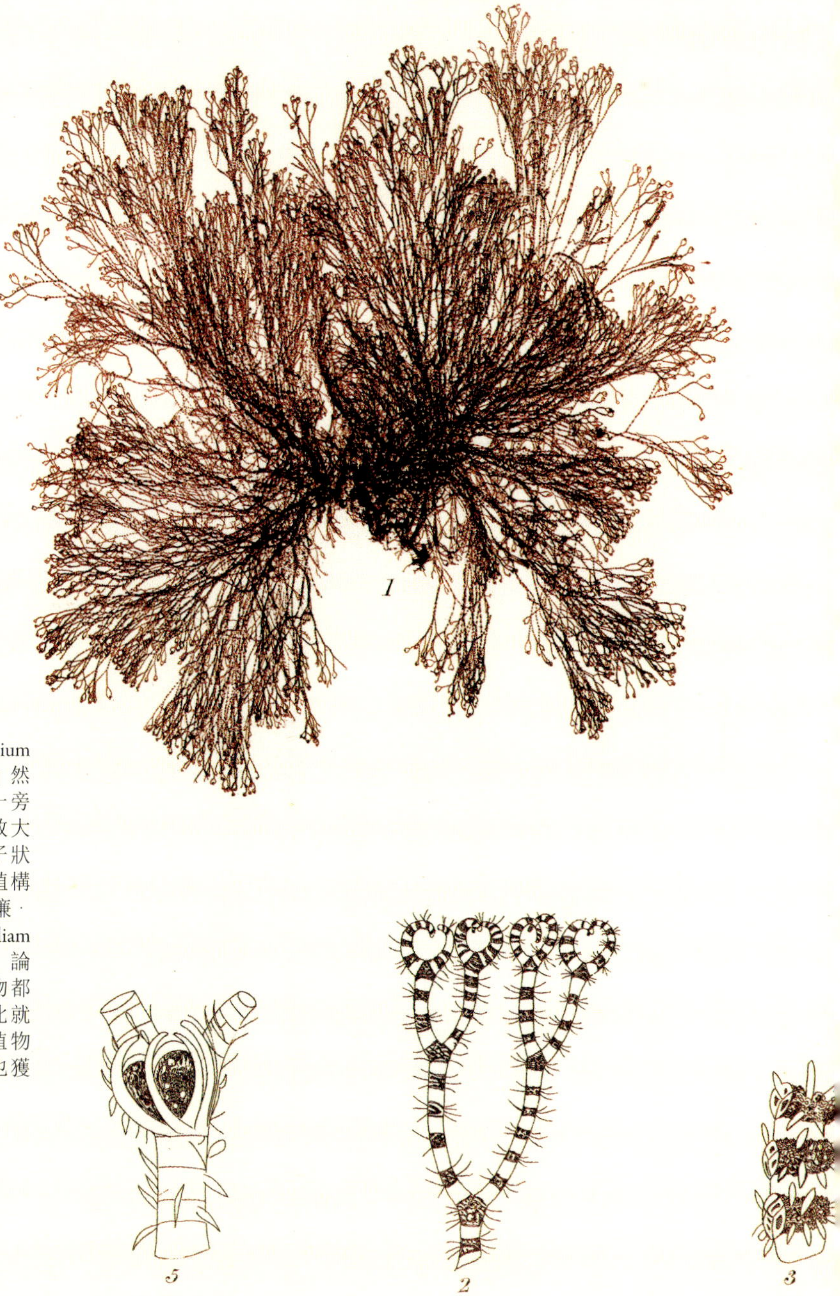

這是紅藻（Ceramium echionotum）的自然印刷彩色作品。一旁的白描圖呈現了放大的細節，包括鉗子狀的分枝尖端和生殖構造。藻類學家威廉·亨利·哈維（William Henry Harvey）評論說，這個屬的植物都「非常美麗，因此就某種程度而言，植物學家的辛苦研究也獲得了回報。」*82

添彩上色

無論是凸版印刷、凹版印刷或平版印刷，許多植物插畫的印刷都涉及黑白插畫的複製。不過，隨著廉價且快速的彩色印刷技術逐漸發展，彩色圖像也日益普及。彩色圖像除了美觀以外，也讓作者能清楚地闡述觀點，並且為出版商提高銷量。*83 然而，要製作有彩色圖像的出版品恐怕所費不貲。實際上，製作木刻印版和凹版的成本跟為圖像上色的成本相比，簡直是小巫見大巫。以約翰．西伯索普（John Sibthorp）與詹姆斯．愛德華．史密斯（James Edward Smith）出版的十冊著作《希臘植物誌》（*Flora Graeca*, 1806-40）為例，這是一部對開大小、包含九百六十六幅手工上色銅版畫的套書，印刷量為二十五套，換言之，需要手工上色的插畫高達兩萬多幅。一幅畫的製作成本約為十三先令（相當於二〇二二年的三十四英鎊），故每套《希臘植物誌》在當時需要六百二十英鎊才能製作，而且成本幾乎都花在上色。*84

製作彩色圖像有兩種方式：一種是為黑白圖像手工上色，效果取決於上色技術的優劣；另一種是在印刷過程中直接印出彩色圖像。*85

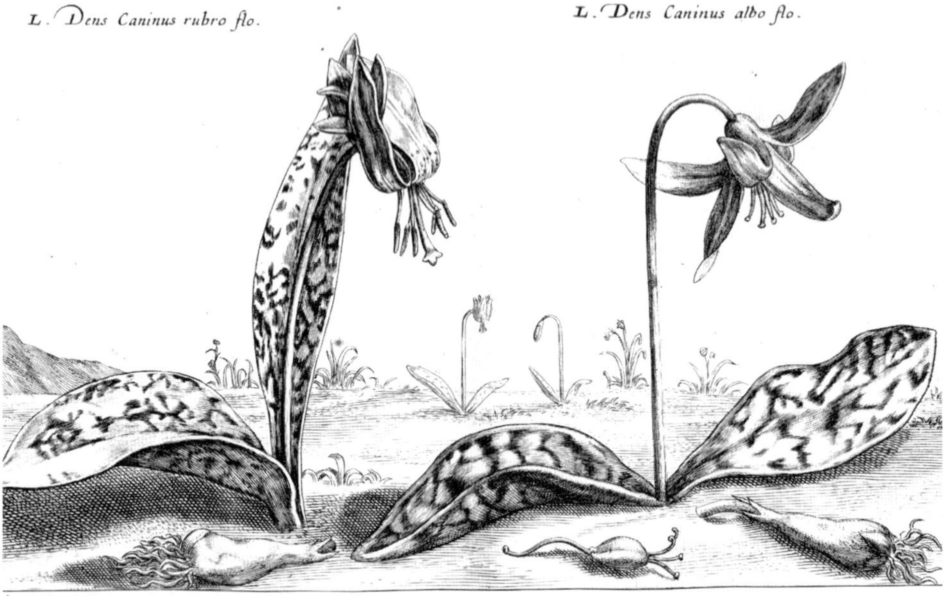

〈狗牙堇〉，出自小克里斯貝恩．德．帕斯（Crispijn de Passe the Younger）的《花園》（*Hortus floridus*, 1614）。該書的銅版畫經常以接近地面的角度展示植物，這種做法大受讀者歡迎。該書以拉丁文寫成，後來分別於一六一五和一七年推出英文和法文版。這幅插畫的前景有兩個球莖和一個畫得很粗糙的果實，背景可以看出狗牙堇（Erythronium dens-canis）的生長習性。

擔任手工上色師的人，可以是作者、消費者或專業工匠。牛津大學首位謝拉德植物學教授[7]（Sherardian Professor of Botany）約翰．雅各．迪勒紐斯（Johann Jakob Dillenius）就曾經親自為著作上色。一七三二年，迪勒紐斯完成了長達八年的計畫，推出圖文並茂的兩冊著作《埃爾特姆花園》（*Hortus Elthamensis*），該書共有三百二十四頁的黑白銅版畫，旨在解說知名藥師兼皇家學院院士詹姆斯．謝拉德（James Sherard）在肯特郡埃爾特姆擁有的花園裡的稀有植物。該書備受植物學家的讚頌，但謝拉德認為內容太過關注植物學的發展，而沒有將重點放在讚揚他的花園。*86 該書插畫的原作和銅版都由迪勒紐斯繪製和雕刻，他還親自為其中三套上色，並將這三套書遺贈給牛津大學以及在他離世前照顧他的醫師理查．弗里溫（Richard Frewin）和威廉．路易斯（William Lewis）。出版這本書之後，迪勒紐斯也繼續運用他的繪畫和雕版技術，推出他最重要且歷久不衰的科學鉅作《苔蘚史》（*Historia Muscorum*, 1741），該書共有八十五幅未上色的藻類、苔蘚和地衣的插畫。

不同的是，《花園》（*Hortus floridus*, 1614）的荷蘭雕版師小克里斯貝恩．德．帕斯（Crispijn de Passe the Younger）是鼓勵買書的人自行為銅版畫上色 *87，「書中展示的都是各個季節最稀有、最美麗的花朵」。他詳細說明 *89 了如何以「最精緻的方式」著色，讓這些黑白版畫變得「幾乎與實物一樣生動」；只要操作得當，就能「以完美而真實的方式將其染成自然的顏色」。無論如何，他並沒有天真地以為這份工作對目標讀者來說很容易，所以他也為他們打氣：「如果您已執行至此，請帶著喜悅繼續前行，終能享受最精彩的成果。」*88 比方說，他指示讀者替一朵白色狗牙堇上色：

「花朵潔白無暇，帶有羔羊毛似的黑色陰影，有時會有一些小小的棕色或暗黃色斑點。雄蕊的花絲周圍是焦棕色，其下稍稍呈現白色；這些花絲中央是淡綠色的雌蕊子房，帶著一點暗綠色，且頂部呈鉛黃色。深紅的花柱則由猩紅色、赭紅色和一點點綠色混合而成，還帶著一點暗褐色。葉子呈現出柏樹的綠色，表面有猩紅色和藏紅色混合而成

7 譯註：這個職位是由英國植物學家威廉．謝拉德（William Sherard）捐贈，其弟詹姆斯．謝拉德（James Sherard）亦為知名植物學家，同時也是一名藥師。

的斑點。葉子最外側則稍微暗沉一些，但整體上都帶著類似的斑點。」*89

正如同各種植物的文字說明，若讀者從未見過活生生的狗牙堇，他們看到這些指示會有什麼反應實在令人好奇。

《希臘植物誌》有一群不知名的手工上色師，一般認為這些人是倫敦印刷商詹姆斯．索爾比（James Sowerby）所雇用的女性，她們的身分可能是他自己或他所雇用的雕刻師與印刷師的親戚。*90 上色師必須讓每套書裡的插畫保持一致，這可能牽涉到顏料的供應、工作條件和個人能力。*91 正因為有這些挑戰，出版社對黑白和彩色版本的定價也不一樣。舉例而言，克里斯托夫．普朗坦（Christophe Plantin）出版了佛拉蒙植物學家馬蒂亞斯．德．洛貝爾（Matthias de L' Obel）的《藥用植物大觀》（*Kruydtboeck*, 1581），彩色版的價格是黑白版的十倍。*92

到了一八四〇年，石版印刷技術的運用更為廣泛，可以直接用來製作彩色插畫。*93 在印製植物插畫時，彩色平版印刷技術必須為每種使用到的顏色製作單獨的石版。每張印刷品都要送入印刷機，用塗上不同顏色的石版來印刷。彩色平版印刷的挑戰在於，所有圖像在印刷時必須上下對齊地一層層套印。石版的位置只要偏了一點，都會讓原本應該很精美的植物插畫糊掉。這一點對於用來在教室裡遠距離觀看的插圖影響不大，對於在書籍和期刊中供人仔細端詳的插圖則影響甚鉅。《柯蒂斯植物學雜誌》（*Curtis's Botanical Magazine*）從一七八七年開始定期發行，其讀者對英國花園裡新奇植物的彩色插圖很感興趣，然而，好幾代編輯都抱持保留態度，經過一段時間才逐漸接受機械式的平版彩色印刷；該雜誌的植物插圖原本都使用手工上色的銅版畫，一八四五年才改採手工上色的石版畫，又遲至一九四八年才放棄手工上色。*95

彩色印刷對讀者和出版商而言都很迷人，但技術限制與成本考量可能會減損原作之美。舉例而言，在二十世紀初，牛津大學學者亞瑟．哈利．丘奇（Arthur Harry Church）的原創植物水彩畫以分色技術印在他於出版的《花的機制類型》（*Types of Floral Mechanisms*, 1908）中，但

◇山茶花與夏山茶，出自白澤保美的《日本森林樹木圖譜》（*Iconographie des essences forestières du Japon*, 1900）。這幅彩色石版畫在東京出版，參照的是丸山宣光的插畫。這幅畫比較了山茶花和夏山茶的內外特徵，鉅細靡遺地描繪了花朵與果實，也附上樹幹的剖面圖，讓讀者一窺木材紋理與極其細微的結構。

印刷效果不佳；英國赫特福德郡地主夏洛特．喬治娜．特羅爾（Charlotte Georgina Trower）的原創植物水彩畫，也用分色技術印在麥格雷戈．斯科內（MacGregor Skene）的《關於花朵的口袋書》（*A Flower Book for the Pocket*, 1935）中，印刷效果同樣很糟糕。*96 有人在評論後者時抱怨：「插畫很棒，但希望彩色插圖能更清晰，更真實地還原自然的色調。」*97 無論如何，這些並不是插圖藝術家的失敗，而是出版商的失敗。

儘管十八世紀晚期的科學界有著謹慎的精神，約瑟夫．班克斯（Joseph Banks）仍盛讚瑪麗．德拉尼（Mary Delany）的「紙藝拼貼」作品──德拉尼有個位高權重的朋友，即第二代波特蘭公爵夫人瑪格麗特．本廷克（Margaret Bentinck）──班克斯指出，她的紙上花卉是他見過「唯一可以毫無顧慮地用來描繪植物，而不必擔心出錯的自然作品」。*98 無論如何，前文提過威廉．丹皮爾（William Dampier）的巴西馬鈴薯標本被畫錯的例子，證明了在科學上運用插畫時必須非常謹慎。具體來說，繪師在描繪樣本時應非常小心，解讀插畫也是一樣，而且應該要隨圖附上實體標本。

這是描繪了四種唇形科（Lamiaceae）植物，平版膠印的彩色作品。出自麥格雷戈．斯科內（MacGregor Skene）的《關於花朵的口袋書》（*A Flower Book for the Pocket*, 1935）。該書插畫大多是將夏洛特．喬治娜．特羅爾（Charlotte Georgina Trower）的植物水彩畫縮小百分之八十後，塞入一個恐怕會被她視為「令人厭惡的狹小空間」的版面。*94

TWO

Themes And Trends

主題和趨勢

克拉泰夫阿斯（Crateuas）、狄奧尼索斯（Dionysius）和邁特羅多魯斯（Metrodorus）採用了一種最為迷人的方法，儘管這種方法幾乎無法解釋任何事情，只是讓人感受到很難執行而已。

——《博物誌》（*Natural History*, c.70 ce）老普林尼（Pliny the Elder）*1

對我們而言，植物是食物、燃料和藥材的基礎，這個說法在一萬年前和今天都成立。一萬年前，人類在不知不覺中展開了植物馴化[1]的實驗。有鑑於植物在人的生活中扮演舉足輕重的角色，它們具有裝飾用途和象徵意義也就不足為奇，而且還逐漸融入神話和信仰體系之中，例如北歐神話裡那棵名為尤克特拉希爾（Yggdrasil）的「世界樹」、伊甸園裡的生命樹以及能分辨善惡的樹，而佛陀也在菩提樹下悟道。雖然古希臘是現代西方科學的搖籃，希臘神話卻充滿神祇、半神和凡人變為植物的故事：太陽神阿波羅深愛一位叫作海辛瑟斯的少年，而海辛瑟斯死後的血泊綻放出風信子；因為復仇女神涅墨西斯的計謀，虛榮的納西瑟斯最終化為水仙；失戀的克爾克斯和他所迷戀的美麗仙女思麥萊克絲，都被諸神變為植物。人們在不同的時代、地點和環境選擇操縱植物的方式，漸而形成錯綜複雜的現代社會。

藝術家使用了大量以植物為原料的產品，包括紙張、炭筆、樹膠、樹脂、油畫顏料與橡皮擦。他們的顏料盒裡滿是以植物為來源的顏料：

1譯註：植物馴化（plant domestication）是指人類選擇具有特定特性的植物，經過反覆培育和繁殖，讓這些特性逐漸在植物群體中固定下來，最終將野生植物改造成適合人類使用的品種。

靛藍色顏料來自產於中美洲和印度的木藍屬植物；黃色顏料則是從歐洲番紅花中提煉出來，或萃取自加勒比海和中美洲的黃顏木、東南亞的藤黃；紅色顏料的來源則是歐洲茜草、巴西紅木或歐亞大陸的紅花。甚至就連胭脂紅和象牙黑——分別來自壓碎的胭脂蟲與燒焦的獸骨——都是間接的植物產品。*2

古羅馬學者老普林尼（Pliny the Elder）認為，儘管三位植物藝術家克拉泰夫阿斯（Crateuas）、狄奧尼索斯（Dionysius）和邁特羅多魯斯（Metrodorus）所創作的彩色插畫美麗奪目，但用以傳遞植物的資訊卻並不理想。通過插畫來研究植物相當困難，不如直接依據活體，當然，植物插畫也無法取代文字描述。德國學者康拉德．馮．梅根伯格（Konrad von Megenberg）所著的《自然之書》（*Buch der Natur*）是一本匯集十四世紀自然史知識的百科全書，於一四七五年印刷發行。這本書的特殊之處在於，它是最早用植物插畫來傳遞資訊，而非用僅為裝飾文本的印刷品之一*3。在十六世紀的草藥類書籍，或者說「植物圖冊」之中，插畫曾被貶為一種對「那些缺乏閱讀能力的人」或「無法從言語描述中想像事物的人」的「施捨」。*4 作為十六世紀歐洲新興一類的植物書籍，希荷尼穆斯．博克（Hieronymus Bock）出版了《新草藥誌》（*New Kreüterbuch*, 1539），作者認定文字比圖像更適合植物研究*5，而儘管知道這樣並不理想，印刷商仍同意博克的要求，打造出一本完全沒有插畫的書。因此，插畫能否被視為記錄和傳遞植物資訊的方式，取決於文化、地點、時代、機緣和技術等因素。

本章將從西方科學在近東和地中海地區萌芽的時期開始回顧，一路追溯到現今，探討植物插畫中反覆出現的主題。這幅插畫是在描繪特定的某種植物，或是揉合許多植物的特色而創造出一種理想的形象？繪師在創作時，根據的是植物原始的模樣，還是在畫中融入了自身的先備知識？如果是後者，知識占了多少分量？插圖是為了專業還是通俗的出版品而存在？作品出版後，插圖與文本會如何互相影響？

古代世界

在古典的浮雕、建築物的橫飾帶（frieze）和莎草紙文獻上，都有著大量的非寫實植物圖像。*6 儘管藏有陷阱，但解讀數千年以來的植物圖像仍有助於理解人與植物之間的文化關係。一些埃及的圖像可以明確連結到我們當今所知的植物，例如有睡蓮在魚池中漂浮，而水鳥潛伏在莎草叢裡。纖瘦的青年握著鐮刀，在成熟的農田裡彎下身子。棕櫚植物的輪廓非常獨特，就算圖像並不寫實也很好認：海棗的外型就像洗碗刷，而非洲棕櫚的樹幹有著規則的分叉，如果葉形呈手狀，則可能是罕見的努比亞闊葉棕。某些圖像裡的植物能被認出來，完全是因為出土的房屋、貝塚和陵墓裡有它們的痕跡，比如說曼德拉草、埃及韭蔥與洋蔥。然而，有些圖像至今仍無法辨識。或許這些圖像對當初的觀眾而言很容易辨識，如今卻幾乎只剩裝飾功能。

人類描繪大自然有三個原因：實用、美感和象徵主義。然而，在記錄古埃及文化的工藝品中，有些圖像凸顯了描繪植物的其他動機：權力和所有權、揭示和交流、宗教和國家。

卡納克神廟建築群位於尼羅河東岸的盧克索，埃及法老透過廟宇、禮拜堂、牆壁、方尖碑（obelisk）和塔門（pylon）上的花崗岩與石灰岩浮雕，展現出王朝的權威。哈特謝普蘇特神廟則位於尼羅河西岸的一處懸崖下方，這是從第十一王朝就開始興建的法老陵廟，最終變成了許多法老的墓葬群，包括女性法老哈特謝普蘇特，以及她的繼子兼侄子圖特摩斯三世。*7 這些遺址如今是埃及最受歡迎的旅遊景點，無論是哈特謝普蘇特或圖特摩斯三世，都命人將他們統治期間的重大事件刻在石頭上。

西元前一四九五年，哈特謝普蘇特資助了一趟貿易探險，讓王朝官員尼赫希（Nehsi）率隊前往「朋特之地」（此處可能位於非洲之角或葉門）*8。這是史上最早記載且由政府出資的植物採集探險，這趟旅途的最終紀錄就刻在哈特謝普蘇特神廟的橫飾帶上。探險隊用埃及貨品以物易物，與朋特之地交換所謂的綠色黃金，將活體樹木的根部固定在籃子裡，再把籃子懸掛在杆子上帶回去，將樹種植在卡納克神廟建築群的阿蒙神廟區。學術界普遍認為，哈特謝普蘇特的寶船上載運的這些樹木不是乳香就是沒藥。從那時起，人類就開始運用植物圖像來記載成功的採集和貿易探險。

相較之下，圖特摩斯三世對東地中海地區作戰是為了領土，而非貿易，取得的植物和動物戰利品則刻畫在「卡納克神廟植物園」的淺浮雕上——這個封閉的區域可能曾用來進行與太陽神阿蒙有關的儀式。如今，這座「岩石花園」受到惡劣的天氣侵蝕，*9 有一些圖像裡的植物尚可辨認，如鳶尾科和天南星科的植物，但大多數圖像都不甚寫實，看不太出來植物的種類。當時的埃及藝術家可能不是仰賴記憶，而是根據活體植物、草圖或描述來創作，因為這些圖像裡的物種對他們來說應該很陌生，加上他們又受限於既有的風格。這座「花園」實現了現代植物園的一項功能：藉由展示植物多樣性來反映園主的威望。

這些墓葬和神殿中的圖像並未透露所描繪植物的生物學特徵——這並非圖像的目的。然而，一些埃及的圖像，連同巴比倫和亞述的浮雕及印石上的圖像，都顯示出古代文明對植物生物學，尤其是植物生殖的實用意義有一定的理解，儘管這些觀念與宗教寓言交織在一起。*10

海棗對沙漠民族來說，是一種富含可儲存蛋白質和碳水化合物的高產量主食，自然也就備受重視。海棗最早可能是在美索不達米亞地區被馴化，是巴比倫和亞述的「生命之樹」。早期的馴化者逐漸發現，當海棗的葉子處於沙漠酷熱之中，而根部浸泡在涼爽的泥濘裡，就會結出豐碩的果實。*11 而且，他們發現海棗是雌雄異株，要有雌雄各一株才能結果，不過果實只會長在其中一株。美索不達米亞人還學會扦插繁殖，開闢出有著雌雄海棗樹的果園。重點是，有了手工授粉技術，就代表只需要幾棵雄性海棗樹，果實產量就會相當穩定，於是人們也針對海棗授粉制定了詳細的法規，雄海棗花的買賣也開始出現。

十九世紀晚期，有「文化人類學之父」美譽的英國人類學家愛德華．伯內特．泰勒（Edward Burnett Tylor）引起大家對亞述淺浮雕作品的注意。比方說，亞述國王阿淑爾納西爾帕二世在今日伊拉克境內的尼姆魯德[2]有一座宮殿，而宮殿裡的淺浮雕描繪了一些有翅膀的人物，他們向棕櫚狀的樹木獻上像是毬花的植株*12。泰勒將這些植株解釋為海棗樹的雄性花序，這個觀點雖具有爭議，卻也未被研究美索不達米亞文化的學者全盤駁斥。*13 古代近東的圖像或許已將植物描繪成有性生物，而且人類能夠操控這些植物的繁殖——這個可能性讓人著迷，因為在西方植物科學中，這類觀點遲至十八世紀初才被接受。*14

在古典時代的世界，有人以「科學性」而非「裝飾性」的方式來描繪植物，流傳至今的最佳範例是跟迪奧斯科里德斯的《藥物論》（*De materia medica*）抄本有關的插圖集。*15《安妮西婭．茱莉安娜藥典》（*Codex Anicia Juliana*, c. 512 ce）包含三百八十三幅左右的插圖，書名源自它的第一個主人，也就是拜占庭公主安妮西婭．茱莉安娜（Anicia Juliana）。這本書誕生一千年後，終於被收藏在維也納的皇家圖書館[3]，因此又被稱為《藥物論》的維也納抄本。另一部擁有四百零六幅插圖的《那不勒斯抄本》（*Codex neapolitanus*）則於西元六世紀末或七世紀初面世，並於一九二三年起成為義大利國家圖書館的館藏，存放於那不勒斯。在這兩部抄本中，有些插圖呈現出植物的原貌，有些則不太寫實，於是大家開始探討插圖與文本之間的關係：這些插圖是否由多位藝術家合力創作？究竟是複製更早的圖像，還是根據活體植物繪製？此外，還有一些希臘文和拉丁文的植物學抄本，論完整或創新程度都與《安妮西婭．茱莉安娜藥典》有別，但它們同樣為人知曉。近一千五百年來，這些抄本的圖像和文字一起被複製下來，在西歐醫學和植物學文獻中不斷流傳。*16

隨著文字和插圖一次次複製，這些文獻的數據和資料品質也逐漸下降。到了十六世紀初，經過好幾代的抄寫和翻印，抄本和印刷書籍中的植物幾乎都已無法辨識，只有最為人熟知的植物例外。在這樣的草藥誌中，插圖的參考價值變得微乎其微，很難用來傳播治療疾病的

2 譯註：二〇一五年，亞述古城尼姆魯德的文化遺址遭到伊斯蘭國（IS）武裝分子破壞，引發國際關注。

3 譯註：今奧地利國家圖書館（Austrian National Library）。

方法。或讓人辨識未知的藥用植物，甚至也無法協助藥師按照醫師處方配藥。

植物插畫：單一個案及典型型態

不同物種的植物看起來不一樣，同一物種之間，每株植物的外觀也不盡相同。因此，自植物圖像出現以來，繪師始終面臨著選擇與妥協的課題。「選擇」指的是要描繪哪一株或哪個生命階段的植物；「妥協」則是決定要創造一個凸顯植物關鍵特徵的典型，抑或要描繪特定植株的生長、老化和人為培育過程中的凋敗和損傷。園藝外的領域，植物學家通常會著墨物種的差異，而非同一個物種的變異。因此，在十八和十九世紀，描繪植物生命週期縮影的插畫成為主流，這被稱為「類型學方法」。

一五三〇年，史特拉斯堡印刷商約翰．肖特（Johann Schott）運用凸版印刷技術，將德國神學家奧托．布倫費爾斯（Otto Brunfels）的植物學著作，收錄八十幅大多主要為德國藝術家漢斯．韋迪茲（Hans Weiditz the Younger）作品的木刻版畫，出版了《栩栩如生的植物圖譜》（*Herbarum vivae eicones*）。*17 第二冊於一五三一年出版，第三冊則在布倫費爾斯去世後於一五三六年面世。布倫費爾斯致力於復興古代植物知識，他以批判性眼光檢視一些可信的古典權威文獻，篩選出精要處並進行編輯，與他從當地居民那裡汲取的現代知識相互比對，而這些居民的生活與工作都與植物密切相關。*18 作為宗教改革時期的路德教派神學家，布倫費爾斯的作品牴觸了梵蒂岡的信仰，《栩栩如生的植物圖譜》等書全數遭到查禁。*19 這些十六世紀的書籍改變了科學植物插畫的面貌，不料竟成為《禁書目錄》[4]（*Index librorum prohibitorum*）的名單。

韋迪茲和他的團隊以日常植物為基礎，精準描繪他們眼裡的景象，甚至連植物的瑕疵也不放過，創作出一幅幅精彩的圖像，「從來不會

4 譯註：《禁書目錄》由羅馬教廷在 1559 年首次出版，羅列了教會認為「可能危害天主教徒信仰與道德」的各種書籍。

為了純粹的科學準確性而犧牲美感」。*20 這些木刻版畫以水彩作品為藍本，展現出每一株植物生動而自然的樣貌。從地裡挖起、洗去根部泥土的短柄野芝麻呈放在藝術家面前，供他們如實描繪：逐漸變乾的纖維狀根部互相糾結，花朵為兜帽狀的合瓣花，外圍著星狀花萼，簇生在剛開始枯萎的葉片之間。另一幅歐洲銀蓮花的畫像也令人驚豔，畫中是一株連根拔起的植物，花莖和凋萎的葉片上覆滿纖細絨毛；有個花苞即將綻放，另一朵已經展開的花卻有一片皺縮的花瓣，果實正開始成熟。*21

韋迪茲看起來是獨立創作，不受布倫費爾斯監督。內文的排序反映了出版商肖特的安排，而非布倫費爾斯的意願，但這種安排本身又受制於韋迪茲的木刻工匠和學徒的技術。*22 布倫費爾斯的植物多半跟實體一樣大，但也有一些需要視木版大小來調整圖像尺寸。歐亞萍蓬草從其水生棲地連根拔起後，其巨大的根狀莖與根部、破損扭曲的葉片以及受損的花朵，都被排列在桌上供人繪製——究竟是在這個階段就要改變筆下的尺寸，還是在木刻階段才要調整，我們至今尚不清楚。不過，仔細觀察一幅歐洲黃菀的圖像，可以發現頭狀花序處於幾個不同的發育階段，與這棵植物似乎未充分發育，異常矮小的植株形成鮮明對比，而檢視原始的水彩畫時，就能清楚看出箇中原因：木刻師縮短了葉片之間的花莖長度，好讓插圖符合木版的大小。*23

自然寫實的歐亞萍蓬草木刻版畫，出自奧托．布倫費爾斯（Otto Brunfels）的《栩栩如生的植物圖譜》（*Herbarum vivae eicones*, 1530）。畫中是一株獨立的植物，經清除泥土後，呈現出正在展開的嫩葉和破損的老葉，以及處於三個發育階段的花朵。除了翻轉兩片葉子以展示下半部，這幅畫幾乎沒有為了美學考量調整這株植物。

《栩栩如生的植物圖譜》德文版（*Contrafayt Kreüterbůch*, 1532）問世十年後，即一五四二年，德國醫師里昂哈特．福克斯（Leonhart Fuchs）發表了拉丁文的《植物歷史評註》（*De historia stirpium commentarii insignes*），隔年又推出德文版。*24 福克斯的工匠採用了類型學方法，並未針對特定植物繪製畫像，而是在直接觀察大自然後，製作了五百一十一幅對開尺寸的黑白線條木刻版畫。*25 身為杜賓根這座德國大學城的學者，福克斯發揮了很大的影響力，讓醫學生開始實際觀察藥用植物。據他的說法，這是為了「展現植物的鮮活面貌，別跟很多人一樣，總是把藥用植物的知識拱手讓給沒受什麼教育的藥劑師，或是愚蠢的婆娘。」*26

款冬就是其中一種這裡談到的藥用植物，能夠緩解咳嗽、呼吸道疾病，甚至是別名「聖安東尼之火」的麥角中毒症，也因這些療效而聞名。*27 在《栩栩如生的植物圖譜》的木刻版畫中，款冬是一個夏天採摘、半脫水的植株，*28 相較之下，福克斯的藝術家雖然也創造了類似的款冬圖像，表現手法卻更像「典型」的植物學插畫，並加上了兩個下垂的頭狀花序。*29 其實在自然界中，款冬的頭狀花序與葉片不會同時出現，但這幅圖像企圖在單一畫面裡呈現生命週期中不同階段的特徵。福克斯書中的火麻是另一個綜合型的案例，同一個植株同時有雄花與雌花，而實際上的火麻則是雌雄異株，雄花和雌花分別生長在不同植株上。*30 野芝麻的圖像更是撲朔迷離，有三個開花的枝條從同一根部長出。根據福克斯的描述，野芝麻可能有白色、黃色或紫色的花朵，*31 然而，在未著色版本的《植物歷史評註》中，難以明確看出野芝麻的種類，因為花與葉的形狀過於相似，而且要上色之後才能推斷。*32

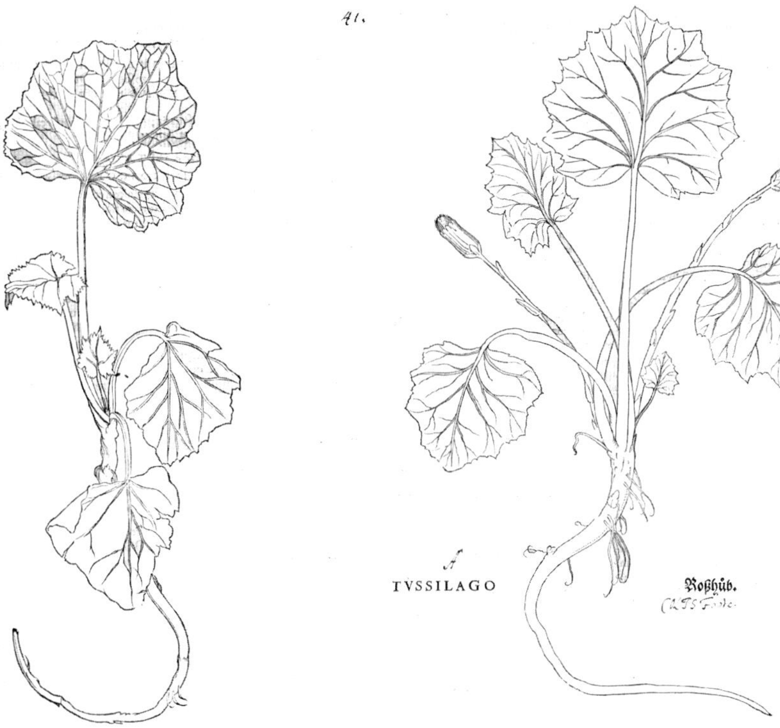

◇◇◇◇◇ 兩幅十六世紀的款冬木刻版畫，採自然寫實風格。左圖奠基於漢斯．韋迪茲（Hans Weiditz the Younger）的插畫，是一個多葉的夏季枝條，收錄在奧托．布倫費爾斯（Otto Brunfels）《栩栩如生的植物圖譜》（*Herbarum vivae eicones*, 1530）；右圖出自里昂哈特．福克斯（Leonhart Fuchs）所著的《植物歷史評註》（*De historia stirpium commentarii insignes*, 1542）。替《植物歷史評註》創作的藝術家似乎參考了布倫費爾斯的著作，卻不協調地加上兩個頭狀花序，創造出一種類型學圖像。

在評價植物插畫時，本身是頂尖植物學家的植物繪師，他們的見解往往格外珍貴。有些人批評布倫費爾斯和福克斯，但英國植物學家兼植物繪師亞瑟．哈里．丘奇（Arthur Harry Church）嗤之以鼻：「這些人根本不懂創作（這些插畫）的目的，也不懂要如何完成這些創作。人家可不是要製作美麗的圖畫或藝術素描。」*33 布倫費爾斯和福克斯插圖中有個明顯特色，就是把植物的根部也畫進去，這個特徵後來在許多西方植物插圖中已經看不到了。這可能是因為十八世紀的分類系統，例如卡爾．林奈（Carolus Linnaeus）提出的分類法，格外重視花朵特徵。

在二十世紀以前，類型學方法是植物插畫的常態，但也有一些繪師不願意接受這種做法。愛德華．沃爾特．漢尼邦（Edward Walter Hunnybun）是一個從律師轉行的植物繪師，他繪製了三百九十七幅黑白插圖，這些畫作後來被製成版畫，用於查爾斯．愛德華．莫斯（Charles Edward Moss）那命運多舛的《劍橋英國植物誌》（*The Cambridge British Flora*, 1914, 1920）。[*34] 有人這樣描述漢尼邦：

「擁有精準描線的天賦，經過練習後，更是輕而易舉就讓流暢而連貫的植物線條躍然紙上。於是很自然地，他分別為每個樣本都畫了格外精細的畫像，不會把不同的植物特徵混合在一起，也不會自行為乾燥標本添加想像中的特徵而衍生出一些錯誤。他始終不肯使用植物標本：他的目標是畫出每株活體植物真實的樣貌……用肖像的技法來描繪單一樣本，讓他的作品在永恆的真實性上達到極高的水準，而這正是他對植物插畫的首要要求。」[*35]

不過，漢尼邦拒絕以類型學方法來描繪植物，或許也導致了整個《劍橋英國植物誌》計畫的失敗。[*36]

仿製插圖的挑戰

植物插畫繪師往往不會棄已出版圖像於不顧。再者，由於製作插畫的成本高昂，作者和印刷商可能更傾向重複使用現有圖像，而非打造原創作品。對於觀看者來說，這就產生一些問題：繪師有沒有運用前人的作品？以什麼方式運用，以及為什麼要運用？舉例而言，在福克斯一五四二年的《植物歷史評註》中，有一幅疆南星的木刻版畫展現出這個物種的典型特徵，描繪了一株處於晚春的疆南星及其夏季果實，幾朵小花裹在獨特的苞片中，跟其他北歐植物有明顯的差別，不會混淆。此外，這幅木刻版畫額外添加了一處細節：苞片從基部裂開，顯露出包著的花朵。從風格看來，這與布倫費爾斯著作中的圖像很相似，福克斯的木刻插畫可能正是以其為藍本。[*37]

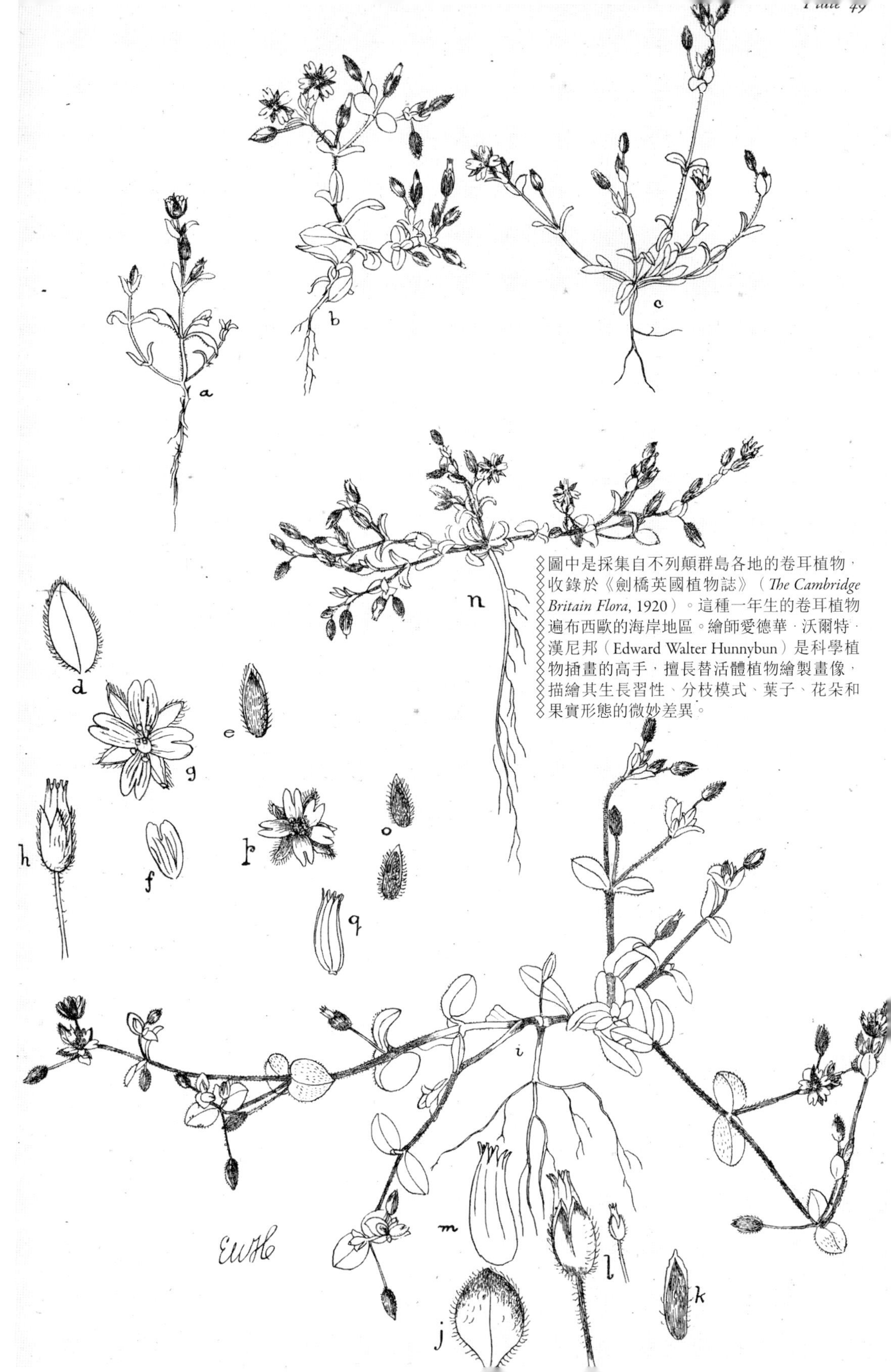

圖中是採集自不列顛群島各地的卷耳植物，收錄於《劍橋英國植物誌》（*The Cambridge Britain Flora*, 1920）。這種一年生的卷耳植物遍布西歐的海岸地區。繪師愛德華．沃爾特．漢尼邦（Edward Walter Hunnybun）是科學植物插畫的高手，擅長替活體植物繪製畫像，描繪其生長習性、分枝模式、葉子、花朵和果實形態的微妙差異。

繪師往往不是從單一來源直接仿製整幅圖像或其中的一些元素，而是會從好幾個來源取材，以便創作自己的圖像。比方說，一位身分不明的藝術家為羅伯特．莫里森（Robert Morison）《牛津植物通史》（*Plantarum historiae universalis oxoniensis*, 1680）雕刻了兩朵新熱帶西番蓮的銅版畫，而這兩株植物可以說是「嵌合體」（chimaera），葉子和果實是仿製威倫．皮索（Willem Piso）和吉奧克．馬格拉夫（Georg Markgraf）《巴西自然史》（*Historia naturalis brasiliae*, 1648）中的插畫，花朵則源自約翰．傑拉德（John Gerard）的《植物通史》（*The Herball*, 1633）。

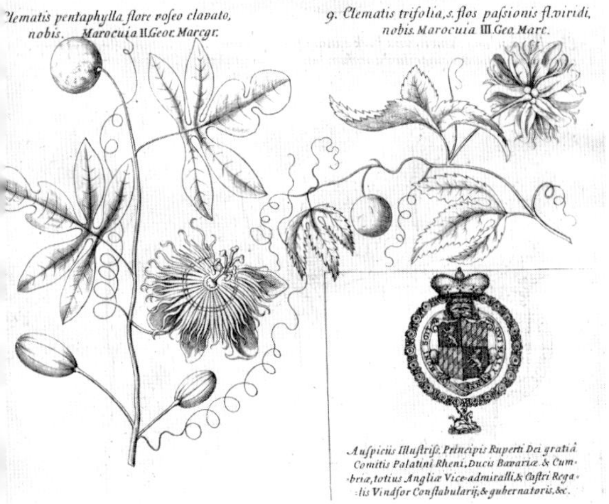

左下方的圖是兩種西番蓮的銅版畫，製作者身分不詳，出自羅伯特．莫里森（Robert Morison）的世界植物目錄《牛津植物通史》（*Plantarum historiae universalis oxoniensis*, 1680）。西番蓮的莖、葉、花苞和果實都是仿製威倫．皮索（Willem Piso）和吉奧克．馬格拉夫（Georg Markgraf）《巴西自然史》（Historia naturalis brasiliae, 1648）中的木刻版畫，即左上方之右圖和右上方的圖。西番蓮的花朵則仿製了約翰．傑拉德（John Gerard）《植物通史》（*The Herball*, 1633）中的木刻版畫，如左上方之左圖所示。

如果要把圖像當作科學證據，就必須理解原作和複製品之間的關係。例如，對於英國從義大利西西里引入牛津千里光的時間及其傳播衍生的結果，二十一世紀出現了一些爭論，而這些爭論都跟如何解讀一幅銅版畫有關，那幅畫作來自莫里森一六九九年的《牛津植物通史》（*Plantarum historiae*）。*38 然而，這張圖像是仿製鮑羅．波科內《西西里、馬爾他、高盧與義大利稀有植物詳解圖譜》（*Icones & descriptiones rariorum plantarum Siciliae, Melitae, Galliae, & Italiae*, 1674）中的插畫。波科內的插畫顯然源自一個壓製不良的標本，而莫里森的雕版師又將圖像簡化，創造出一幅與已知的各種歐洲產的千里光都不相符的畫作。

左圖是「貌似菊花的千里光」的銅版畫，出自羅伯特．莫里森（Robert Morison）後半部《牛津植物通史》（*Plantarum historiae universalis oxoniensis*, 1699），可以看出繪師如何簡化右圖，也就是鮑羅．波科內（Paolo Boccone）出版的《西西里、馬爾他、高盧與義大利稀有植物詳解圖譜》（*Icones & descriptiones rariorum plantarum Siciliae, Melitae, Galliae, & Italiae*, 1674）中的插畫。結果就是，儘管左圖曾用以確認牛津千里光被引入英國的時間，然而，由於缺乏客觀的鑑別特徵，因此不具科學價值。這兩幅插畫的繪師和雕版師都身分不詳。

福克斯的《植物歷史評註》有拉丁文和德文對開版，兩個版本中的插畫都深受歡迎且極具影響力，推動了植物圖像在十六世紀歐洲印刷商之間的流轉與演變。*39 這些木刻版畫在一五四五年推出的三個版本中，被縮小後再次流傳。瑞士印刷商米凱・伊辛格恩（Michael Isingrin）則將木版賣給巴黎印刷商賈克・加佐（Jacques Gazeau），讓他們在一五四九年推出法文版。兩年後，在倫敦流亡的荷蘭印刷商史蒂文・米爾德曼（Steven Mierdman）又使用了這些木版，印刷威廉・泰納（William Turner）的《新草藥植物大全》（*A New Herball*, 1551）。在安特衛普，一部分木版被用於倫伯特・多多恩斯（Rembert Dodoens）《本草誌》（Cruÿde boeck, 1554, 1563）的荷語版，另外也用於一五五七年由夏勒・德・里克盧斯（Charles de l'Écluse）翻譯的法語版。後來，這些木版被送到倫敦，用來印刷多多恩斯由亨利・賴特（Henry Lyte）翻譯的《新本草誌》（*A Nievve Herball*, 1578）英譯本。

雖然縮小尺寸、重新刻版和重印插畫可能會讓圖像品質越來越差，但大畫幅的圖像也不保證細節就很清楚。巴西里烏斯・貝斯勒（Basilius Besler）一《艾西施泰特植物園》（*Hortus Eystettensis*, 1613）使用的銅版，大到可以容納真實尺寸的一年生向日葵花頭，「需要用手推車來搬運」。*40 然而，繪師選擇呈現的細節，幾乎比不上六十年前福克斯的著作。在十九世紀初，巴西植物學家荷塞・馬里亞諾・德・孔塞桑・韋洛佐（José Mariano de Conceição Vellozo）去世十三年後，帝國的狂想和民族主義的熱情席捲了巴西皇帝佩德羅一世（Dom Pedro I）。據說當他看到卡爾・弗里德里希・菲利普・馮・馬蒂斯（Carl Friedrich Philipp von Martius）的巴西植物相關著作後，曾質疑：「難道必須由外國人來描寫我們的植物？我們不能自己來嗎？」*41 於是他「重新發掘」了韋洛佐生前未出版的作品《里約熱內盧植物誌》（*Flora Fluminensis*, 1825-7, 1831），書中包含一千六百多幅里約熱內盧周遭植物的大型黑白插圖，派人在巴黎進行石版印刷。*42 但隨著成本增加，印刷的熱情也消退了。在佩德羅一世退位後，印刷商未再收到款項，許多石版畫因此被當作廢紙出售，有些甚至在一八三〇年法國入侵阿爾及利亞時用於製作彈藥筒。*43 德國植物學家馬蒂斯對《里約熱內盧植物誌》持批評態度，形容它是「一個不明智且野心過大的文學事業的駭人範例」，英國植物學家威廉．傑克森．胡克（William Jackson Hooker）則稱這部作品為「壯麗的流產」。*44

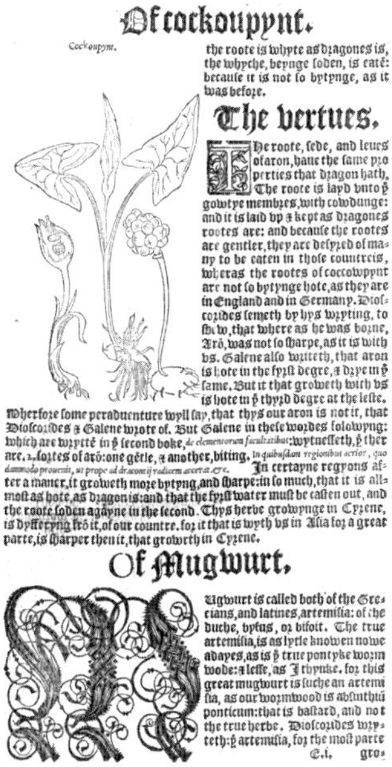
Of cockoupynt.

the roote is whyte as dragones is, the whyche, beynge soden, is eatẽ: because it is not so bytynge, as it was before.

The vertues.

The roote, sede, and leues of aron, haue the same properties that dragon hath. The roote is layd vnto ẏ gowtye membres, with cowdunge: and it is laid vp & kept as dragones rootes are: and because the rootes are gentler, they are desyred of many to be eaten in those countreis, wheras the rootes of coccowpynt are not so bytynge hote, as they are in England and in Germany. Dioscorides semeth by hys wryting, to shew, that where as he was borne, Arõ, was not so sharpe, as it is with vs. Galene also writeth, that aron is hote in the fyrst degre, & drye in ẏ same. But it that groweth with vs is hote in ẏ thyrd degre at the leste. Wherfore some peraduenture wyll say, that thys our aron is not it, that Dioscorides & Galene wrote of. But Galene in these wordes folowyng: which are wryttẽ in ẏ second boke, *de elementorum facultatibus*: wytnesseth, ẏ ther are. 2. sortes of arõ: one gẽtle, & another, biting. *In quibusdam regionibus acrior, quodammodo prouenit, ut prope ad draconti radicem accedat. &c.* In certayne regyons after a maner, it groweth more bytyng, and sharpe: in so much, that it is allmost as hote, as dragon is: and that the fyrst water must be casten out, and the roote soden agayne in the second. Thys herbe growynge in Cyrene, is dyfferyng frõ it, of our countre. for it that is wyth vs in Asia for a great parte, is sharper then it, that groweth in Cyrene.

Of Mugwurt.

Mugwurt is called both of the Grecians, and latines, artemisia: of the duche, byfus, or bifoit. The true artemisia, is as lytle knowen nowe adayes, as is ẏ true pontyke wormwode: & lesse, as I thynke. for this great mugwurt is suche an artemisia, as our wormwood is absinthiũ ponticum: that is bastard, and not the true herbe. Dioscorides wryteth: ẏ artemisia, for the most parte

E.i. gro-

三幅斑葉疆南星的木刻版畫：左圖為漢斯．韋迪茲（Hans Weiditz）的插畫，出自奧托．布倫費爾斯（Otto Brunfels）《栩栩如生的植物圖譜》（*Herbarum vivae eicones*, 1530），描繪的是一株晚春時節的植物；中圖出自里昂哈特．福克斯（Leonard Fuchs）《植物歷史評註》（*De historia stirpium commentarii insignes*, 1542），繪師以非寫實的方法描繪了這株植物的主要特徵，包括其生長形態、葉子和花部構造，並額外畫了一個典型的果實結構。而儘管這些繪師並未認識到這些觀察的真正意義，他們也以自然寫實的手法描繪了花部結構，將佛焰苞撕開，展示出其內肉穗花序上雌花、雄花和不孕花（sterile flower）獨特的排列。這幅畫被仿製到威廉．泰納（William Turner）的《新草藥植物大全》（*A New Herball*）書中，並且被縮小到單頁文字之間，如同右圖所示。請注意，泰納與福克斯的圖像呈現鏡像翻轉的關係，這是圖像複製的一大指標。

這幅石版畫出自荷塞．馬里亞諾．德．孔塞桑．韋洛佐（José Mariano de Conçeição Vellozo）《里約熱內盧植物誌》（*Flora Fluminensis*, 1827），畫的是生長迅速的豆科樹木「捕蚊樹」（Schizolobium parahyba）。這個物種的自然分布區從墨西哥南部延伸到巴西南部，由於木材柔韌輕巧，在當地常常用於造船，也因而有個巴西俗名叫「獨木舟樹」。韋洛佐的插畫由阿洛伊斯．塞內費爾德（Alois Senefelder）在巴黎進行平版印刷，成品大多有著簡單的輪廓線條，表面細節較少，但附有一些細節的放大特寫圖。另外，圖中用來表示陰影和光線方向的線條粗細並不一致，讓圖像看起來有些混亂。

一九一九年，英國植物學家兼植物插畫繪師亞瑟．哈里．丘奇（Arthur Harry Church）抱怨道：「人們對於草藥書的理解，都是根據傑拉德（Gerard）和帕金森（Parkinson）插圖的劣質仿製品。」*45 這個問題至今仍然存在。如今，要仿製和改動插畫是前所未有的容易。當繪師扮起編輯的角色而做出一些決定時，無論這些決定跟描繪活體植物還是乾燥標本有關，或者是跟複製他人作品有關，觀眾都應留意這類取捨的性質和程度。*46 重新製作一幅插畫或改變版式，恐怕都會削弱科學價值，甚至會引發和傳播錯誤觀念——這正是迪奧斯科里德斯（Dioscorides）的《藥物論》（*De materia medica*）一千五百年來所遭遇的問題。*47 更諷刺的是，這類插畫或許還會被貶低為純粹的裝飾品。一九九〇年代中期，荷蘭植物學家兼繪師阿里歐斯．法容（Aljos Farjon）的分類研究中，有著精美的冷杉與雲杉鋼筆插圖，畫面忠實精確，但這些插圖與大部分相關文字都被抄襲，而抄襲的人甚至連抄都抄不好，成果粗製濫造。*48

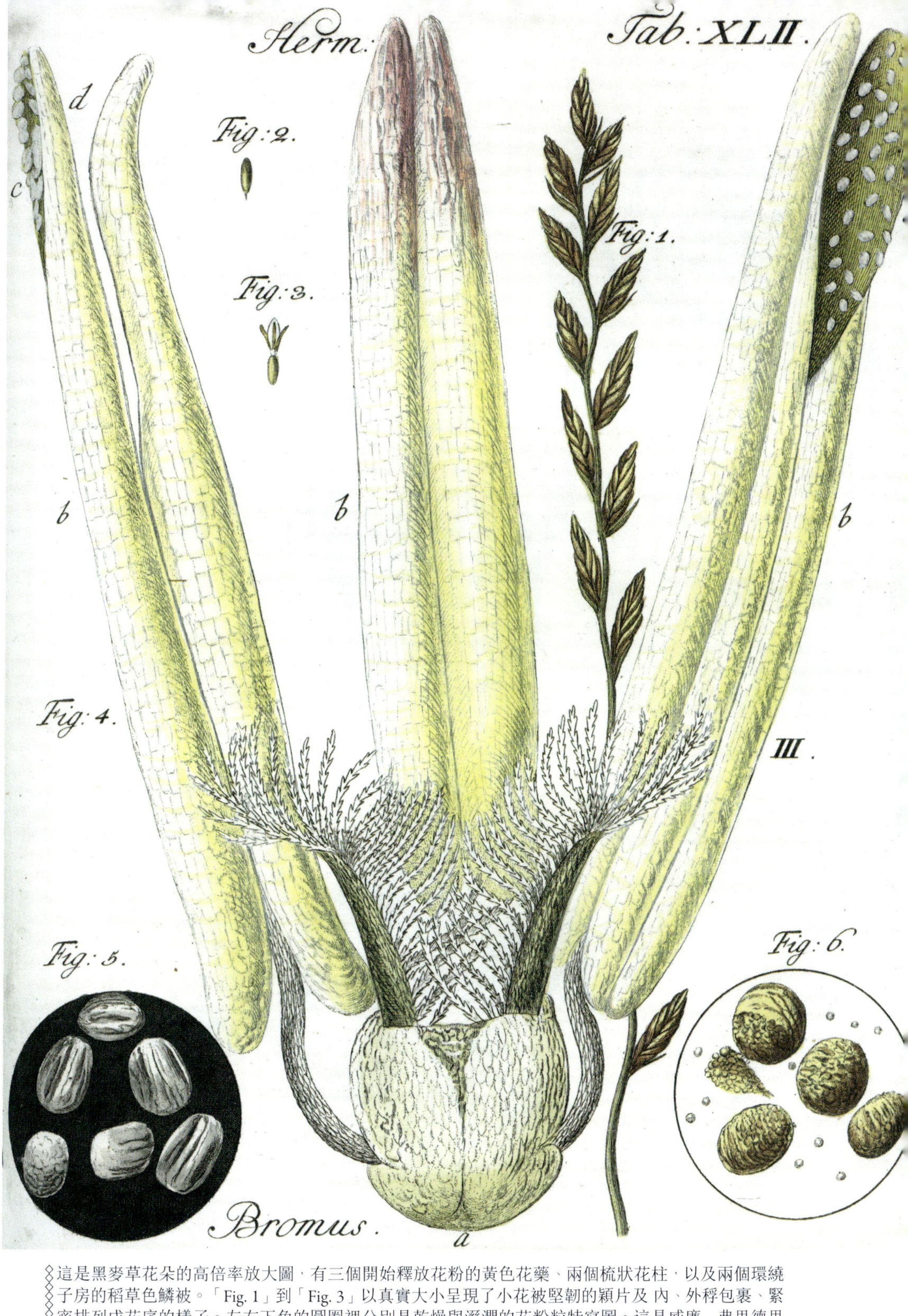

這是黑麥草花朵的高倍率放大圖，有三個開始釋放花粉的黃色花藥、兩個梳狀花柱，以及兩個環繞子房的稻草色鱗被。「Fig. 1」到「Fig. 3」以真實大小呈現了小花被堅韌的穎片及 內、外稃包裹、緊密排列成花序的樣子。左右下角的圓圈裡分別是乾燥與溼潤的花粉粒特寫圖。這是威廉．弗里德里希．馮．格萊興—魯斯武姆（Wilhelm Friedrich von Gleichen-Rußwurm）《精美的微觀發現》（*Auserlesene mikroskopische Entdeckungen*, 1777）中的手工上色雕版畫。

比例尺和放大倍率

我們對常見哺乳動物和鳥類的習性與行為非常熟悉，所以很輕易就能判斷這類插圖的優劣。比方說，比例可能有誤或姿態不自然，讓動物看起來像是被冷漠的標本剝製師處理過，或彷彿是根據二手紀錄東拼西湊。或許因為我們對植物的觀察不如對動物那般細膩，而常常忽略了植物個體差異。林奈曾強調，如果植物插圖要顯得自然且有科學價值，「所有構造都應按照原來的位置和大小記錄。」*49 因此，在繪製科學植物插畫時，準確的測量至關重要。

在漢斯．韋迪茲（Hans Weiditz）為布倫費爾斯創作之前，許多已出版的植物木刻插圖都顯得扁平、色彩鮮豔而誇張，多聚焦於植物的形態、葉形與花朵的整體外觀，卻不太注重大小、比例尺和各元素之間的比例。然而，某些構造對植物的紀錄、辨識、分類和運用價值而言很重要，有必要呈現出細節。於是，有些插圖會納入一些構造的特寫，例如細毛，以及帶有種子的果實。既然植物學家十分重視植物的生殖構造，繪師當然也會仔細剖析並呈現花朵的細節。他們會剖開花朵、放大描繪，展示出各個構造的數量及互相排列的方式，再佐以萼片、花瓣、雄蕊和雌蕊等特寫。

繪師可能會選擇對某個小範圍內的結構進行放大。例如，費迪南．鮑爾（Ferdinand Bauer）聚焦於花朵或花部構造，將低倍數放大的水彩畫排在實物大小的水彩主圖下方。然而，也有繪師會將多個放大構造整合進同一幅畫的構圖中，運用剖面圖的形式來引導觀眾，讓他們注意到畫面中各個部分。放大插圖在臨摹或複印時會造成更多挑戰。比例尺是必要的存在，卻可能會破壞畫面的美感，而圖例中對放大倍率的標註，也可能會在複製過程中被忽略。因此，繪師若要成功運用放大技術，就必須考慮到作品的出版與複印方式。

◊德國植物學家海因里希．古斯塔夫．阿道夫．恩格勒（Heinrich Gustav Adolf Engler）和弗里德里希．路德維希．埃米爾．迪爾斯（Friedrich Ludwig Emil Diels）一八九九年發表了詳盡的分類研究，而這幅畫描繪了他們所識別的四種非洲風車藤屬的木本植物。這幅石版畫由波蘭植物繪師約瑟夫．波爾（Joseph Pohl）製作，他與恩格勒合作超過四十年。現代植物學家根據這幅畫的細節判斷，畫中實際上只描繪了兩個物種，其中一個標記為 A，另一個標記為 B、C 和 D。

經過多年的野外考察，英國藝術家暨博物學家馬克．蓋茨比（Mark Catesby）記錄了北美十三州殖民地南部的自然歷史，發表於《卡羅萊納、佛羅里達和巴哈馬群島的自然歷史》（*Natural History of Carolina, Florida and the Bahama Islands*, 1729-47）書中。*50 殖民時期美國的自然歷史插畫中，蓋茨比獨特的手工上色雕版畫是數一數二最具代表性的作品，而很多畫作都結合了植物和動物。比方說，他曾描繪美洲野牛在摩擦一棵斷掉的毛洋槐樹幹，這幅畫鮮明地呈現出一個常見的難題——比例尺。*51 在缺乏其他資訊的情形下，讀者不得不自行創造比例尺，偏偏蓋茨比又將不同元素整合到同一個情景中，讓畫作看起來很不協調。若以野牛作為比例尺，花朵就顯得太大，若以花朵作為比例尺，野牛又顯得太小。無論哪一種，樹幹似乎都無法支撐野牛的力量，也無法承受花枝的生長。因此，若植物插畫要具有科學價值，比例尺和各元素之間的比例就必須一目了然。

這是一幅手工上色的雕版畫，出自馬克．蓋茨比（Mark Catesby）的《卡羅萊納、佛羅里達和巴哈馬群島的自然歷史》（*Natural History of Carolina, Florida and the Bahama Islands*, 1771）。畫中的美洲野牛是「這種可怕生物的完美寫照」，另外還有一棵開花的毛洋槐。根據蓋茨比的野外經驗，他「除了在阿帕拉契山脈附近一個有野牛留下糞便的地方，從未見過這種樹。」*52 蓋茨比的構圖扭曲了比例，讓人在觀看畫作時產生認知失調。此外，儘管他聲稱這幅畫是依據活體植物而非乾燥標本繪製，卻安排花朵從葉片中長出，讓植物結構變得更加混亂。

空間經濟學

科學植物插畫是跟菁英階級息息相關的活動，這些人擁有充足的財富、閒暇及興趣，插畫也因而反映了創作的時代及地點。一些全球最知名的植物插畫誕生於十八世紀，而繪師的選擇往往暗示了歐洲各大城當時在角逐全球經濟與文化霸權的政治背景。*53 插畫在科學出版品中是昂貴的附加內容，但若將文字與圖像視為對立，這種二分法又太過簡化。*54 如今，科學論文的審閱者經常會被要求考量「圖像是否『增值』，讓讀者能根據圖像自行斟酌作者得出的科學結論。換句話說，這暗示著圖像與文字是相輔相成的關係。」

圖像的力量非常強大，但若要完整呈現一個物種內部的各種變異，還需要輔以文字描述以及植物在自然棲地生長的情形。早在近五百年前，里昂哈特．福克斯（Leonhart Fuchs）向一些醫師展示植物資訊時，就已認識到這些細微的差異。他甚至批評布倫費爾斯的《栩栩如生的植物圖譜》（*Herbarum vivae eicones*）和提奧多．多斯頓（Theodor Dorsten）的《植物學》（*Botanicon*, 1540）的出版商，認為這些出版商是利用插畫牟利，而非追求學術貢獻。*55 作者、繪師與出版商都面臨著這項挑戰：如何濃縮和整理與植物相關的經驗，引導讀者透徹地理解內容，尤其當一些誤解可能帶來致命的後果時，這件事更尤其重要。

義大利醫師皮耶特羅．安德列亞．馬提奧利（Pietro Andrea Mattioli）是一位比布倫費爾斯和福克斯更為傑出的植物學家，他試圖將迪奧斯科里德斯《藥物論》（*De materia medica*）中提到的某些植物，對應到十六世紀歐洲、亞洲及美洲的植物學新發現。馬提奧利出版義大利文的《佩達紐斯．迪奧斯科里德斯六部著作評析》（*Commentarii in sex libros Pedacii Dioscoridis*, 1544），後來又陸續推出拉丁文、法文、德文和捷克文版本。這本書從初版到最後一版，也就是兩百年後的第四十五版，總共銷售了數萬冊。*56 早期版本收錄了約五百幅小型木刻插圖，十六世紀晚期的版本則包含一千兩百多幅插圖，其中包括由義大利藝術家喬治．利伯拉萊（Giorgio Liberale）與德國藝術家沃爾夫岡．邁耶派克（Wolfgang Meyerpeck）製作的大型木刻插圖。*57

Aconitum magnum f. Napellus.

1–9. Blüthe
10. Frucht
11. Saame
12.13. Würzel

Eisenhüthlein.

◇這是德國繪師兼雕版師尼可勞斯．弗里德里希．艾森伯格（Nikolaus Friedrich Eisenberger）為三種烏頭屬（Aconitum）植物製作的手工上色金屬版畫，左頁圖片、本頁左圖及右圖分別為歐洲烏頭、黃花烏頭與狼毒烏頭，收錄於《布萊克威爾的藥草集》（*Herbarium Blackwellianum*, 1750-73）。這本書是伊麗莎白．布萊克威爾（Elizabeth Blackwell）所著的《奇趣藥草》（*A Curious Herbal*）的德文與拉丁文雙語版；英文原版在一七三七年到一七三九年間面世，書中有五百幅插圖，但並未收錄烏頭屬植物。在中歐地區，許多醫師則因為安東．馮．斯托克（Anton von Störck）的研究，開始留意這些帶有劇毒的烏頭屬植物。

馬提奧利在一五二〇年代早期求學時，曾目睹死囚被抓去測試烏頭鹼的致命性，這種毒素源自有著藍紫色花朵的歐洲烏頭根部，馬提奧利的《佩達紐斯．迪奧斯科里德斯六部著作評析》仔細描繪了這種植物。每種烏頭屬植物的烏頭鹼濃度不同，若選錯物種和劑量便有致死之虞。*58 過了兩百多年，維也納醫師安東．馮．斯托克（Anton von Störck）率先展開臨床試驗探討有毒植物的藥用價值，說明了未達致死劑量的烏頭鹼對人類有何藥用功效。斯托克在著作中提及有著奶油色花朵的狼毒烏頭（northern wolfsbane），然而，由醫學生奧古斯丁．西普斯（Augustin Cipps）繪製與蝕刻製版的附圖卻是歐洲烏頭（monkshood）——兩者是同屬不同種的植物。*59

如果不受出版成本限制，植物插畫繪師或許會享有較充裕的空間來描繪筆下的主題，得以選擇較大的版式，將植物置於頁面上，周圍留有足夠的空白來展示植物的特徵。然而，就需要出版的插圖而言，繪師必須面對空間經濟的挑戰。他們要在最小的空間裡盡可能呈現最多資料，而且要創造最佳的視覺效果。如此說來，繪師不僅是運用眼睛和雙手來繪製圖像的角色，而是捕捉資料、儲存與傳遞資訊的幕後功臣。

福克斯和馬提奧利在總結同一物種內的變異、解釋季節變化和不同物種之間的差異時，採用了一些可謂節省空間的手段。但這些手段恐怕會讓人感到困惑，尤其是讀者若未意識到它們的存在時。如今，類似的手段則是為了引導讀者看懂插圖，就像別出心裁的音樂或散文一樣，有帶領觀眾的功能。

發表或湮滅

若要將得來不易的植物學資料和相關推論納入科學界的論述，首先必須讓這些資料和推論在檯面上流通，開放給眾人評論。對現代植物學家來說，有句耳熟能詳的格言是「凡未發表，即為湮滅」，因為各個機構在競爭公家或民間的資金時，都必須證明自身對社會的價值。出版品和隨之衍生的個人獎項並非現代人才關注的重點，早在十八世紀和十九世紀，當約翰．西伯索普（John Sibthorp）和約瑟夫．胡克（Joseph Hooker）為了聲譽和職涯而與對手激烈競爭時，兩人都很擔心採集植物的工作會影響到他們的植物學寫作。*60 有些植物學家則認為出版是一種公共服務，在印度南部揮灑專業生涯的蘇格蘭植物學家羅伯特．懷特（Robert Wight）就是一例，但同時他也認為：

「這部作品（指懷特自己的《東印度植物圖譜》〔*Icones plantarum Indiae Orientalis*, 1840-53〕）在如此不利的情況下開展、執行，且未能獲得社會認可，甚至因為支持實在太少，以至於目前仍在極大的虧損下進行。若拿這部作品跟那些成本高昂、奢華精緻的石版畫植物學著作比較，無疑是對這部作品不公平。」*61

若有合適的繪師為合適主題畫出合適插圖，出版品的價值就得以昇華，聲譽也連帶提升。然而，要讓在野外或工作室誕生的植物插圖進入公共領域，不管是在技術上或財務上都有困難，因此許多插圖一直沒有出版。植物學家或繪師可能缺乏資金或動力來出版，或者是計畫趕不上變化。除非插圖出版面世，否則作者的心血就白費了，或至少無法在當下就發揮功能，向大眾傳播科學資料和相關見解。當插圖成為無人閱覽的私人收藏或「佚失」在檔案室裡，就無法化為科學論述的一環，圖中蘊含的資料也隨之「消逝」，或保持著一種「假死狀態」。

學院裡的植物學家通常會發表一些技術性專著、植物誌和科學期刊論文，這些著作對於植物插圖的呈現往往有著嚴格的規範。隨著維多利亞時期和愛德華時期科學的普及，植物辨識指南、園藝貿易雜誌和花卉書籍對於植物插畫的需求日益增長。然而，若印刷技術要在品質和成本之間取得平衡，原本精緻出色的植物插圖恐怕會變得平凡無奇。

到了十八世紀末，由於巴西糖業不再繁盛，鑽石和金礦也日漸枯竭，殖民母國葡萄牙的收益開始減少，亟需找到新的方式來開發這片已經殖民了三百年的土地。因此，在葡萄牙女王瑪麗亞一世（Maria I）的支持下，在葡萄牙工作的義大利博物學家多梅尼科．萬德里（Domenico Vandelli）規畫了一趟宏大的探險，要探索巴西中北部的經濟潛力。博物學家亞歷山大．霍德里格斯．費雷拉（Alexandre Rodrigues Ferreira）則將擔任這趟遠征的領袖，不過這項艱鉅的任務仍缺乏資金；費雷拉出生於巴西，曾經在葡萄牙求學，同伴只有兩名畫師荷塞．若阿金．弗萊雷（José Joaquim Freire）、若阿金．荷塞．科迪納（Joaquim José Codina），以及園丁奧古斯丁．若阿金．杜卡波（Agostinho Joaquim do Cabo）*62。這次探險被世人稱為「哲學之旅」，是殖民時期巴西數一數二重要的自然史遠征。*63

一七八三年，費雷拉抵達了位於亞馬遜河出海口的貝倫（Belém），在那裡待了一年。隔年，他沿著亞馬遜河向上游推進，踏訪了內格羅河、布蘭科河和巴西的西北部邊界。一七八八年，探險隊沿著瑪代拉河往上游前進，不到一七九〇年就抵達馬托格羅索州的庫亞巴，最終在一七九二年回到貝倫。在這九年遠離城市的旅程中，費雷拉和他的小隊跋涉數千公里，穿越了葡萄牙人並不熟悉的地景和棲地，一路上蒐集許多動植物、礦物和人類學標本，也繪製了成千上萬幅自然史素描。

他們盡責地把這些標本送到里斯本，但過去十年來，葡萄牙的政治情勢已發生翻天覆地的變化。年邁的瑪麗亞一世精神狀況不佳，歐洲正處於法國大革命的動盪之中。隨後，伊比利半島也捲入了範圍更廣的歐洲內部衝突，一八〇八年，葡萄牙王室在攝政王若昂（Regent João），即後來的若昂六世（João VI）的帶領下逃往巴西。來自「哲學之旅」的標本、筆記和圖畫，因而長期封存在里斯本和里約熱內盧的檔案室裡，長達一個世紀都無人閱覽，價值遭到埋沒。*64 對於當時的自然史學者來說，費雷拉和隊員所進行的新研究根本不存在；他們雖發現了一些以前沒人認識的歐洲物種，大家卻不會聯想到他們的付出，儘管有一位遠征隊成員杜卡波甚至為此犧牲了性命。

曠世巨作

當費雷拉奉葡萄牙王室之命在南美洲北部探勘，學者約翰．西伯索普（John Sibthorp）和繪師費迪南．鮑爾（Ferdinand Bauer）則忙著探索鄂圖曼帝國的西部邊緣地帶，也就是歐洲和亞洲之間政治和生物世界的交界處*65。西伯索普之所以調查這個東地中海地區，背後帶有個人目的：他要打造一部曠世巨作。

西伯索普打著如意算盤，要對一個鮮為人知的地區進行植物學考察並繪製插畫。他寫道：「我的繪師（鮑爾）已完成好幾幅畫，希望有朝一日，這些畫能像奧布利耶（指克洛德．奧布利耶〔Claude Aubriet〕）的作品之於圖內福特（指約瑟夫．皮頓．德．圖內福特〔Joseph Pitton de Tournefort〕）一樣，為我帶來榮耀。」*66

一七八六年至一七八七年間，西伯索普與鮑爾遊歷了義大利北部、亞平寧山脈、西西里島、克里特島、愛琴海群島、賽普勒斯、達達尼爾海峽、土耳其西部和希臘。西伯索普採集了一些植物也做了筆記，但大部分評論都留在他的腦海裡。鮑爾用鉛筆畫了植物的素描，用一堆數字的集合來記錄植物的顏色。回到英國後，鮑爾開始將素描轉化為水彩畫，直到一七九二年才完成。

西伯索普「雖然才華出眾……卻缺乏對危險和困難的先見之明，而且一向不太在乎自身健康」，而他在一七九六年去世了。*67 西伯索普分別在一七八六年至一七八七年、一七九四年至一七九五年前往東地中海地區探險，旅程結束後留下了紛亂的遺物，有鮑爾的水彩畫、未標記的植物標本集，還有字跡潦草的手稿和田野筆記。他旅伴之一的約翰．霍金斯（John Hawkins），試圖為西伯索普散漫的習慣辯護：「我很遺憾這些紀錄中的植物棲地以及這些植物的類別讓您（詹姆斯．愛德華．史密斯〔James Edward Smith〕）感到如此困惑，這是因為作者在穿越希臘時必須匆匆記錄他的發現。」*68 然而，西伯索普仍在遺囑中留下一些款項與明確的指示，希望這本記錄東地中海植物的《希臘植物誌》（*Flora Graeca*）能夠完成。這部作品日後成為史上數一數二華麗講究、成本高昂的植物誌。

這項沉重的任務落在西伯索普的好友詹姆斯．愛德華．史密斯（James Edward Smith）肩上。史密斯最歷久不衰的貢獻，就是參與了詹姆斯．索爾比（James Sowerby）編纂的《英國植物學》（*English Botany*），該著作在一七九一年至一八一三年成書，以三十六冊的八開本和兩千五百九十二幅圖版，記錄了當時已知的所有英國植物。於是，一群在技能與性格上都互能輔佐的人攜手執行《希臘植物誌》（*Flora Graeca*）這項艱鉅的計畫，而且每人都竭盡所能。這項計畫的資金來自西伯索普名下一處莊園的租金和收入，因此，西伯索普的遺囑執行人霍金斯和托馬斯．普拉特（Thomas Platt）要求所有成果都必須達到最高標準，他們花了四十四年的光陰實現友人西伯索普的遺願。史密斯是這個計畫的智囊，索爾比則擁有卓越的技術，能夠將鮑爾的畫作雕刻成高品質的圖版並上色，將原畫表現得淋漓盡致。

史密斯面臨著西伯索普遺囑所開列的條件，必須依照零碎不全的素材來執行計畫，他也發現西伯索普有不為人知的缺點。西伯索普在遺囑中規定，處理鮑爾所有水彩畫時，都必須按照實際尺寸，以最高標準雕版、印刷和上色。[*69] 史密斯實行這項計畫時，首先從西伯索普那部沒有插圖的《希臘植物誌初步研究》（*Flora Graeca Prodromus*, 1806-13）著手。該作品分成四個部分，內容提到鮑爾的插圖，但這些插圖掌握在史密斯手中，導致其他植物學家無法對這部作品進行嚴謹的審閱。《希臘植物誌》（*Flora Graeca*, 1806-40）總共有九百六十六幅插圖，頭五十幅手工上色的插圖同樣也在一八〇六年出版。出於經濟上的考量，這本書以五十幅插畫一批的方式不定期出版，耗時三十四年才完成：「開支過大，（所以）在出版新一卷的同時，必須從前一卷獲得回報，否則訂戶就得等上更久，而且需要一口氣支付整筆費用，金額將會遠遠超過他們願意支付的費用。」[*70]

左圖為費迪南．鮑爾（Ferdinand Bauer）在一七八六年及隔年與約翰．西伯索普（John Sibthorp）一起穿越東地中海地區時，在野外畫下的鋸蠅蘭（sawfly orchid）素描。在野外工作時，鮑爾使用了數字系統來標記顏色，回到英國後，他又運用這些素描來製作實物大小的水彩畫，如右圖所示。

將鮑爾的水彩畫製成版畫是艱鉅無比的任務，有將近兩萬九千張單獨的頁面需要印刷和手工上色。水彩畫從史密斯位於諾威治的家中運送到索爾比在倫敦的工作室，複製品就在那裡製作。史密斯拿這些複製品跟原畫進行比對，交由索爾比雕刻銅版、印出打樣。打樣上了色以後，就再次與原畫一起回到史密斯手裡讓他確認色彩。等倫敦那邊收到這個印刷用的母本，就會立刻進行修正，也會在上面加上植物的學名及圖版編號。最後的步驟則是用銅版來印刷版畫，並根據已經上過色的母本為畫作著色。這種方法確保了鮑爾水彩畫中的輪廓線和顏色能極其準確地呈現出來。

一開始，西伯索普的遺囑執行人希望找到五十位訂戶，但最後只有二十五位。他們樂觀地以為「後續幾卷的成本會降低，最後一卷甚至可能不用花錢」，但這種想法是錯誤的。*71《希臘植物誌》（*Flora Graeca*）是如此稀有且成本高昂，意味著大多數成品都落入少數富有的私人收藏家手裡。儘管牛津大學和劍橋大學皆收藏了這套著作，但大英博物館僅持有約瑟夫．班克斯（Joseph Banks）擁有的部分作品。博物館的受託人甚至將《希臘植物誌》專案的負責人告上法院，主張大英博物館作為出版品的法定送存機構[5]，有權免費獲得一份著作。*72一八二八年，經過多次鉅細靡遺的法律辯論後，法院最終認同專案負責人的主張，認為「部分作品僅有二十六位訂戶，只印製了三十份——分成好幾次出版、每次間隔好幾年，成本遠高於售價，且資金來自一筆捐贈的遺產——這樣的作品並不屬於大英博物館可要求免費取得的書籍。」*73一八四〇年代初期，義大利植物學家米凱雷．泰諾（Michele Tenore）只得從拿坡里遠赴巴黎，才能在法國銀行家兼博物學家朱樂．保羅．本傑明．德萊塞特（Jules Paul Benjamin Delessert）的私人圖書館中研讀這部作品，他認為這為「世上最壯麗的植物誌之贈禮」。*74

西伯索普曾在一七八六年參訪梵蒂岡圖書館時抱怨：「即便是查閱一本印刷書籍，也需要樞機主教的許可——這種研究上的不便使圖書館形同虛設。」*75諷刺的是，因為他的關係，大家在取用他的研究

5 英國的法定送存制度（又稱送繳制度）起源於十七世紀初，出版商在某些條件下須免費提供新出版書籍給特定的圖書館或博物館。相關法規歷經多次修訂，最近一次為二〇〇三年的《法定送存圖書館法》（*Legal Deposit Libraries Act*）。

和鮑爾的插圖時都遭遇到同樣的不便。他的遺產資助了世界上最稀有、最壯麗、卻最難接觸到的其中一本植物誌，導致這本書只有特權階層能夠使用。*76《希臘植物誌》成為偉大的植物插圖出版品，是一種藝術結晶，卻非真正的科學著作。

如今，透過數位化計畫，有些世界一流的圖書館與檔案館正將旗下收藏的大量植物圖像開放給大眾使用。有些圖像曾經只有富人能夠接觸，或者需要千里迢迢、飄洋過海，才能在私人圖書館中查閱，現在卻可以讓大家依照自己的方式搜尋與探索，即使許多人仍無法看懂大多以拉丁文撰寫的內容。創作這些插圖的繪師一定無法想像，讀者竟然如此輕易就能一覽他們的作品。以鮑爾為《希臘植物誌》創作的插畫為例，二十一世紀看過的人數可能比前兩個世紀加起來都還要多。

物換星移

植物插圖和知名的藝術作品都因為複製技術而得以流傳。大多數見過下列作品的人，他們看到的都不是原作，而是以化學方式產生或數位拍攝的照片：李奧納多．達文西（Leonardo da Vinci）的《蒙娜麗莎》（*Mona Lisa*, 1503-19）、約翰尼斯．維梅爾（Johannes Vermee）的《戴珍珠耳環的少女》（*Girl with a Pearl Earring*, c. 1665）、古斯塔夫．克林姆（Gustav Klimt）的《吻》（*The Kiss*, 1907-8）。丘奇曾對二十世紀初英國植物插圖的現狀做出尖刻的評價：

「唯有充分運用時代資源的人，才能贏得後世的讚賞與敬重；而凡事若非做到極致，便根本不值得進行。如果未來的英國植物誌不再效法柯蒂斯（威廉．柯蒂斯）與索爾比（詹姆斯．索爾比）一百年前的手工上色銅版印刷技術，轉而重新使用廉價的線條刻版印刷，那麼這項任務應交由那些受過當代的專業藝術訓練、擁有花卉植物學知識的人來執行。他們必須對植物之美擁有本能的鑑賞力，同時又能發揮專業上的訓練，不會創造出虛矯或草率的作品。」*77

左圖是地中海漆樹的手工上色銅版畫，當初是在詹姆斯．索爾比（James Sowerby）的工作室裡製作，後來印在約翰．西伯索普（John Sibthorp）與詹姆斯．愛德華．史密斯（James Edward Smith）的《希臘植物誌》（*Flora Graeca*, 1821）第三卷裡。右圖是這幅畫的藍本，也就是費迪南．鮑爾（Ferdinand Bauer）一七八八年至一七九三年間在牛津創作的水彩畫，他運用的是自己於一七八六年和一七八七年繪製的野外素描。

到了十九世紀，攝影技術的發展帶來新的可能性，成為植物插畫以外有效的替代方案，能夠快速創造出精確而寫實的植物圖像。英國攝影先驅亨利．福克斯．塔爾伯特（Henry Fox Talbot）用植物來實驗攝影技術，研究要如何創造出精準的植物圖像，尤其要能好好表現個別的部分，例如葉片。*78 不過，攝影器材既笨重又昂貴，技術也難以掌握，且比起傳統的植物插畫複製方法，當時的攝影複製技術相當粗糙。進入二十世紀後，攝影感光版（photographic plate）被膠卷底片（film）取代，照相機變得更易於操作，鏡頭的品質也有所提升。如今用手機就能拍出精美的影像，品質超越兩代以前最高級的底片相機所拍攝的照片。無論如何，科技其實不能保證照片的品質或價值——正如同用了高品質的顏料，不見得就能創造出高品質的植物插畫。

目前，不管在野外、實驗室還是圖書館，數位攝影都能為植物留下精確而即時的視覺紀錄。然而在植物研究領域中，最優先使用的仍然是植物繪師的方法，傳統上是因為植物插畫能選擇性地強調植物的某些部分、去除或替換損壞的元素，還可以將植物生命週期的多個階段融入同一幅插圖。此外，植物插畫能精確模擬實物的顏色及調整比例，藉由放大技法來特寫細節。還有一個較為抽象的特色是，植物繪師在繪圖過程中的選擇與妥協通常都很明確，但在經過後製的數位照片中，往往看不太出來這類改動。無論如何，與其說科學攝影和植物插畫是互相競爭的關係，不如說是相輔相成。這兩種方法各有優勢，能互相補足有關植物的資訊。好的植物插圖就像好的照片一樣，能夠補充和釐清文字敘述，甚至還能將科學轉化為更吸睛的事物，讓更多人能理解並欣賞科學上的成果。

精確的插圖之所以重要，是因為我們對視覺刺激有著強烈的、即時的，有時甚至是發自肺腑的反應。繪師的目標是捕捉第一手資料，這些資料可能轉化為資訊，最終變成植物學的知識。有些植物插圖旨在讓人能夠識別植物，而另一些則是為了比較不同的物種，展示它們的相似與相異之處。無論植物插圖的功能為何，都凸顯了科學帶有的文化色彩。透過植物插畫，繪師發揮過濾的功能，將真實生物的樣貌轉化成我們對這些生物的理解。然而，我們必須提防那些修飾過度的插圖，它們比騙人的勾當好不了多少，無法充當科學證據。

對待插畫必須像對待言語或文字一樣，抱持同樣的懷疑精神——這個任務在面對精緻亮眼的圖像時尤其困難。因此，要解讀印刷出來的插圖，就必須了解這幅插圖的脈絡，也要信任參與製作的各方，在合作過程中秉持的專業誠信。

作為科學研究的一環，插圖的準確性和技術水準會受到嚴謹的評估，美學吸引力可能也是如此。當一個人以批判性的眼光觀察一幅印出來的植物插圖，他大致上要釐清六個問題：這幅插圖在描繪什麼？為什麼要創作這幅插圖？這幅插圖如何創作及印刷？作者在何時繪製這幅插圖並記錄觀察結果？插圖在哪裡創作，樣本來自何處？誰畫了這幅插圖，誰負責轉化這幅插圖以便印刷？

THREE

Science And Illustration

科學與插畫

請看蕁麻葉的背面，你會發現滿滿的都是刺，或更像是長而銳利的透明矛頭。每根刺的尖端都帶著一個水晶般的圓頭，看起來就像一間劍匠的鋪子，擺滿了閃閃發亮的出鞘長劍、穿甲劍和匕首。

——《實驗哲學》（*Experimental Philosophy*, 1664）*1

科學史上充滿了曾被視為真理，卻在新證據出現之後遭推翻的觀點。不過，儘管科學家已習慣在流沙一般的基礎上建構他們的知識，新的資料未必就能終結舊有的信念。比方說，曼德拉草的傳說依然影響著大家對植物的普遍認知，與此同時，人們也經常重新挖掘古代植物被遺忘的用途，尋找長壽與美麗的祕方（運用植物的畢竟是人類嘛）。有鑑於植物插畫是植物的第一手紀錄，往往也是科學發現與新觀念的基礎，植物繪師的工作會受到上述背景的制約。

西歐的科學性植物研究始於「植物學之父」泰奧弗拉斯特（Theophrastus）的著作，而醫學和農業是這些作品的重心。植物研究迅速與醫學結合，甚至在某些情況下跟醫學畫上等號，基督教傳統教義則認為植物是上帝賜予、永恆不變且「純潔」的存在。*2 文藝復興時期的歐洲植物學研究非常關注植物的命名與分類——根據《創世記》第二章第十九節，這是上帝交給亞當的任務。十八世紀早期，隨著實驗證明植物是具有性別的生物體，而且有大量陌生植物因探險、貿易與殖民被帶到歐洲，舊有的觀念逐漸改變，在歐洲啟蒙運動期間尤其如此。這場十八世紀的文化與知識運動以理性和推理為核心，標誌著

「理性時代」（Age of Reason）的誕生。當時，受過良好教育的富裕男性，以及來自特定階層的一些女性，都大膽地挑戰自我去追求知識。*3

隨著啟蒙運動帶來的智識發展，植物描述與分類逐漸不再是植物學的主要目標。人們開始探討一些基本問題，像是植物如何生長、攝取養分與繁殖：「即使是所謂無用的植物，對於人類也注定會有某種用途；即使不具備任何物質上的功能，也可能效力於更高層次的目標。這些植物可以啟迪心智、陶冶品味和淨化心靈，對於真實而純粹的樂趣有所貢獻。」*4

進入二十世紀後，由查爾斯·達爾文（Charles Darwin）與格雷戈爾·孟德爾（Gregor Mendel）引發的生物學革命，以及DNA結構及其複製、轉錄與轉譯機制的發現，都促使植物學家更深入地剖析植物運作的細節。本章將概述植物插畫是如何在植物學歷史上發揮影響力。

自然與奇觀

大自然的影像每天都在衝擊我們，它們通常包裹在神祕的敘事裡，旨在引發情緒反應，讓我們感到敬畏與欽慕。這些例子包括：溫帶或沙漠地區在秋天或雨季來臨時的季節性色彩變化、中國西部竹林大規模開花與隨即枯萎的景象，以及地中海海灘上神祕現身的「海王星球」[1]。*5 人類從遠古時代就對大自然感到驚奇，這種驚奇感催生了各個文化中的神話、民間傳說和宗教。*6 私人動物園、花園和珍奇櫃（cabinets of curiosities）——即所謂的「奇蹟之室」（Wunderkammern）——都曾用來展示奇觀，可以說是奇蹟的殿堂。這些地方往往收藏了引人注目、稀有和不尋常的物件，保存著誇張奪目、曇花一現的事物，襯托出物主的財富、威望和做派。*7 在十九世紀，這些寶庫逐漸轉變為公立教育的場所。

人對奇觀的反應大致分為兩種：一是驚愕，進而產生敬畏甚至恐懼；

1 譯註：《國家地理》（*National Geographic*）曾描述，「海王星球」（Neptune balls）」是一種地中海特有海草形成的纖維球，每年沖刷至沿岸沙灘上，又被稱為「egagropili」。

二是讚嘆，而這種讚嘆會連帶撩起好奇心。驚愕之情在文藝復興前的歐洲宛如一種提醒，昭示了上帝的全能與仁慈，而好奇心——也就是聖奧古斯丁（St Augustine）所稱的「眼睛的淫慾」——人們則認為應戒慎待之。*8 十五至十六世紀的藥草書，如德國作品《健康之園》（*Ortus sanitates*, 1941），滿滿都是品質不一的木刻插圖。在這些圖中，植物是人類的飲食，也用來治療人的身體和心靈。然而，也有一些圖像是為了激發驚嘆之情，曼德拉草的圖畫就是一例。

曼德拉草原生於地中海地區，數千年來都被當作一種有效的麻醉劑來使用。但在西方植物學中，幾乎沒有別的植物像它有著奇奇怪怪的傳言。各式各樣的揣測、癡心妄想、代代相傳的故事，以及一些出於保護私利的行為和儀式，都賦予曼德拉草令人敬畏的聲譽。若聽了「三姑六婆」[2]、「江湖郎中」和「草藥販子」的話，我們會相信曼德拉草酷似胎兒的根部會發出致命尖叫聲，足以殺死從土壤裡拔起這種植物的人 *9。此外，曼德拉草的名聲為它在歐洲的珍奇櫃市場上奠定一席之地，這個市場的供應者往往是狡獪的商人。*10

另一個有關植物的神話是中亞的barometz，這是一種藉由「臍帶」與地面相連的「植物羊」，同時也是炙手可熱且高利潤的貿易商品。富有創業精神的東方商人利用亞洲蕨類植物金狗毛蕨（Cibotium barometz）的多毛根莖打造出這些植物羊，而這種蕨類植物的種小名正是為了紀念這個用途。*11 在約翰．帕金森（John Parkinson）《園藝大要》（*Paradisi in sole paradisus terrestris*, 1629）的扉頁木刻版畫中就有植物羊的蹤影[3]，繪師是瑞士藝術家克里斯多福．斯威策（Christopher Switzer）。這本書是英國園藝領域的里程碑著作，拉丁文書名的意思是「陽光下的人間天堂」，直譯成英文是 Parkin Sun's Earthly Paradise，暗含作者姓氏的諧音。這幅畫帶給讀者的驚奇感，與該書自詡的客觀性形成滑稽的對比。

2 譯註：原文是“oldwives”，化用自英文片語 oldwives' tale——這個片語的意思是「無稽之談」，直譯卻是「老婦人的傳述」，字面帶有性別歧視的意味，故翻譯時選擇了同樣對女性帶有偏見與貶義的中文詞彙，惟此種觀點並非譯者立場，亦鼓勵讀者深思語言隱含的迷思。

3 譯註：本書第二章對《園藝大要》（*Paradisi in sole paradisus terrestris*）的扉頁插圖有詳細描述。

到了一六六〇年代晚期，人們對奇觀的看法開始轉變。對於倫敦皇家學會的會員來說，珍奇櫃、動物寓言集和藥草書的目的已不再是激發讀者的敬畏，而是要勾起好奇心，以解答它們內容所衍生的問題。大家開始為自然現象尋求理性的解釋，而這需要紀律、勤奮與一絲不苟，不能依賴超自然的啟示。*12 這種辛勤的努力所獲得的回報，則如同十八世紀法國科學院的常務祕書貝爾納・勒・博維爾・德・豐特內爾（Bernard Le Bovier de Fontenelle）所言：「大自然……從未像她被認識時那樣神奇，也從未像她被認識時那樣令人驚嘆。」*13 到了十九世紀末，一些基督教神學家重新提出了可以透過大自然來理解上帝的觀點。查爾斯・達爾文（Charles Darwin）出版《物種源始》（*On the Origin of Species*, 1859）後，送了一本給歷史學家兼社會改革家查爾斯・金斯萊（Charles Kingsley），收到書的金斯萊甚至暗示，演化的列車是因為一股神聖的力量才啟動：

「我所見的一切都讓我敬畏，不僅是那豐碩的事實，還有你名字的威望，以及那清晰的直覺……至少我將不再信奉兩個常見的迷信……第一，我早已藉由觀察家畜和植物的雜交，學會不再相信物種不變的教條。第二，我漸漸明白，相信上帝創造了能夠自我發展的原始形式，同樣是一種崇高的神性觀念。」*14

這是十五世紀晚期的拉丁文著作《聖德之源》（*Ortus santitatis*）中的木刻版畫——左圖名為安德拉（Andragora），右圖名為安德拉女（Andragora femie）——《聖德之源》屬於史上最早出版的一批草藥書。傳統的曼德拉草圖像都是虛構作品，致力於表現根部是如何肖似人類，但這一點卻讓這些畫變得毫無科學價值。以這兩幅圖來說，這名身分不詳的藝術家完全不打算精確描繪植物的葉子或果實，顯示出他可能根本沒看過活生生的曼德拉草，僅從早期文獻中仿製非寫實的架構。

科學思維

在西元一世紀到十世紀之間，希臘的植物學知識逐漸在西歐失傳*15。不過，在第十一世紀和接下來的幾百年內，南歐逐漸接觸到穆斯林和基督教文化。*16 希臘的植物學著作和其他許多主題的手抄本原本保存在阿拉伯世界中，此時則被翻譯成拉丁文，義大利南部薩勒諾的薩勒尼塔納醫學院尤其進行了大量翻譯。這種方式讓西歐重新認識了古希臘的科學，也促成文藝復興時期人文主義的興起*17。在古希臘哲學體系中，人類被視為大自然的一部分，基督教教義則相信人類是自然以外的存在*18。在基督教的觀念裡，地球是宇宙的中心，而宇宙是為了人類而誕生；萬物的運行都依照人類這個物種的需求來設置。此外，基督教認為世界處於墮落狀態，且僅僅將大自然視為人類精神追求過程中的背景脈絡。

當新的發現挑戰了既有的觀念，有些人會提出精心鋪排的論述，讓新出現的證據也能呼應原本的正統觀點。另一些人則認為自然哲學家必須有條不紊、保持懷疑精神，願意摒棄傳承下來的權威，其中一個例子就是英國哲學家兼政治家法蘭西斯．培根（Francis Bacon）。培根有「科學方法之父」的美譽，他表示，在驗證實際觀察到的結果時，與其根據未經證實的假設，從普遍的狀況推演到特定情形，不如先從特定案例開始觀察，再推導出可能適用於普遍狀況的假設*19。培根出版[4]了一部烏托邦小說《新亞特蘭提斯》（*New Atlantis*, 1627），雖未完成，但書中所刻畫的社會影響了一六六〇年創辦英國皇家學會的那群人。*20 而且，英國皇家學會很快就意識到培根書中的思想值得傳播給大眾，於是在創會的短短五年內，該學會的第一部重要出版品便發行上市，即羅伯特．胡克（Robert Hooke）所著的《微物圖誌》（*Micrographia; or, Some Physiological Descriptions of Minute Bodies Made by Magnifying Glasses*, 1665）。*21

到了二十世紀中期，人們已認同科學方法是對各種假設進行客觀的驗證。在這種框架下，只要一個理論能經由試驗而被證明是錯誤

4 譯註：《新亞特蘭提斯》（*New Atlantis*）出版時，作者法蘭西斯．培根（Francis Bacon）已經過世。

的[5]，它就會被視為一個科學理論，直到源於這個理論的假設被人推翻。現代科學的核心理念是，透過一連串觀察、假設、實驗、評估和重測的交互過程，我們得以了解大自然。因此，科學有著流動且不斷發展的特性，而當新的事實融入現有的觀念，或未經證實的觀念遭到淘汰，我們對世界的認識也隨之改變。不過，科學並非在孤立的狀態下運作；科學家會受到前人、同儕、以及他們所處的時代和社會的影響 *22。

人類總是極其敏銳地辨認出事物的模式——有時甚至過於敏銳；比方說，我們常在雲朵中看見像是人臉的形狀。科學家或自然哲學家在歸納、測量和理解大自然的複雜性時，使用的方式跟繪師不同，但彼此相輔相成；科學家在試著研究、量化和剖析大自然時，往往要應付一堆數字、量測結果和方程式，同樣地，繪師在創作時也面臨客觀性的挑戰，必須運用既有的繪畫規則來表現、描繪和濃縮自然界的變化。比起數字或其他量測結果，躍然紙上的線條或許更能掌握植物的形態，但圖像與數字之間有什麼樣的關聯？圖像和數字是客觀的嗎？

活體實驗室與乾燥花園

植物園種植了許多不同種類的植物，是具有娛樂和研究用途的場所，歷史相當悠久。相較之下，標本館自十六世紀中期才成為植物多樣性研究的一環——標本館可謂乾燥植物的圖書館，有時又被稱為「乾燥花園」或「冬季花園」。*23 隨著歐洲人重拾對大自然的興趣，歐洲有些醫學院打造了藥草園，例如義大利一些古老的大學——比薩大學、帕多瓦大學和波隆那大學分別在一五四三年、一五四五年和一五六八年設立了藥草園。波隆那也是植物學家盧卡．吉尼（Luca Ghini）製作史上首批植物標本的地方。

不到一百年內，許多歐洲大學都開始將資金投注於藥用植物的活體收藏，此舉不僅提升學校的聲譽，也為學者提供了聚會和授課的空間。一六五八年，有一位醫師被人告誡，說他如果因為「自視甚高或

5 譯註：本章並未對這個概念多作解釋，但有關「科學」與「非科學」的評斷標準，可追溯到猶太裔哲學家卡爾．波普（Karl Popper）提出的「可證偽性」（falsifiability）。

認為擁有醫師頭銜就可以無所事事，而且還輕視基礎學問（藥材的基本成分）」，那麼他應該要知道，一六二一成立的牛津大學植物園所蘊含的一切仍然能讓他學到不少東西。[24]

這是一七二〇年的雕版畫，圖中的叢櫚（European fan palm）生長在帕多瓦植物園（Padua Botanic Garden），自一五八五年栽種後一直受到精心呵護，因此沒有受到天氣的侵害，至今依然健在。帕多瓦植物園的園長朱利歐．蓬泰德拉（Giulio Pontedera）將這幅畫收錄進植物園的目錄，但繪師和雕版師的身分不詳。圖中的棕櫚正在開花，基部似乎被修剪過，但對於不熟悉這種植物的讀者來說，畫面裡沒有任何線索可以判斷它的大小。

帕多瓦植物園則是威尼斯共和國（Republic of Venice；Venetian Republic）為了醫學教育而設立。園區有著獨特的環形圍牆，在東南西北四個方位設有大門，四周則都是藥師的工作室。*25 帕多瓦植物園極受遊客歡迎，因此一五九一年，義大利木刻師兼雕版師吉羅拉莫．波羅（Girolamo Porro）發表了植物園的平面圖，還附上有編號的空白頁，一一對應到園內的花圃，讓遊客記錄植物的名稱及位置。*26 一七二〇年，帕多瓦植物園的園長朱利歐．蓬泰德拉（Giulio Pontedera）列出園中的一些樹木並繪製插圖，*27 其中包含一五八五年種植的叢櫚。這棵樹至今仍然健在，而除了長壽之外，它的有名之處還跟德國詩人約翰．沃夫岡．馮．歌德（Johann Wolfgang von Goethe）有關。歌德在一七八六至八八年的義大利之旅中見過這棵叢櫚，接著在《植物變形記》（*Versuch die Metamorphose der Pflanzen zu erklaüren*, 1790）中提及這棵樹，該書闡述了他認為花瓣是由葉片變形而來的觀點。*28 約翰．西伯索普（John Sibthorp）的反應則與歌德不同，他在稍早幾個月去過義大利，對當地的園藝發展不屑一顧：「事實上，義大利在園藝方面遠遠落後於鄰國，比起英國則落後一個世紀以上。」*29

植物園最初是為了培養藥用植物而誕生，後來才逐漸轉變為以科學為宗旨的植物栽培場所，尤其以命名植物和整理全球植物多樣性為要務。一六二六年落成的巴黎國王花園（Jardin du Roi）是法國王室委託戈伊．德．拉．布羅斯（Guy de La Brosse）打造的藥草園，經過一百五十年的發展，變成了歐洲最重要的植物學機構*30。一七五九年設立的英國皇家植物園邱園（Royal Botanic Gardens, Kew）起初則是王室的休閒花園，一八四二年才在植物學家兼繪師威廉．傑克森．胡克（William Jackson Hooker）的主導下，逐漸開始為科學帶來貢獻，一如它現今所扮演的角色。*31 此外，對於十八世紀和十九世紀歐洲列強的殖民事業而言，植物園所形成的網絡極其重要，促進了植物在不同帝國之間的流通，讓人能運用植物產品所帶來的財富。*32

植物對商業有直接的貢獻，能夠創造利潤，最終帶來權力。一六八一年，為皇家學會的博物館製作目錄的植物解剖學家尼赫麥亞．格魯（Nehemiah Grew）強調，即使是人們還不太了解的植物也有巨大的經濟價值：「安地斯奎寧樹是一種至今沒人能清楚說明的植物，確切的生長地點也很少有人知道；然而，大量運用這種植物會帶來多大的效益啊！它就像獨角獸的角，若有相同的貿易動機，也會變得像象牙一樣隨處流行。」*33

有了植物園，就可以栽培新引進的植物，並比較潛在經濟植物的生產力，甚至讓這些植物適應新的環境條件，人們也得以交換活體植物的資訊。一七六二年至六六年間，英國皇家藝術學會設置了一些獎勵，提供給這樣做的人：「在西印度群島開墾土地，栽培有醫學用途或商業利益的植物，並且為了國王在當地建立苗圃，專門種植來自亞洲及遠方地區的珍貴植物。」*34 當英國皇家園藝學會的前身在一八〇四年成立，另一個旨在為帝國開發有利植物的機構也誕生了。帝國的植物園開始在咖啡、奎寧、橡膠和茶等植物的全球流動上扮演重要角色，把這些植物從原產地引進歐洲掌控的版圖。另一方面，殖民地植物園的網絡也促使歐洲列強爭奪珍貴植物的壟斷權。舉例來說，在一七六〇年代晚期，荷蘭失去了對豆蔻和丁香的壟斷地位，這是因為法國植物學家皮耶爾．普瓦爾（Pierre Poivre）成功「竊取」了這些物種，將它們種植在模里西斯和留尼旺島。*35 植物插畫繪師則發現，他們的技藝在各個層面上，都會影響到這些活體植物的用途及名聲。

作為科學和經濟上的寶庫，植物園通常還附有植物標本館，館內收集的標本能證明植物曾經出現在哪個時空。一直以來，大家普遍認為「活體和乾燥植物的收藏一定要放在一起」，因為活體植物能點燃我們對植物學的熱情，也能提供理解植物結構的途徑，而已經死亡的乾燥植物則讓我們接觸到一些無法全年栽培的物種。*36 如今，全球有三千多個植物標本館，總共收藏了大約三億九千萬種植物標本。*37

現代的植物標本通常都安在單張的卡片上，許多十八世紀之前的標本則像書籍一樣裝訂。在十八世紀，林奈確立了製作、標註和編排植物標本的最佳方式，而這些方法跟今天使用的幾乎沒有差別。將帶有果實或花朵的新鮮植物攤平在紙張上，用標本夾壓緊，讓植物迅速乾燥、保持扁平。乾燥後的標本會一一被固定在單張紙頁，附上各自的標籤。用這種簡單技術製作出來的標本如果保護得當，避開了灰塵、真菌和昆蟲的侵害，就能夠長久留存下來。正如我們所見，當植物插畫附有證據標本（voucher specimen），而且這個標本被收藏在一個永久而公開的機構時，植物插畫就會變得更有科學價值。

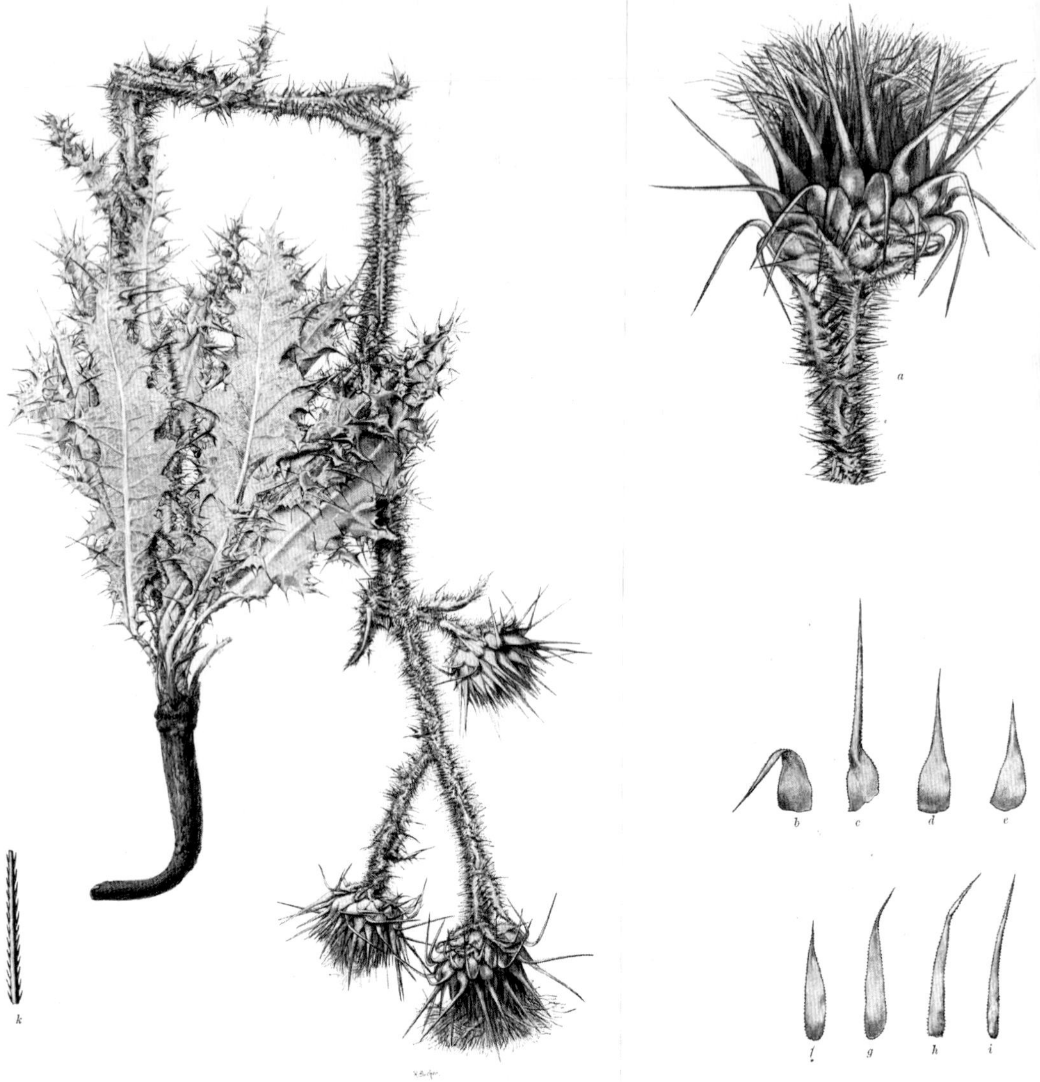

這是一幅凸版網印的黑白半色調作品，原始藍本是挪威卑爾根大學博物館的繪師H．貝格爾（H. Berger）所繪製的插圖，主角是賽普勒斯特有的大翅薊。*38 這幅插圖的證據標本當初是由挪威植物學家延斯．霍姆博（Jens Holmboe）所採集，而在霍姆博發表的《賽普勒斯植被研究》（*Studies on the Vegetation of Cyprus,* 1914）中，這個標本用以描述一種叫作 Onopordum insigne 的新物種。如今，科學界普遍認為 Onopordum insigne 與分布較為廣泛的苞葉大翅薊（Onopordum bracteatum）屬於同一物種。

早期的自然史收藏品是供人觀覽的珍奇玩意兒，後來逐漸演變為植物分類與命名的重要工具，還可以用來傳遞地球上的生物資訊。*39 同時，收藏家的需求也改變了，原本是「樣樣都要」，後來則希望自己收集的標本能反映物種在整個分布範圍內的多樣性。目前，許多植物園的主要功能是休閒和教育，但它們曾經具有科學用途，讓人得以比較在相似環境條件下生長的不同植物，研究它們的整個生命周期。此外，作為研究機構，植物園也是科學植物插畫的重鎮。繪師可以在相對舒適的環境中工作，隨時在最佳條件下研究植物，還能比較通常不會長在一起的物種。當然，這些功能在較小的土地上也能實現，但自從植物園創立以來，它們還充當了展示植物的畫布，精心設計的建築和植栽反映出園方及其創辦人的地位與野心。

命名與分類

植物採集者在世界各地蒐集到各式各樣的植物，而在記錄這些植物的多樣性時，植物插畫繪師有著傑出的貢獻。不過，若要說明相關知識，並且在經濟上利用植物多樣性，就必須建立命名與分類的系統。要理解植物的生理機制，就這個主題促成跨文化和跨世代的交流，首先必須替植物命名。然而，光是列出植物名稱尚不足以整合、儲存或檢索植物學知識，要有分類系統才能讓植物名稱井然有序。想像一本字詞隨機排列的字典會有多麼混亂就明白了。

植物的名稱應明確指向單一物種，而且要讓每個人都能理解。日常生活中用的是植物俗名，但植物同時還有學名。事實上，所有已知的植物都有學名，有俗名的植物則相對較少。俗名反映了人們的傳統、信仰和成見，因此缺乏一致性和國際認可。至於學名，雖然有時也反映出命名的植物學家所抱持的偏見，但學名的目的在於穩定，運用起來並不模糊，而且能跨越不同語言的隔閡。早期的現代自然哲學家採用了一種以拉丁文簡短描述為基礎的命名系統，稱為多名法。例如，Arum vulgare non maculatum 被用來描述一種植物，這種植物的英語俗名有 cuckoo pintle、wake Robin[6] 和 priest's pintle，德語俗名是 Pfaffenpint，

6 譯註：第二章曾提到一種植物「延齡草」，英語俗名也是 wake robin，但跟這裡所指的植物不同。

俄語俗名是 Аронник，法語俗名是 pied d'veau。*40 而它的現代學名，或者說基於二名法的命名，則是 Arum maculatum[7]，首次出現在林奈一七五三年推出的《植物種誌》（*Species plantarum*）中。

為了避免植物學名變得晦澀雜亂，命名法規是不可或缺的存在。自一八六七年起始，看起來相當枯燥的植物科學命名已受到一份定期修訂的條文所規範，成為如今的《國際藻類、真菌和植物命名規約》（*International Code of Botanical Nomenclature for algae, fungi, and plants*）。其中有條規定是，每個名稱都必須跟一個實體標本，也就是「模式標本」（type specimen）[8] 連結起來，而且這個標本要保存在永久而開放的自然史收藏中。由於模式標本不一定能代表整個物種，所以還必須附上文字描述。若有新的研究顯示分類分類階層上的變動，或者是有人發現該物種已有其它更早發表的學名（也就是所謂的同物異名），那麼就算這會讓人不太情願，該物種仍需進行分類上的修訂，以符合《國際藻類、真菌和植物命名規約》。

到了十六世紀，有兩大問題變得迫在眉睫。什麼是區分植物物種的最佳特徵？什麼方法最能替各式各樣的植物分門別類？科學家研究了植物的「基本」特徵，從根部、葉子、生長習性、開花時間、自然棲地，到植物的用途或潛在藥用價值，這些研究通常以無插圖的巨著形式發表。在「前林奈時期」的分類法之中，較著名的是安德烈亞·切薩皮諾（Andrea Cesalpino）在《植物叢書》（*De plantis libri*, 1583）中發表的分類法，其關注的重點是植物的果實結構。

7 譯註：這種植物的中文俗名是斑葉疆南星。

8 譯註：當分類學家為一個新的分類群，例如某一新種、某一新屬，甚或某一新科命名時，作者必須指定證據標本，作為日後參考、比對之用。這個引證的標本，就稱之為「模式標本」（type specimen）。資料來源：台灣行政院農業部林業試驗所。

這是一幅銅版雕刻版畫，描繪了三種繖形科植物的果實與葉片，出自羅伯特·莫里森（Robert Morison）出版的《繖形科植物分布新論》（*Plantarum umbelliferarum distributio nova*, 1672）。這部作品的目的是推廣莫里森以果實特徵為準的分類系統，這套系統受到了十六世紀晚期安德烈亞·切薩皮諾（Andrea Cesalpino）研究的啟發。同時，這本書也用來籌措經費，讓莫里森得以製作續作中的插圖。在《繖形科植物分布新論》中，每幅版畫都載有贊助人的名字，此圖的贊助人則是牛津大學青銅鼻學院（Brasenose College）一六六〇年至八一年的院長湯瑪斯·葉茨（Thomas Yates）。

在十八世紀，卡爾·林奈（Carl Linnaeus）提出了一個涵蓋所有生命形式的分類系統：

將動物界、植物界和礦物界三大界（kingdom），以一種新穎但有規律的方式編入他的系統。而他（林奈）為此設計了極為周密的法則，即使有新的植物或動物出現，也不會引起困惑和混亂，而能迅速地在這套系統中各得其所。這就像「鏈條」上的環節增加了，但整個鏈條並沒有變得凌亂。*42

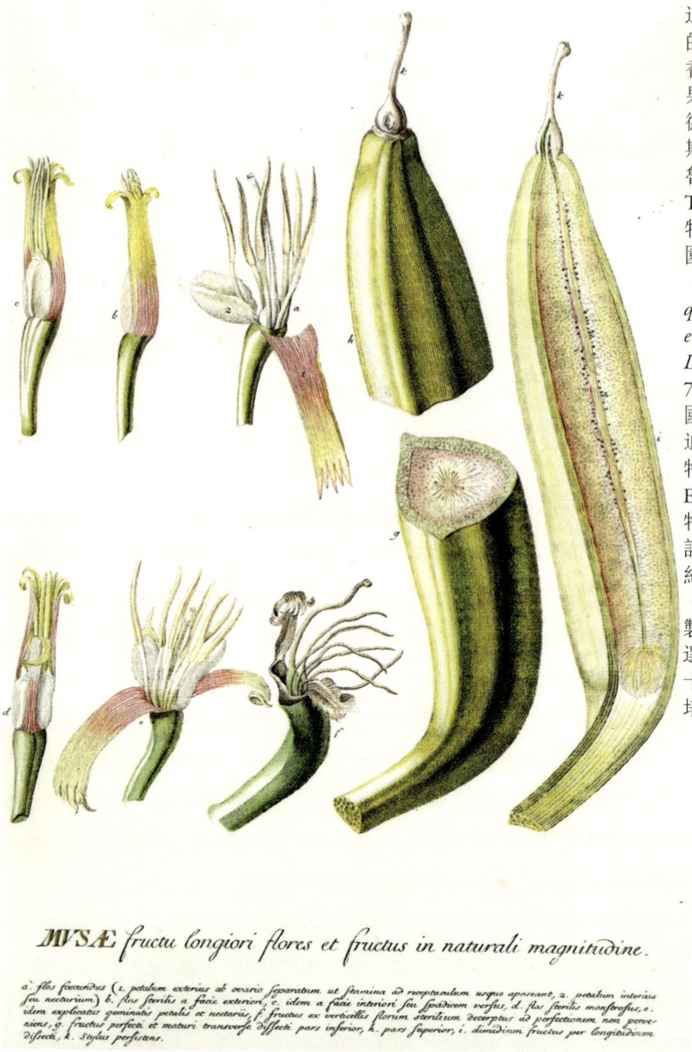

這是一幅手工上色的雕版畫，展示了香蕉花的細節以及果實的剖面，出自德國植物學家克里斯多夫·雅喀布·特魯（Christoph Jacob Trew）出版的《植物精選：倫敦植物園自然標本圖像》（*Plantae selectae, quarum imagines ad exemplaria naturalia Londini in hortis*, 1750-73）。該書原畫由德國插畫家格奧克·迪厄尼修斯·艾雷特（Georg Dionysius Ehret）繪製，後來由特魯取得畫作，並委託奧格斯堡的雕版師約翰·雅喀布·海德（Johann Jacob Haid）製作版畫。經特魯挑選出版的插圖展示了十八世紀歐洲鮮少栽培的新奇植物。

提到米榭．阿冬松（Michel Adanson）的名字，就會聯想到外形巨大且分布廣泛的非洲猴麵包樹（*Adansonia digitata*）。一七四九年，在塞內加爾的達卡沿海一個盛行奴隸交易的島嶼上，阿冬松首次見到了這種樹木。而一八二八年的《柯蒂斯植物學雜誌》（*Curtis's Botanical Magazine*）則刊登了一幅由威廉．傑克森．胡克（William Jackson Hooker）根據酒精保存的標本繪製、再由約瑟夫．史旺（Joseph Swan）雕版的猴麵包樹花朵圖。由於這種樹無法在英國的溫室裡開花，胡克向園藝界讀者請求諒解：「我相信，這些珍稀植物的圖像……這些圖像源自於印度繪製的草圖……以及吉爾丁先生（神學家兼博物學家蘭斯當．吉爾丁）從聖文森寄來的酒精保存標本，應該會被植物學界廣泛接受。」*41

林奈依照花朵中雄性及雌性器官（雄蕊和雌蕊）的排列和數量，將植物畫分為二十四個「綱」。*43 例如，「單雄蕊綱」（Monandria）有一個雄蕊，「二雄蕊綱」（Diandria）有兩個，「六雄蕊綱」（Hexandria）有六個，而「四強雄蕊綱」（Tetradynamia）則有四個長的及兩個短的雄蕊。此外，林奈的系統是由他最喜愛的植物繪師格奧克．迪厄尼修斯．艾雷特（Georg Dionysius Ehret）來繪製。然而，林奈用露骨的語言解釋這個系統，在一些植物學家、神職人員和各界人士之間引發軒然大波[9]*44。眾所周知的是，聖彼得堡植物園的講解員約翰．西格斯貝克（Johann Siegesbeck）擔心這種「令人厭惡的淫亂」及「如此放蕩的方法」會傳授給莘莘學子，而卡萊爾教區主教塞繆爾．古德諾夫（Samuel Goodenough）則表示「沒有什麼比林奈的思想更淫穢」，以及「林奈的植物學足以嚇到矜持的女性」。雖然林奈的分類系統相當流行，在英國尤其如此，但隨後出現了更具深度的學術批評，而非道德方面的反對，最終對林奈的系統造成了致命的打擊，其中以法國植物學家的意見影響最大。*45

其中一位批評者是米榭．阿冬松（Michel Adanson），他在二十一歲時受僱於法國東印度公司，在塞內加爾展開為期五年的探險。阿冬松被譽為「第一位冒險進入熱帶地區以推動知識傳播的哲學家」，而非為了「購買奴隸、象牙或金粉」的冒險家。他在當地收集動植物、繪製地圖、進行氣象與天文觀測，也研究非洲的多種語言。*46 根據這些經驗，他駁斥了在植物分類中，未經詳細研究的情況下就認為某些植物特徵「本質上」更重要的觀點 *47。相反地，他主張所有特徵在仔細研究之前都應視為同等重要。十九世紀初，這種自然的分類法逐漸在植物學界站穩腳跟，淘汰了包括林奈分類法在內的人為分類系統，並一路蓬勃發展至今。

在二十一世紀早期以前，一代代植物繪師仔細描繪下來的形態特徵為植物分類奠定了基礎。如今，當代的植物分類還可以通過生物化

9 譯註：在一七三五年的《自然系統》（*Systema Naturae*）中，林奈用性愛及婚姻來比喻雌蕊和雄蕊的數量：「一段婚姻裡有兩個丈夫」、「二十個或更多的男性和同一個女性一起上床」……，在當時引發很大的爭議。資料來源：《英國皇家植物園巡禮：走進帝國的知識寶庫，一探近代植物學的縮影》（商周出版）。

學與電腦運算，用複雜的演算法來解析和比較遺傳分子差異，以揭示物種之間的關係。雖然植物繪師並未參與這些過程，但在傳達這些極其抽象的研究成果時，他們的角色仍不可或缺。

黃銅與玻璃

科技讓人能超越視野的極限，重新解讀並改造世界。英國醫師兼實驗家亨利．鮑爾（Henry Power）出版了第一本以英語撰寫、透過顯微鏡來剖析世界的專著，用文字將讀者帶入了「精巧器械」的領域。[*48] 同樣來自英國的自然哲學家兼建築師羅伯特．胡克（Robert Hooke）則利用以自身畫作為藍本的銅版雕刻及蝕刻版畫，達到了類似的驚人效果。胡克的《微物圖誌》（*Micrographia*, 1665）不僅藉三十八幅銅版畫捕捉到歐洲的科學精神，還體現了英國皇家學會的哲學，落實該學會「不隨他人之言」（Nullius in verba）的座右銘。這本書更創造了一種新的視覺語言，能展示放大版的自然界。[*49]

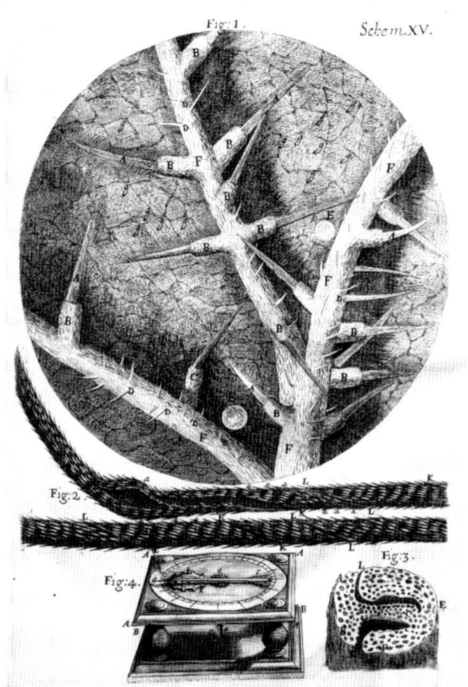

這是異株蕁麻的葉背放大圖，是羅伯特．胡克（Robert Hooke）《微物圖誌》（*Micrographia*, 1665）中的黑白雕版畫。《微物圖誌》是英國皇家學會出版的第一本書，在十七世紀後期成為影響力數一數二的著作。這幅由胡克繪製的插畫，展示了沿著葉脈排列的焮毛（A和B）及剛毛（D）。

在單筒顯微鏡所形成的圓形光暈中，胡克捕捉到了放大的異株蕁麻葉背——十七世紀的人們跟今天一樣，都對這種植物的外觀和觸感非常熟悉。三條宛如梁柱的葉脈撐平了葉片，葉脈上布滿像「柵門」的結構，還有「尖針」和「錐子」。在剛毛狀的短毛之間，分布著基部腫大的細長尖刺，也就是焮毛（stinging hair）。胡克進一步做了實驗來驗證焮毛的作用，並如此形容：「一個小小的綠色皮囊」，頂端連接著像是「灌腸管」的東西。根據他的推測，這個「形狀和表面都類似野黃瓜」的「皮囊」內部有毒素，當「灌腸管」刺入人體皮膚時，毒素就會釋放出來。*50 胡克進行顯微研究的動機是想解釋「為何疼痛會來得這麼迅速？這種疼痛又為何會持續一段時間且逐漸增強，接著開始褪去，直至完全消失？」*51

對於常用單筒顯微鏡觀察物件的人來說，胡克的圖像恐怕不太恰當。*52 胡克的圖像並非以顯微鏡下的二維形式呈現，而是以三維方式呈現。之所有這種視覺效果，是因為身兼觀察者和繪師的胡克跟雕版師及蝕刻師有著密切的合作，後兩者將胡克的畫作轉化為銅版畫，進而製作出《微物圖誌》中的這幅圖像：

「雕版師基本上皆遵循了我的指示和草圖；在製作這些圖像的過程中，我首先（盡我所能）努力地了解真實的外觀，再清晰地將這個外觀表現出來。我之所以提到這一點，是因為要探查這類微小物體的形態，難度比肉眼可見的物體要大得多。一個物體放在某一光線角度下，看起來跟實際樣貌大不相同，換個位置又可能呈現出真正的形態。因此，我在繪製任何草圖之前，向來都會在多個光線和多個角度下反覆檢視物件，以便確認它的真貌，因為在觀察某些物件時，要辨別凸起與凹陷、陰影與黑漬、反光與白斑是極為困難的事。此外，透明的物體往往比不透明的更難觀察。」*53

胡克的圖像迫使我們以陌生的方式面對熟悉的事物，讓我們對「大自然中渺小的造物」湧起驚嘆之情。*54 然而，要從科學的角度理解自然，就必須克制這種驚嘆，改採專注而認真的態度，並抱持懷疑精神。胡克的圖像就如同所有植物插圖，都受限於那個時代的技術水準。若能進一步改良技術，就可能揭示更多結果，甚至有望解答胡克最初的疑問。

當物美價廉的顯微鏡在德國、法國和奧地利製造上市，而且影像畸變（image distortion）的問題也隨著顯微鏡片的改良而解決，顯微鏡的植物學潛力逐漸完全顯現。[*55] 顯微鏡作為一種植物學工具，其發展深受自學成才的德國植物學家胡果．馮．莫爾（Hugo von Mohl）所影響，他是首次觀察到基本的細胞分裂過程的人。到了十九世紀末，莫爾在一八二七年繪製的插圖被人評為「過時」，稍晚幾年推出的作品則有著「極為現代的樣貌」——這證明了顯微鏡光學在一八三〇年代的短短幾年內就有所進步。[*56] 隨著顯微技術的演進，在博物學家理解顯微鏡下的觀察結果時，植物插畫依然是至關重要的方法。同時，這些插圖也搭起一座橋樑，讓實驗室的觀察結果能夠有效傳遞給科學書籍及期刊的讀者。

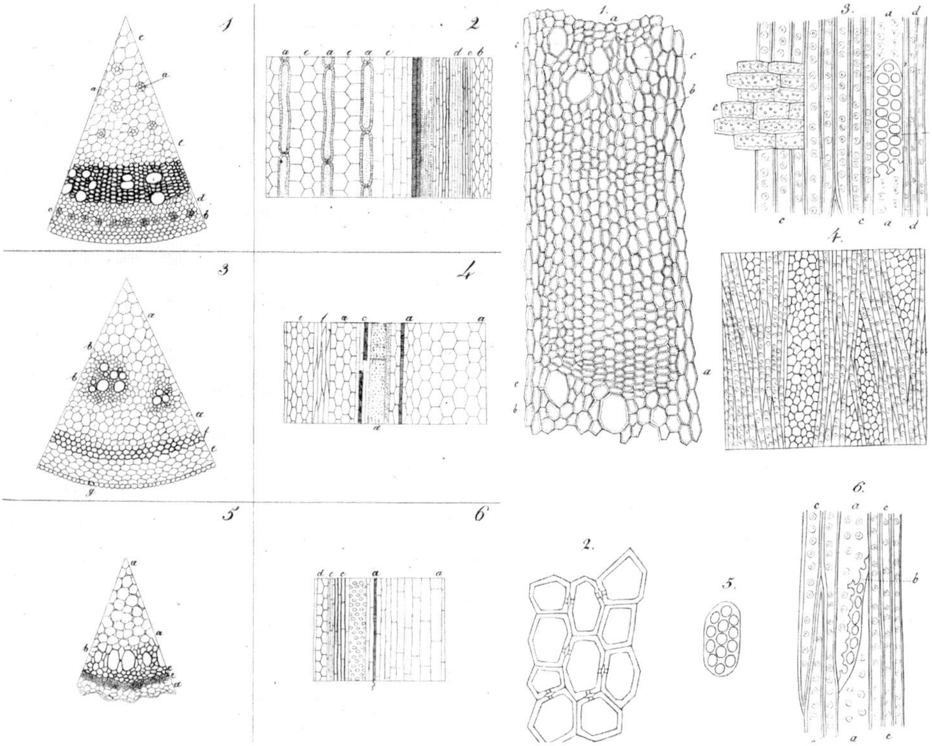

◊這是胡果．馮．莫爾（Hugo von Mohl）製作的雕版畫，圖中是一些植物構造的橫切面與縱切面，從這張圖可以看出歐洲顯微鏡光學品質在一八三〇年代的進步。左圖是莫爾一八二七年的作品，讓人想到尼赫麥亞．格魯（Nehemiah Grew）十七世紀的圖像；右圖則是一八三一年的作品，由德國雕版師兼植物繪師弗里德里希．甘佩爾（Friedrich Guimpel）雕版製作，呈現出個別細胞的表面特徵。

一九三〇年代末期，英國植物學家費德里克．歐本．鮑爾（Frederick Orpen Bower）在職業生涯接近尾聲時，回憶起他在德國接受尤里優斯．馮．薩克斯（Julius von Sachs）訓練的經歷。薩克斯讓他學會清晰地勾勒筆下事物，因為他本人在這方面堪稱大師。鮑爾憶及：「我記得他手持鉛筆，神祕地對我說：『每幅畫都傳達了一種觀點。』我至今也未曾忘記他那句聳動的格言：『沒把一個東西畫下來，就不算真的看見它。』因此，無論有沒有投影描繪器（camera lucida）的輔助，我都認識了手繪的好處。儘管攝影在後來幾年因為擁有更高的準確性而廣泛取代了手繪技術，但攝影仍有一些缺點。薩克斯的作品是出版史上數一數二清晰詳盡的插圖，更傳達了他深思熟慮的見解。現代的照片則往往無法充分表現物體本身，且從未傳遞個人觀點。然而，個人觀點是否真的是一種優勢，仍然有待討論。」*57

生理學與實驗

林奈對自然界的層級分類，同樣體現在他對植物愛好者的畫分上。他區分出「我們」和「他們」兩類人，表示真正的「植物學家（我們）……認為（他們）生理學和解剖學的研究大致上是次要的，甚至無足輕重。」*58 然而，科學植物學的基礎正悄然發生變化。

在十八世紀晚期以前，擁有資產與閒暇時間的男性和一些女性，在植物學的發展上是不可或缺的推手。然而，從十九世紀初開始，隨著科學成為經濟成長的必備要素，工業家紛紛化身為植物學的重要贊助人。工業化不僅將植物學與其他物理科學連繫起來，還催生了一些證實有經濟效益的植物學專業領域，這些專業領域更為了聲望、人才和資源互相競爭。*59 有些植物學家則贏得跨領域的敬重，例如，羅伯特．布朗（Robert Brown）既研究植物多樣性，又鑽研植物解剖學，他參考了弗朗茲．鮑爾（Franz Bauer）的插圖等資料，提出了「細胞核」（nucleus）這個術語，指稱細胞內含有 DNA 的部分。*60 在歐洲大陸，法國與德國的植物學家關注的則是解剖學、生理學、細胞生物學和生物化學。十九世紀科學界的爭論與碰撞，讓許多現代植物科學的基礎概念得以打磨成形。

在十七世紀，胡克用顯微鏡觀察軟木塞的切片，發現軟木塞是由「許多小格子」所構成，他將這些小格子命名為「細胞」（cell）。*61 約一百五十年後，德國植物學家約翰・雅各布・保爾・莫登豪爾（Johann Jacob Paul Moldenhawer）發展出「浸漬法」（maceration），這種技術可以輕鬆分解植物組織，以便觀察整個細胞，而不僅僅是觀察細胞的切片。用不同組織和顯微鏡進行這種研究之後，莫登豪爾主張植物完全是由不同形狀、大小和功能的細胞所組成。當他在一八一二年發表了包含六幅銅版畫的研究成果，他費盡力氣要讓讀者相信這些圖像與他的觀察結果：

「（這些）圖像……是由一位女士（此指他的妻子，亨麗埃特・莫登豪爾〔Henriette Moldenhawer〕）完成，其餘則出自一位技藝精湛的藝術家之手，也就是身居基爾的路德赫茨（Lüderitz）……只有當我清晰地親眼看見物體的每一個部分，而且其他人在我尚未評論的狀況下就看到相同的內容時，我才會讓繪師去繪製插圖……而即使我在畫中看到的物體已描繪得極其忠實且細膩得驚人，仍須經過具有專業知識的人以及對這幅畫毫無所知的人共同判斷，才能確定畫作是否真正寫實。」*62

自行鑽研學問的德國植物學家威漢・霍夫邁斯特（Wilhelm Hofmeister）被稱為「真正的天才，這樣的人在科學界久久才出現一次」。*63 霍夫邁斯特二十七歲時仍在父親的書店工作，同時卻發表了一篇有關植物繁殖的報告，為植物學帶來革命性的影響。他整合了所有植物的生命週期，讓人更清楚地認識到細胞在植物結構與發育過程中是多麼核心的角色。有個二十世紀晚期的植物學史學家指出，霍夫邁斯特的天賦「牢牢地奠基於他對顯微技術的精通、獨特的觀察力與犀利的解讀，還有他以令人印象深刻的精確性與美感描繪所見的能力。」*64

很多工業原料是從天然植物栽培或萃取而來，像木材、肥料和化學品等，因此帝國時期的植物學家將重點放在編列植物資產清單，用大量的植物標本來建立標本收藏，以及繪製植物圖譜。然而，到了一八七〇年代，有人開始認為這種「受限的途徑」正在扼殺英國植物學的創新，若跟歐洲大陸的狀況相比，則更凸顯這個問題。*65

德國植物學家馬蒂亞斯．雅各布．施萊登（Matthias Jakob Schleiden）推出了植物學教科書《科學植物學原理》（*Grundzuüge der wissenschaftliche Botanik*, 1842），並且將這本書獻給博學家亞歷山大．馮．洪堡德（Alexander von Humboldt）。施萊登在書中聲稱，「唯一有用的學問是植物生理學。植物系統分類的知識僅對植物學家重要；對其他人來說不過是一種消遣，甚至是浪費時間。」*66 施萊登強調植物學底下有不同的專業學科，言下之意是植物多樣性的研究並非科學——這個觀點後來在二十世紀的植物科學領域引發了共鳴。*67 在施萊登五百六十四頁密密麻麻的文本裡，他先是研究最簡單的植物，再逐步轉向形態更複雜的植物，但他認為自己的論述不需要圖像，文字與數據才是他的表達工具。

由於植物科學的研究朝著挑戰傳統植物繪師的方向發展，植物繪師無法再依靠公家或私人的贊助。另一方面，攝影技術迅速發展成記錄植物資料的方法，實驗室和一些牽涉到實驗的情境尤其需要攝影，因為在這些狀況裡，重要的是繪圖能力以外的觀察技能。不過，隨著植物繪師的獨特技藝在二十世紀再次受到重視，繪師又重新融入更廣泛的植物學相關活動。

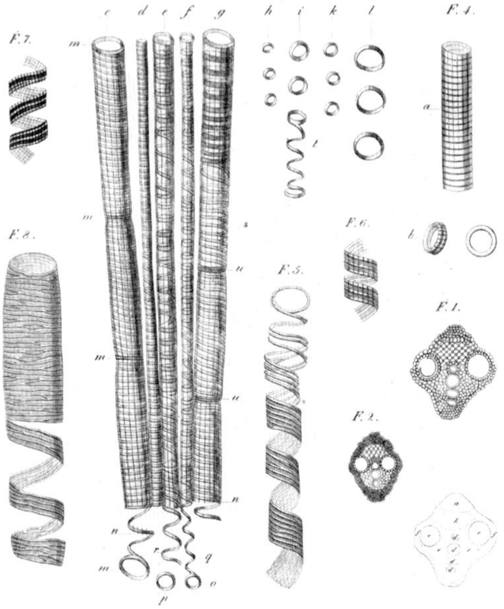

威漢．霍夫邁斯特（Wilhelm Hofmeister）在一八五一年的著作中，以這幅畫展示了顯微鏡下北半球溪蘚（*Pellia epiphylla*）發育過程中的細節。在 A. 格布哈特（A. Gebhart）根據霍夫邁斯特的插圖所製作的版畫中，描繪出來的植物結構包括會活動的雄性精細胞（中間左側）以及位於細長瓶子底部的卵細胞（右側）。仔細比較這類插圖，所有植物的生命週期都顯得很相似，這是十九世紀中期植物學的一項重要發現。

這些是以「浸漬法」（maceration）分解下來的各種植物莖部細胞，先以顯微鏡觀察後，一八一二年再由亨麗埃特·莫登豪爾（Henriette Moldenhawer）繪製。觀察工作由她的丈夫、德國植物學家約翰·雅各布·保爾·莫登豪爾（Johann Jacob Paul Moldenhawer）進行，畫好之後再由 G. A. 福斯曼（G. A. Forsmann）雕刻銅版。在二十世紀後半葉之前，這樣的圖像在植物學教科書中相當常見。

演化與遺傳學

人稱布豐伯爵（Comte de Buffon）的法國博物學家喬治—路易·勒克萊爾（Georges-Louis Leclerc）主張，自然哲學家在闡述理論之前必須先收集準確的事實資料。這個以事實為本的資料庫，是由植物插畫與乾燥標本、測量數據以及其他自然觀察結果所共同組成。數百年來，自然史繪師已經為動植物的多樣性留下紀錄，而假設插圖是源於繪師的親自觀察，不只是仿製他人作品，那麼這些插圖可能就會反映出每個物種在不同分布地點的個體差異。到了十八世紀末，認為各物種是上帝創造且固定不變的教條，已注定遲早會被全盤駁斥。*68

一八〇〇年，法國博物學家和演化論者尚—巴蒂斯特·拉馬克

演化是生物學的基本定律，解釋了地球上生命多樣性的發展歷程，這個定律的基礎是自然族群中的變異、遺傳訊息在世代間的傳遞，以及某些基因型會在天擇過程中逐漸適應特定環境而得以保留。植物繪師過去幾千年都在記錄大自然，而我們不再對自然界中多樣性模式的誕生一無所知。此外，演化論形塑了我們看待生物體的方式，也影響了我們如何重新審視人類，以及人類與自然的關係。

要推動科學的進展，就必須讓觀點和資料在檯面上流通，接受嚴苛的批判和檢驗。繪製植物插圖或替植物命名與分類，並不代表我們對植物生物學有所了解。比方說，從十六世紀以來就有人在畫彩色玉米穗的插圖，但直到二十世紀，我們才因為北美遺傳學家芭芭拉．麥克林托克（Barbara McClintock）的研究，對玉米顏色分布的由來和意義有所認識。*71

新的觀點可能會需要新的資料，但有時我們只需要以全新視角審視過往的資料就可以了。就算一個正確的科學理論未能流通、接受檢驗，最終仍然會有人將它發掘出來。從檔案堆裡挖出這樣的理論可能很愉快，但大家聽到這個理論時，聯想到的往往是率先正式發表理論的那個人。當達爾文面對奧福雷．羅素．華萊士（Alfred Russel Wallace）隱約造成的競爭時，他的心裡非常清楚這一點[11]。

11 譯註：在達爾文尚未出版《物種源始》（*On the Origin of Species*）時，曾收到華萊士寄來的論文初稿，內文提出的觀點與他早已開始收集證據的演化論不謀而合。一八五八年，達爾文在倫敦林奈學會同時發表了自己早年的手稿與華萊士的研究，既保障華萊士的心血，亦作證自己並未抄襲。隔年，《物種源始》正式出版。

FOUR

Blood And Treasure

鮮血與寶藏

要仔細記述這種科學生活——如果能這樣稱呼的話——也就是植物採集者那枯燥的職業，無疑是徒勞無功。
——《植物學的歷史》（*History of Botany*, 1890）尤里優斯・馮・薩克斯（Julius von Sachs）*1

數百個世代以來，透過各種融於宗教、傳統與神話的文化活動，人類不斷探索著大自然，將觀察結果記錄和保存下來，賦予詮釋並傳播出去。人類的農作物證明，早在十五世紀的歐洲人飄洋過海，離開相對安全的沿海水域而航向地平線另一端以前，人類已經在操縱生物世界，在不同地區之間運輸某些生物了。這些滿懷好奇的旅人與移民——從夢想家與奴隸販子，到商人、農夫、貴族與難民——動搖了歐洲數世紀以來的知識體系。然而，在「探索」的美名之下，實則隱藏著強勢的社會、政治與經濟機會主義；辣椒、馬鈴薯與番茄為我們的飲食帶來新的風貌，煙草、可可與蔗糖卻奴役了我們。

十九世紀初，法國動物學家喬治・居維葉（Georges Cuvier）將歐洲的自然史學者分為兩類：一類如他本人，待在實驗室或圖書館研究各種細節；另一類則致力於廣泛而「粗略」的實地考察。*2 植物學家尤里優斯・馮・薩克斯（Julius von Sachs）曾批評植物採集者在白費力氣，乍看之下，這種直言不諱的貶抑不過是每隔一陣子，學者之間就會為了捍衛自己的研究主題而爆發的衝突，但實際上，薩克斯的不滿有著更深層的根源，他認為採集者錯失了探索基礎科學問題的機會：「（他們）找尋著歐洲及世界各地的植物群，確實對植物學有所貢獻，但他們卻將如何運用這些材料來推動科學進步的工作留給了別人。」*4

尼爾吉里爬藤玫瑰（*Rosa leschenaultiana*）是印度西高止山脈的特有種，是有著白色花朵且滿布腺體的蔓性玫瑰，此圖出自羅伯特・懷特（Robert Wight）出版的《東印度植物圖譜》（*Icones plantarum Indiae Orientalis*, 1840），繪師是印度藝術家拉朱（Rungiah），他替許多跟英國東印度公司有關的植物學家工作過。繪圖完成後由懷特製作成石版畫，然後在馬德拉斯（今清奈〔Chennai〕）印刷。圖中開花的枝條與果穗均按原尺寸繪製，其他部位則「或多或少經過放大」。*3

世界各地的標本館與植物園所收藏的大多數標本，都是由沒有利用它們進行研究的人所採集，這些人「僅關注表面上看到的事物，卻很少探究其起源與親緣關係」。*5 無論如何，這些採集者無意間為未來的研究累積了大量原始素材，而儘管他們時常遭到輕視，有時仍因一些從異國帶回的珍稀植物與精心準備的標本和插圖而獲得肯定。*6 野外植物採集者與植物繪師的努力不容小覷。約瑟夫・胡克（Joseph Hooker）

曾稱羅伯特・懷特（Robert Wight）出版的六冊著作《東印度植物圖譜》（*Illustrations of East Indian Plants*, 1840-53）是「在最惡劣的環境下，憑藉不屈不撓的毅力讓植物學插圖達到完美的傑出典範」。*7

本章將從東地中海地區開始，帶領讀者巡遊全球，探討歐洲植物採集者的工作如何在繪師的輔助下，得以更完整地記錄全球植物多樣性的模式。這些模式最終在十九世紀促成了兩個理論的發展——洪堡德式生物地理學和達爾文演化論——這兩個理論後來成為現代生物學的基石。*8

採集生物

把自然萬物裝進瓶子、箱子或壓製成標本，無論是出於科學還是私人目的，都是成本高昂、耗時且危險的工作。人們對於壓製花卉標本往往有一種成見，認為這是孩童、上流社會的小姐和弱不禁風的紳士用來消磨時間的活動，跟實際的科學田野工作相距甚遠。*9 一八三六至四一年，蘇格蘭外科醫師兼博物學家喬治・加德納（George Gardner）在巴西沿海及中部地區採集熱帶植物，他根據這五年的經驗寫道：

「在這些無人居住且經常是一片沙漠的國度中，旅人所經歷的困苦是那些從未冒險涉足這些地方的人無法體會的。在這些地方不時會暴露在熾烈的陽光下，不時會遭遇熱帶地區獨有的暴雨，還要與文明社會隔絕多年，好幾個月都在要露宿野外，而且四季皆然，周圍環伺著猛獸和更加野蠻的印第安人。旅人經常需要攜帶水源騎馬穿越沙漠，而且時常會兩三天吃不到固體食物，甚至連一隻猴子都沒出現，無法用來充飢。」*10

二十年後，已經在亞馬遜河流域渡過十一年、從一八四八待到五九年的英國人亨利・沃爾特・貝茲（Henry Walter Bates）仔細思考田野工作帶來的身心壓力後，則一貫輕描淡寫地表示：

「我最感不便的是無法得到下游文明世界的消息，以及收信、包裹、書籍和期刊的時間並不規則，還有在我居住的後期，由於食物不足且品質不良，我的健康狀況變差了。這裡缺乏智識上的交流以及歐洲生活中形形色色的刺激，這一點同樣讓我感受最深，而且這種情況並沒有隨著時間流逝而緩和，反而逐漸加劇，直到我幾乎無法忍受。我最後只能得出一個結論，那就是單單浸身大自然無法填滿人的心靈和思想……當這段日子走向尾聲，我的衣服已經破爛不堪；我赤腳行走，在熱帶森林裡非常不便……我的僕人逃跑了，而我的銅幣幾乎全被偷光。」*11

採集者有著各式各樣的面貌，正如他們的動機一樣多元。有人認為植物只是冒險過程中的又一個戰利品，有人關注的是個人名聲和財富，還有人單純是為了採集的樂趣，或因為對科學有所貢獻而感到興奮。探險活動的資金來自於私人財富、民間人士或機構的慷慨贊助、標本的銷售收益，或者政府的資助。探險者可以單獨遠征，也可以加入臨時組成或受到委託的隊伍。

加德納和貝茲兩人幾乎都沒什麼資金，各自的探險隊人數也都很少，手邊只有必要的裝備。植物採集者的旅行方式極少符合我們對帝國的刻板印象，但約瑟夫．胡克（Joseph Hooker）倒是一個這樣的例子，他是少數幾位因政府慷慨解囊而展開探險的植物學家。一八四八年，胡克列出了他在尼泊爾東部的探險隊成員名單，總共有五十六人：

「我本人，還有我的貼身僕人，他是一名負責處理所有事務的葡萄牙裔混血兒，讓我省去了通常要找一批印度教和伊斯蘭教僕人的麻煩。我的帳篷……器材、床鋪、衣物箱、書籍和文件等，每樣東西都需要一個人來照料。另外還有七個人負責搬運用來讓植物乾燥的紙張和其他科學用品。由尼泊爾人擔任的護衛隊擁有兩名他們自己的苦力。我的口譯員、苦力的首領和首席植物採集官（一位雷布查族人）則是每人配有一位隨行助手。霍奇森先生（Mr. Hodgson）有一位射擊鳥獸的槍手、一位採集員及一位動物標本製作員，他們攜帶了彈藥和必需品，另外還有四個隨行人員；除此之外，有三名雷布查族少年負責爬樹和更換植物標本紙，他們曾長期為我從事這項工作；最後，有十四名來自不丹的苦力負責搬運食物，主要是酥油飯、食鹽、辣椒和麵粉。我自己則帶了一個小型氣壓計、一把大刀，還有挖掘植物的工具、筆記本、望遠鏡、羅盤等各種儀器；同時，兩三名如影隨形跟著我的雷布查族少年負責搬運植物箱、溫度計、六分儀和人工地平儀、捲尺、方位角羅盤和支架、地質鎚、昆蟲採集罐和採集箱、素描簿等等，這些物品分別放在堅固的帆布袋隔層中……其餘印度士兵則分散在隊伍裡，一位走在前頭準備營地，一位負責殿後。」*12

對胡克而言，他獲得的回報是各國的讚揚，但貝茲一生中幾乎沒有受到認可，儘管後世聽到他的名字，就會想起「貝氏擬態」（Batesian mimicry）[1] 這個重要的演化學概念。不過，大多數植物採集者都像加德納一樣，往往只是為人作嫁。

約瑟夫．班克斯（Joseph Banks）曾搭乘奮進號[2] 展開遠征，這番科學成就讓他聲名大噪，也讓十八世紀晚期的英國社會對植物學產生興趣。*13 此外，班克斯的經歷讓他發現，對於科學研究而言，旅人四處奔波之下的走馬看花，無法取代博物學者定居一處的細緻觀察。這些博物學者能觀察到植物在全年四季的不同生長階段。因此，班克斯建立了自己的全球專業植物採集者網絡，頭號成員是蘇格蘭園丁弗朗西斯．馬森（Francis Masson）*14

探索植物的行動帶有風險——旅行、疾病和天氣——從以前到現在都是如此。那些返回歐洲的探險家經常會出版遊記，所以後來的旅人對於應該預期什麼，有充足的建議可以參考。他們甚至常常遇到一個問題，就是要在荒誕的故事或受到政治、社會或宗教偏見影響的個人觀察之中，分辨出哪些才是事實。十九世紀初，班克斯曾對兩位被他派去巴西的年輕英國植物採集者（艾倫．坎寧漢〔Allan Cunningham〕和詹姆士．鮑伊〔James Bowie〕）強調，他們「絕不能倚賴青春的活力

1 譯註：亨利．沃爾特．貝茲（Henry Walter Bates）研究指出，一些對天敵無害的物種會演化出跟有害物種類似的外表，使得天敵誤以為其有害而不加以捕食，這樣的解釋被稱為「貝氏擬態」。

2 譯註：一七六八至七一年，約瑟夫．班克斯（Joseph Banks）隨著英國航海家詹姆斯．庫克（James Cook）搭乘奮進號航向澳洲和太平洋，本書第一章亦提及他還雇用蘇格蘭繪師西德尼．帕金森（Sydney Parkinson）一起同行。

和（堅強的）體質，而應好好遵循當地人的生活方式，以避免氣候造成的危害，以及前往衛生條件不佳的地區時面臨的危險。」*15

作為天真的熱帶地區旅人，加德納起初對黃昏的短暫有所誤判，也錯估了雨季與乾季的重要性和陽光的熾烈程度，儘管已經有人警告過他，「有些歐洲人輕率地暴露在直射下來的陽光下，因此身亡。」*16 有人教他一定要在水裡摻葡萄酒或白蘭地，但他也拒絕了，並表示這些物質「是多餘的，顯然還會對經常在太陽下工作的人造成傷害。」*17 不同於作風艱苦的加德納，三十年後，理查．法蘭西斯．柏頓（Richard Francis Burton）則對「舒適型旅人」提出建議：「不要因為性別或年齡的緣故而卻步，你應該要——或至少要試著——去征服最凶猛的野獸、爭取最舒服的房間、品嘗最上等的肉片、享盡最後一杯雪莉酒。」*18

儘管有各種預防措施，一代又一代的人在追尋世界上珍貴的植物知識時，仍然是以鮮血作為代價。至少有五位林奈最著名的學生「因科學事業喪生」：佩爾．洛夫林（Pehr Löfling）死在委內瑞拉、弗雷德里克．哈塞爾奎斯特（Fredrik Hasselquist）死在土耳其、彼得．福斯科爾（Pehr Forsskål）死在葉門、卡爾．弗雷德里克．阿德勒（Carl Fredrik Adler）死在爪哇，而克里斯多福．泰恩史壯（Christopher Tärnström）死在越南。*19 在班克斯參與的奮進號遠征中，他帶去的九名成員只有兩名倖存，其餘全數喪生；蘇格蘭植物學家大衛．道格拉斯（David Douglas）則是誤入一個用來捕捉野牛的陷阱，在夏威夷丟了性命。*20

當今法律和道德所關注的問題，往往不會為過去的博物學者帶來什麼困擾，因為他們相信自然界是全人類共同的資產。*21 但在今天的世界，若是剝奪當地人決定自己國家發展的權利，或剝奪他們對世代相傳的植物知識的控制權，這樣的行為會受到譴責。此外，現在也不可能再進行那種耗費數年、跨越好幾個大陸的科學採集遠征。

在野外考察的博物學者很快發現，田野工作是一門充滿無限可能的藝術，必須具備積極和堅韌的特質，也要有臨機應變的能力。博物學者將初步得到的印象、證據與想法記錄在充滿潦草筆記和素描的簿子裡。二十世紀中期以前，博物學者往往只受過粗淺的繪畫訓練；有一些人則技藝高超，約瑟夫・胡克（Joseph Hooker）就是一例。以鉛筆、顏料和墨水所創作的素描圖，如今則大多被像素構成的數位照片取代。

一帆風順

一七〇〇至〇二年間，法國植物學家約瑟夫・皮頓・德・圖內福特（Joseph Pitton de Tournefort）探索了東地中海和高加索地區，也就是鄂圖曼帝國的西部邊緣地帶。法國國王指派他「仔細搜尋與自然史相關的事物……該地區的各種瘟熱與藥物……（以及）比較古代跟現代的地形」。然而，圖內福特的計畫更為宏大，他要「收集在各種科學領域中值得關注的一切，或能以任何方式豐富醫學研究與促進學術界發展的事物。」*23

一六八三年，圖內福特被任命為巴黎國王花園（Jardin du Roi）的植物學教授，當時他年僅二十七歲，卻已經是資歷豐富的野外植物學家，曾經探索過蒙彼里埃周邊地區，以及庇里牛斯山和伊比利亞半島。*24 因此，他明白如果不想讓「探險」淪為「歷險」，事前規畫至關重要。圖內福特意識到除了天氣、疾病和當地人之外，擁有合適的隊伍也是成功的關鍵：

「我需要找幾個忠實的夥伴，他們能夠讓我依靠，陪我共同忍受長途旅行不可避免的艱苦。沒有什麼事比在一個自己不認識任何人、醫學又不發達的國家生病更悲慘了。看到美好的事物卻無法把它們畫下來，這也讓人心煩；因為若沒有圖畫的輔助，任何一種描述都無法清晰易懂。」*25

圖內福特「異常幸運」地找到了安德烈亞斯・馮・岡德爾斯海默（Andreas von Gundelsheimer），他是一位「出色的醫師」，而且「對自然史有極大的熱情」；他也找了植物繪師克洛德・奧布利耶（Claude Aubriet），此人「勤奮程度不亞於畫技之高超……因此獲得了國王私人繪師的職位。」*26 歷史上有一種評價是：「在圖內福特的監督下，奧布利耶的實物畫極為精確，幾乎無可挑剔。」*28 此外，圖內福特將岡德爾斯海默和奧布利耶視為「真正的朋友」，儘管他們共度的兩年野外工作非常艱辛。

這是一幅銅版畫，原作插圖由克洛德．奧布利耶（Claude Aubriet）在一七〇一年繪製，當時他正與約瑟夫．皮頓．德．圖內福特（Joseph Pitton de Tournefort）和安德烈亞斯．馮．岡德爾斯海默（Andreas von Gundelsheimer）一同探索土耳其東北部，而這幅畫收錄在圖內福特出版的《黎凡特之旅》（*A Voyage in the Levant*, 1717）。有一天，他們採集了一晚的植物後，圖內福特激動地表示：「有什麼比那株兩英尺高、從莖底到頂端都開滿花朵的黃耆屬植物（Astragalus）更迷人呢？」*27 他接著將這株植物命名為「最大型的東方黃耆屬植物，有灰色的直立莖，從莖底到頂端都開滿花朵」。一七五三年，林奈使用了奧布利耶的插畫和圖內福特的描述，替這株植物取了現代學名——Astragalus christianus（西亞黃耆）——這是豆科植物裡一個非常大的屬之成員。

從春季地中海沿岸的馬賽起航，這支隊伍先在克里特島探索了三個月，再遊歷散布在愛琴海上的三十多個島嶼。穿越達達尼爾海峽，在君士坦丁堡（今伊斯坦堡）停留以後，他們沿著黑海的南岸跋涉，進入亞美尼亞和喬治亞。至於回程，他們取道土耳其中部的陸路，經過安卡拉（Ankara）和布爾薩（Bursa）而抵達伊茲米爾（Izmir），然後乘船橫渡地中海，回到法國南部。這支隊伍在旅途中發現了數百個新物種，也採集了數千個植物標本，有時，隨行人員對此不太能理解。比方說，一七〇一年六月中旬的一個夜晚，他們與一個商隊同行，來到土耳其東北部拜伯特（Bayburt）以東的村莊。在月光下，「我們沒有忘記要把袋子裝滿，而那些商人一直大笑，看著我們三個人在一片看似乾燥而焦枯的地上摸索，儘管如此，這裡卻有很多優良的植物。到了早晨，我們檢視自己的收穫，發現已經是大豐收。」*30 此外，奧布利耶創作了數百幅尚未完成的畫作和素描，並在上面標註各種色彩的名稱。*31 旅途中，這支隊伍面臨著四處奔波的採集者和繪師經常遇到的難題：如何滿足遠在天邊的贊助人的期望，那些人對於在野外採集和繪製植物的困難知之甚少。*32

一回到巴黎，圖內福特就公布了一系列他們隊伍所發現的植物名稱，奧布利耶則將素描轉化為正式插圖。有些插圖收錄於圖內福特的〈附有詳解和精美銅版畫的罕見植物〉（*Illustrated with Full Descriptions and Curious Copper-Plates of great Numbers of Uncommon Plants*）*33，有些則發表於霍內．路易什．德方丹（René Louiche Desfontaines）的《圖內福特系統附錄中的精選植物》（*Choix de plantes du corollaire des instituts de Tournefort*, 1808），以及伊波利特．弗朗索瓦．若貝爾（Hippolyte François Jaubert）與愛德華．斯帕赫（Édouard Spach）出版的五冊著作《東方植物插圖》（*Illustrationes plantarum orientalium*, 1842-57）。*34 有一百多年的時間，奧布利耶的插圖是東地中海、土耳其和高加索地區的植物插圖中最重要的作品，而經由出版和納入公共收藏，後世的植物學家得以參考和運用他的心血結晶。

然而，費迪南．鮑爾（Ferdinand Bauer）的插畫卻不是這麼一回事，他在約翰．西伯索普（John Sibthorp）為期二十個月的東地中海旅程中繪製了許多插圖。*35 西伯索普擁有充足的財富和牛津大學的學術地位，不必因為反覆無常的贊助人而苦惱。牛津大學的植物標本館已經收藏了圖內福特的標本複製品，而且西伯索普能自由決定要去何處旅行，僅會受到氣候、季節變化和個人安全等常見因素的限制。有了圖內福特等前人的經驗，西伯索普得以盡可能避開瘟疫、土匪和海盜，但其他風險就不在他的掌控之中，例如短暫的花期和天氣條件。儘管握有各種資訊，對於自信的西伯索普來說，規畫並不是優先要務，作為繪師的費迪南．鮑爾評論道，「我覺得西伯索普教授會像以前那樣開始他的旅程，不到最後一刻不會做出決定，然後才匆忙行動，這實在是令人不快。」*36

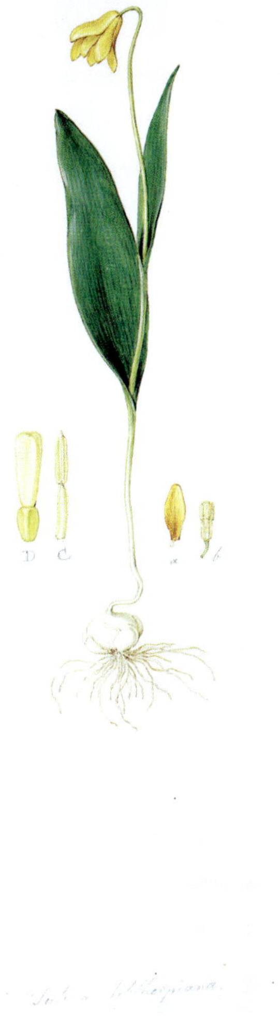

費迪南·鮑爾（Ferdinand Bauer）的水彩畫（右圖）描繪了土耳其西南部罕見的西伯索普貝母（Fritillaria sibthorpiana），他參照的是自己於一七八七年春天在野外繪製的鉛筆素描（左頁右圖），以及蘇格蘭軍事工程師尼尼安·伊姆里（Ninian Imrie）所採集的植物標本（左頁左圖）。在一九七二年以前，人們對於這種植物的認識僅止於伊姆里的標本與鮑爾的水彩畫，直到斯堪地那維亞半島的兩位植物學家再次發現這個物種。鮑爾的水彩畫收錄於約翰·西伯索普（John Sibthorp）與詹姆斯·愛德華·史密斯（James Edward Smith）發行的《希臘植物誌》（*Flora Graeca*, 1823）其中一冊。

西伯索普在維也納與鮑爾相識，他對於這位繪師過人的才華讚譽有加：「勝過我見過的任何藝術家。」他更表示，「我的繪師在自然史的各個領域都首屈一指，他不僅具備畫家的品味，還擁有博物學家的學識。凡是經他之手描繪的動物、植物與化石，皆展現大師的精湛技藝。」*37 鮑爾跟著西伯索普完成整趟遠征，並隨他返回牛津。然而，經過多年的專業合作，他們的私人關係漸趨惡化，最終淪為相互指責。身為希臘文化愛好者的英國礦場老闆約翰·霍金斯（John Hawkins）則成為兩人之間的橋梁，他應西伯索普之邀參與了其中一段旅程。事實證明，鮑爾與霍金斯都在西伯索普的科學成就與個人貢獻上扮演至關重要的角色。

西伯索普曾明確表達自己的旅行動機：

「這是我對這次旅程抱有最大期望的部分，我希望它日後能為我帶來聲譽……這些地區的自然歷史若不是尚未為人充分認識，便是還有許多尚待發掘之處。布克斯鮑姆（此指約翰．克里斯蒂安．布克斯鮑姆〔Johann Christian Buxbaum〕）的圖像繪製得極為拙劣，幾乎無法辨識。而我的繪師才華過人，讓我出版的作品不會遭遇相同的命運，而且足以讓『徒有抱負』的我在彼得堡或敝學院享有一席之地。」*38

旅途中，西伯索普採集了各種植物也寫下一部分的筆記，鮑爾則負責素描植物，並以他自己的編號系統來記錄顏色。野外植物考察充滿刺激，有時跌宕起伏，有時壓力重重，成功的關鍵卻往往是那些枯燥的例行公事，這類不可或缺的雜務包括壓製標本、確保標本完全乾燥，以及一一加上標籤。然而，不管是標本或素描，西伯索普都不做標記，僅仰賴自己的記憶。在他英年早逝後，這個習慣為那些受託整理他科學遺產的人帶來極大的困擾。

當西伯索普與鮑爾一七八七年下旬回到牛津，他們手邊有數千個植物標本和數百頁的野外素描及筆記。接下來的五年內，鮑爾將這些素描轉化為史上最精美的植物水彩畫，西伯索普則開始整理他的標本與筆記，卻沒有發表任何內容。鮑爾的水彩畫自十九世紀中葉以來一直備受推崇，然而，即使西伯索普和史密斯出版了極為珍貴的《希臘植物誌》（*Flora Graeca*, 1806-40），這些畫作對於地中海植物學知識的貢獻仍相當有限。

火山攪動的大地

一七九九年，德國博物學家亞歷山大．馮．洪堡德（Alexander von Humboldt）從西班牙前往美洲時，曾在加納利群島中的特內里費島（Tenerife）稍作停留：「對於博物學家而言，見到特內里費島的海岸卻無法踩上被火山攪動的大地，勢必非常痛苦。」*39 在特內里費島的北岸，洪堡德在胡安．多明哥．德．弗朗基（Juan Domingo de Franchi）

位於拉奧羅塔瓦（La Orotava）的花園中見到一棵巨大的龍血樹，對這棵植物的的年齡做出推測。這種樹是馬卡羅尼西亞（Macaronesia）的特有種。*40

洪堡德出版他備受歡迎的美洲探險故事時，收錄了路易·布凱（Louis Bouquet）製作的一幅龍血樹銅版畫。*41 布凱參照了皮埃爾·安托萬·馬舍（Pierre Antoine Marchais）的插圖，而馬舍又是根據皮埃爾·烏贊安（Pierre Ozanne）一七七六年的素描來創作——當時洪堡德只有七歲。一八一九年，這棵龍血樹在風暴中失去一半的樹冠，接著，「一些野蠻的傢伙從它單薄的空心樹幹劈下一大塊，供邱園的博物館展示」，而整棵樹最終在一八六七年被摧毀。*42 在十九世紀，這棵龍血樹被外界認定極其古老且巨大，因此富有傳奇色彩，吸引了大批博物學者和旅行的藝術家前去參觀，像是瑪麗亞·格雷厄姆（Maria Graham）便曾造訪加納利群島。*43

如今，關於位於拉奧羅塔瓦的這棵龍血樹——一棵「樹幹狀似蘆筍，具有非凡的生命力，但生長速度也異常緩慢」的植物——我們的認識僅來自遊客繪製的插圖，因此必須自行判斷這些圖像的真實性。*44 不過，早在十九世紀中期，便已經有人對這些圖像提出質疑，尤其是早期的攝影師，他們認為人們的期望、技術水準和藝術文化可能會讓這棵植物的圖像產生誤差。

一八七二年的木口木刻版畫，這棵巨大的龍血樹位於特內里費島的拉奧羅塔瓦。考古學家兼繪師沃辛頓·喬治·史密斯（Worthington George Smith）製作這幅版畫時，參照了義大利園藝學家埃馬努埃萊·奧拉齊奧·芬齊（Emanuele Orazio Fenzi）拍攝的照片。背景裡那幾棵形狀均衡的幼年龍血樹，一方面凸顯了一八一九年的風暴對前景這棵巨大龍血樹造成多嚴重的影響，毀掉了它的半個樹冠，另一方面也襯托出這棵樹的高齡。

義大利出生的英國天文學家查爾斯．皮亞齊．史密斯（Charles Piazzi Smyth）和妻子潔西卡．鄧肯（Jessica Duncan）曾拍攝特內里費島的立體影像，他們直言不諱地總結這些疑慮：

「錯誤總是被複製和放大，優點則幾乎難以重現。經過幾次調動後，所謂的大自然畫作，只是以誇張的方式保有原作藝術家的風格特徵……一些藝術家下船待了幾小時，對於那棵古老的龍血樹四周錯綜複雜的植被感到震驚，因此創作出一棵理想化的樹木，讓它立在一個光禿禿的平坦地面上。從另一個角度來說，大自然對於自身造物並不感到敬畏，整個景象只是像一面平坦的牆壁，瞬間呈現在火棉膠攝影濕版（collodion plate）上，包括所有的透視效果和元素的排列……空心的樹幹、皺褶的樹皮、園丁的鷹架，這些皆已化為虛構的梯子和人影；長長的枝條、劍形的葉尖、樹籬和梯田、遠處的樹木，還有更遠的山丘。*46

一八七二年，《園丁紀事》（*Gardeners' Chronicle*）的編輯發行了一幅拉奧羅塔瓦龍血樹的木口木刻版畫，讓大家開始留意十九世紀中期的照片問題——穩定性和發行量：「我們格外希望可以發行高品質的版畫，因為史密斯教授（Professor Smyth）的照片已經褪色了，而芬齊先生（埃馬努埃萊．芬齊〔Emanuele Fenzi〕）的大型照片——我們的草圖所參考的來源——則極少人擁有。」*47

加納利群島之所以吸引人，不只是因為有古老的龍血樹，還因為當地是全球植物多樣性熱點。包括詹姆斯．坎寧安（James Cuninghame）和弗朗西斯．馬森（Francis Masson）在內，十七和十八世紀的博物學家紛紛將只有當地才找得到的植物送回歐洲。*48 此外，隨著越來越多博物學家探索加納利群島，有越來越多奇特的動植物被人發現，進一步激勵更多人前往探險。博物學家查爾斯．達爾文（Charles Darwin）曾讀過洪堡德去泰德峰（Teide）的經歷，那是特內里費島中心地帶的高峰，而達爾文也夢想要造訪加納利群島，但他在一八三二年抵達該地時，卻因爲官僚體系的一些做法而未獲准登陸。*49

這是伊比利木犀草（Reseda undata）的手工著色版畫，藍本是一幅讓—克里斯托夫．海蘭（Jean-Christophe Heyland）的插圖，後者出自皮埃爾．埃德蒙．布瓦希爾（Pierre Edmond Boissier）出版的《西班牙南部植物之旅》（*Voyage botanique dans le midi de l'Espagne*, 1839）。海蘭在布瓦希爾的指導下工作，「尤其得益於這位卓越藝術家對大自然深刻的感情，這些圖畫達到了驚人的完美，儘管它們是根據乾燥植物來繪製，只有少數參考了我（此指布瓦希爾）的種子所培育的活體植物。」*45

十九世紀有很多人赴加納利群島探索當地的自然歷史，其中以菲利普．貝克．韋布（Philip Barker Webb）和薩賓．貝特洛（Sabin Berthelot）最為重要。他們採集了大量的植物標本，*50 並且出版了總共三冊的《加納利群島自然史》（*Histoire naturelle des Iles Canaries*, 1836-50），書中收錄兩百五十二幅植物版畫。這部作品被譽為「唯一就加納利群島的植物提供詳細的說明和插圖，足以讓人識別這些植物的書籍」*51。韋布和貝特的植物標本能夠轉化為版畫，是靠著一些繪師的努力，其中一位是理髮師出身的德國雕版師兼繪師讓—克里斯托夫．海蘭（Jean--Christophe Heyland），他在瑞士生活和工作了六十多年。海蘭曾經與瑞士植物學家奧古斯丁．彼拉姆斯．德．坎多（Augustin Pyramus de Candolle）合作將近二十五年，對許多十九世紀植物學家留給後世的成就都有所貢獻。比方說，在皮埃爾．埃德蒙．布瓦希爾（Pierre Edmond Boissier）出版的兩冊著作《西班牙南部植物之旅》（*Voyage botanique dans le midi de l'Espagne*, 1839-45）中，有一百八十一幅手工上色的版畫是以海蘭的插畫為藍本；至於朱樂．保羅．本傑明．德萊塞特（Jules Paul Benjamin Delessert）出版的五冊著作《精選植物圖鑑》（*Icones selectae plantarum*, 1820-46）中，最後兩冊有將近二百幅黑白版畫都由海蘭製作。海蘭也為布瓦希爾的《大戟屬植物圖譜》（*Icones euphorbiarum*, 1866）製作了一百二十二幅黑白石版畫。

熱愛大自然之人

一八○五年，一位名叫威廉．伯切爾（William Burchell）的二十四歲藝術家兼博物學家來到大西洋中部的聖赫勒拿島（St Helena），他原本懷抱著貿易的野心，但沒多久便感到厭倦，轉而成為定居在島上的植物學家。*52 五年後，他離開聖赫勒拿島前往開普敦（Cape Town），並開始策畫一趟橫跨南非的探險。作為一名採集者，伯切爾並不依附於任何雇主或學術團體，而他充分運用這份自由來「擴展他的研究，探索任何可能提供有趣資訊的領域……在一個尚處原始狀態的國度，幾乎沒有什麼人為的藝術痕跡，大自然的造物讓所有人都心曠神怡——除了那些內心腐敗墮落的人以外——而這些景象最容易引起人們的關注。」*53

這是枕狀豹皮花（*Stapelia pulvinata*）的手工上色版畫，出自植物採集者弗朗西斯．馬森（Francis Masson）的《豹皮花屬植物新種》（*Stapeliae novae*, 1796）。馬森曾在一七七〇與八〇年代到南非探險，在那之前，歐洲的植物學家只認識兩個豹皮花屬的物種，馬森的書中則描述了數十個新物種。然而，對當今的植物學家而言，這幅畫中的植物不過是魔星花（Stapeliae hirsuta）的變異型，魔星花是馬森時代就已經知道的物種。

野石榴的手工上色版畫，這種植物是南非產茜草科植物的一員。早在一八二〇年羅伯特．布朗（Robert Brown）正式描述這個物種前，植物學家就已經認識這種植物了。布朗「以他對各個科學主題都展現出的開明與警覺，充分利用這個適當的機會，表彰了伯切爾先生（此指威廉．伯切爾〔William Burchell〕）的卓越貢獻；伯切爾先生是一位熱情積極的研究員，他調查了這棵植物所在的地區。」*54這幅畫的繪師是M. 哈特（M. Hart），他參考了一株生長在科爾維爾先生（Messrs. Colville）的苗圃中的植物，該苗圃位於倫敦切爾西的國王路（King's Road），接著再由J. 瓦特（J. Watts）雕版，並印製成手工上色的摺頁插圖。

為了探索「歐洲人從未涉足的地區」，伯切爾打造了自己的流動採集設施——一輛特製的馬車，內部設備齊全，能滿足這位藝術家兼博物學家能想像得到的所有需求，他對非洲事物充滿好奇，想把一切都收入囊中。*55 伯切爾的裝備和物資包括：「要當作送給酋長的禮物，以及用來跟土著以物易物的貨品……一箱精選藥品……一大套文具，以及畫水彩和不透明顏料所需的各種材料，另外還有經過處理的畫布和油畫工具。」*56

儘管有如此充分的準備，伯切爾在寫生時仍不免遇到煩惱。有一回的狀況是：

「連一塊可以坐下的地方都找不到，到處都爬滿巨大的黑螞蟻，甚至連站著都有困難；這些煩人的昆蟲總是忙著覓食，很快就爬上了我的鞋子，似乎異常樂於啃食一個白人男子的腿，這對牠們來說可能是從未嘗過的美味；不管我如何想方設法，牠們都堅持不放開自己的珍寶。」*57

伯切爾在一八一一年六月離開開普敦，展開一趟穿越南非的旅行，在一八一五年八月以前共行進大約七千公里（四千三百五十英里）。他的路線大致呈現一個三角形，從西開普省的開普敦朝東北方前進，抵達奧蘭治河以北的格里夸斯塔德（Griekwastad）、庫魯曼（Kuruman）和蜂沼（Heuningvlei），然後向東南行進至東開普省的艾爾弗雷德港（Port Alfred），最後再返回開普敦。*58 伯切爾宣稱他旅行時「沒有同伴或助手」，但他巧妙地提及其他人的貢獻，補充說「除了幾個霍屯督人[3]以外，沒有其他隨行人員，且霍屯督人從未超過十人。」*61 有超過五萬件「自然史的事物被採集回來，還有很多科學界至今未曾見過的物品」，其中包括「大約五百幅畫作，題材涵蓋風景、肖像、服飾、動物學、植物學與各種物品」。*62

3 譯註：霍屯督人（Hottentot）是早期歐洲殖民者對科伊科伊人（Khoikhoi）的稱呼，但具有貶義，指笨嘴笨舌。參考資料：〈南非轉型正義的反思—試以約翰．羅爾斯正義論的原初立場析論之〉范盛保《台灣國際研究季刊》第 10 卷第 3 期（2014 年 9 月）。

這是南非生石花屬植物富貴玉（*Lithops hookeri*）的石版畫，由沃爾特．胡德．菲奇（Walter Hood Fitch）為《柯蒂斯植物學雜誌》（*Curtis's Botanical Magazine*）繪製，他也替一部分畫面手工上色。這幅畫呈現了富貴玉的生長習性，還附上葉片和花朵的特寫。生石花屬（Lithops）的拉丁文含義是「像石頭一樣」，這個屬名在一九二二年發表。一八一一年九月，威廉．伯切爾（William Burchell）在南非北開普省觀察到一顆「形狀奇特的卵石」*59。魯道夫．馬洛斯（Rudolf Marloth）則驚訝地發現，在一條滿布石塊的南非小徑上，一些卵石「開始長出黃花，每顆小石頭的頂端都有一朵花」。*60

伯切爾採集的數量相當龐大。儘管他不須聽命於任何人，但他深知自己的興趣太過廣泛，加上旅行範圍遼闊，以至於時間非常有限。比方說，一八一一年九月十四日，他在西開普省的石地上撿到他心目中「形狀奇特的卵石，後來卻發現這其實是一株植物……但顏色和外觀跟它生長環境中的那些石頭極為接近……這個多汁的小東西（植物）……通常不容易被牛群和其他野生動物發現」*63。伯切爾對於這些多肉植物感到遺憾，因為他「既沒有機會將它們保存下來，也沒有時間作畫」*64。他接著建議：

「如果有一位優秀的繪師，能花上三四年的時間遊歷開普殖民地，專門在這些植物的原生環境中描繪它們，將會為植物學帶來非常珍貴的成果……這些植物因為多肉或嬌弱的質地，不易保存在標本館裡。藉由這種做法，繪師將完成一個極具實用價值的工作，而這些植物獨特的形態或精緻美麗的花朵，無疑會吸引所有熱愛大自然之人的目光。」*65

離開南非後，伯切爾先到巴西探險，然後才返回英國。他在英國花了數十年來整理數千件植物標本和畫作，儘管他的大多數發現和插圖都未曾發表。而且，「對科學界而言，很不幸的是伯切爾老師不但從未發表，還幾乎不讓任何博物學家接觸他的標本。直到他去世……他那龐大的植物標本收藏才贈予邱園。」*66 因此，在伯切爾在世時，外界並未注意到他對聖赫勒拿島、南非和巴西植物研究的貢獻。*67 伯切爾對田野考察的熱忱反而害苦了他，他蒐集的樣本太多，根本不可能分類得完，也來不及一一鑑別和發表——儘管他活到八十多歲。

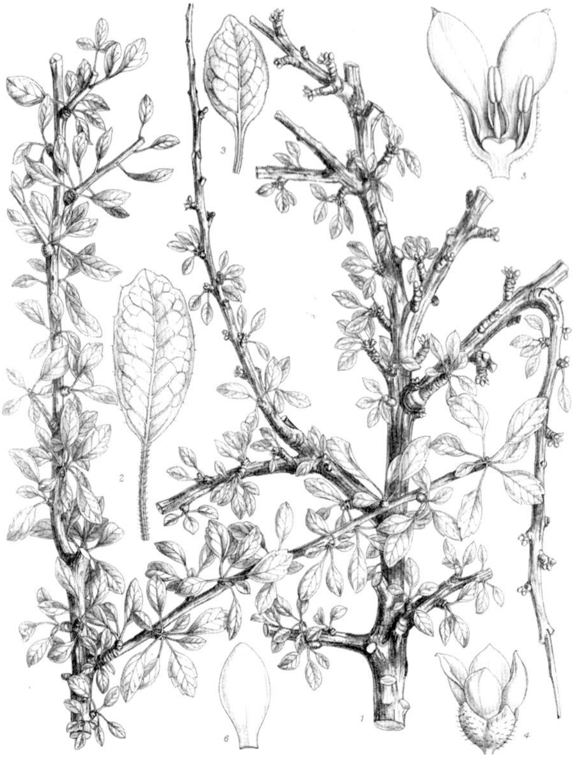

這是索科特拉島龍血樹的外形與棲地，此圖藍本是一名軍官查爾斯．詹姆斯．科伯恩（Charles James Cockburn）的素描，由約翰．紐金特．費奇（John Nugent Fitch）製作成石版畫。科伯恩在一八八〇年陪同艾薩克．貝利．巴爾福（Isaac Bayley Balfour）到索科特拉島（Socotra）探險，那是一趟倉促規畫的旅程。儘管數百年來人們都會從島上輸出龍血樹的樹脂，這個物種是因為此次探險所採集的標本才獲得正式描述。圖中樹幹上的傷口可能是採集樹脂而造成。

這幅石版畫描繪了索科特拉沒藥（*Commiphora socotrana*），一種索科特拉島特有的灌木，與能產生樹脂的沒藥（*myrrh*）有親緣關係。這個物種的形態變化多端，在森林區域可長成高達十公尺（三十三英尺）的無刺喬木，在沙漠地帶則是低矮的多刺灌木。哈莉特・安・帝瑟爾頓—戴爾（Harriet Anne Thiselton-Dyer）根據艾薩克・貝利・巴爾福（Isaac Bayley Balfour）採集的標本繪製此圖，展現了該物種葉序與葉形的變異以及花部細節。石版畫則由約翰・紐金特・費奇（John Nugent Fitch）製作。

焚香與龍血之島

索科特拉島在政治上屬於阿拉伯世界，但地理上屬於非洲；其孤立的地質環境、極端氣溫和稀少的雨量共同催生了當地特有植物群的演化，包括形態奇異的樹木與多肉植物。自古以來，索科特拉島便以出產藥用蘆薈、以及龍血樹，此樹劃傷樹皮後流出的「龍血」是一種可用於染料與亮光漆的樹脂，而其芳香的樹膠可以用來製作焚香（incense）。*68

即便規畫得非常倉促，短期的密集考察也可能成果豐碩。就鮮為人知的地點來說，歷來的全方位植物學考察很少像艾薩克．貝利．巴爾福（Isaac Bayley Balfour）一八八〇年的索科特拉島探險那樣，在那麼短的時間內就籌備完畢。一八七九年十二月二十日，約瑟夫．胡克（Joseph Hooker）代表英國科學促進會（British Association for the Advancement of Science）邀請巴爾福率領這趟索科特拉島的遠征。二十天後，巴爾福動身離開英國，「許多事情在較從容的情況下可以完成，但當時卻不得不放棄。」*69 他在一八八〇年二月十一日抵達索科特拉島，僅停留四十八天，三月底就離開了。

巴爾福從英國出發時，同行人員有愛丁堡皇家植物園（Royal Botanic Garden Edinburgh）的園丁亞歷山大．斯科特（Alexander Scott），抵達亞丁（Aden）後，名叫查爾斯．詹姆斯．科伯恩（Charles James Cockburn）的軍官也加入隊伍。巴爾福對科伯恩的評論是：「有他同行不僅讓人愉快且大有助益，他繪製的精美素描更能讓考察委員會認識到他對探險隊的重要性及其卓越的貢獻。」*70 到達索科特拉島後，精明的巴爾福便「忙著採購物資與招募僕役；但因為工資甚高，僕役很難招募，優秀的口譯員尤其難尋。」*71

巴爾福的探險隊在島上採集了各式各樣的自然史樣本，而他們格外關注的當然還是植物。考量到經濟價值、歷史意義及特殊的地理分布，他們將活生生的龍血樹與索科特拉蘆薈運回愛丁堡，並且蒐集了「五百多種開花植物的乾燥標本，另外還有一些隱花植物（蕨類）」。*72 受到這趟旅程的啟發，許多人紛紛前往索科特拉島展開自然史調查，這種現象一直持續至今。

巴爾福為後人提供了他自己的建議：

「任何前往該島的採集者都將滿載而歸……（但）最好要能安排抵達的日期，在一年的最後幾個月到隔年上旬到達島上。我們的探險隊那年到達島上的時間太晚，因此在離開前，天氣已經熱到我們無法達成預定的工作量。」*73

西伯索普也曾遇到類似的問題。一七八七年春季，他因為海上航程的一些狀況，未能在地中海地區採集一些花期短暫的植物。*74

回到愛丁堡以後，巴爾福過了八年才正式發表他的植物研究成果。他當初與斯科特和科伯恩所採集的標本「往往很零散」，但瑪蒂達．史密斯（Matilda Smith）、哈莉特．安．帝瑟爾頓—戴爾（Harriet Anne Thiselton-Dyer）與約翰．紐金特．費奇（John Nugent Fitch）根據這些標本，製作了一百幅黑白石版畫。*75 如今，世人已經認識八百多種索科特拉島的植物，其中三分之一是特有種，世界上其他地方都找不到。*76 在巴爾福展開遠征之前，西方科學界掌握確切資訊的索科特拉島植物只有一種：索科特拉蘆薈。儘管數百年來，土生土長的索科特拉島居民一直將龍血樹的樹液運往外地，但龍血樹此時才獲得巴爾福的正式描述，並且被科伯恩素描下來。如今，我們知道龍血樹濃密的傘狀樹冠可以從霧中收集水分，沿著葉片、樹枝與樹幹將水分導入土壤。樹蔭下的地表相對濕潤，進而形成獨特的微氣候（microclimate），深深影響著索科特拉島許多特有植物的演化與生存。*77

探勘珍稀植物

當歐洲探險家在十七世紀中期發現紐西蘭群島時，玻里尼西亞移民的後代已經在這些島嶼上生活了至少四百年。一位博物學家主張，當地的科學植物學知識「順理成章地分為兩個時期」：以一八四〇年，英國王室與紐西蘭毛利人簽署《懷唐伊條約》（*The Treaty of Waitangi*）

為界，分成尚未簽署和簽署之後的時期。*78

在《懷唐伊條約》尚未簽署的時期，博物學家大多是跟隨英國、法國和美國的海軍遠征隊，前來探索西南太平洋地區，想當然，他們累積了許多沿海植物的知識。約瑟夫．班克斯（Joseph Bank）曾跟著庫克船長（Captain Cook）前往澳洲，旅途中，班克斯和他的團隊花費六個月的時間蒐集了數百種紐西蘭的植物，也繪製了它們的畫作。*79 然而，儘管這些插圖已準備好要出版，卻始終沒有公開發表。關於紐西蘭獨特的植物，班克斯所掌握的知識寂寥地躺在他的私人檔案裡，包括常見花園植物「卡卡鸚鵡喙」（毛利語：kōwhai ngutu-kākā）的資料——這是一種常綠灌木型豆科植物，擁有纖細的距狀[4]酒紅色花朵，堪稱「目前已知最美麗的植物之一」。*80 卡卡鸚鵡喙僅分布在北島的少數幾個地區，並於一八三一年被引入歐洲的園藝界。不過，早在庫克船長到來之前，毛利人就已經認識到這種植物的裝飾價值了。*81

在《懷唐伊條約》簽署後，採集者成為主導這時期的角色，他們大多是英國移民，利用定居的優勢從沿海地帶深入內陸探險。一八四一年八月，當約瑟夫．胡克（Joseph Hooker）隨詹姆斯．克拉克．羅斯（James Clark Ross）的南極探險隊抵達紐西蘭北島北部的島灣（Bay of Islands），他的目標是記錄新的物種及其分布情形。然而，「在島灣所採集的樣本……在開花植物中並無新奇之處，沒什麼是與我一起度過許多美好時光的威廉．科倫索（William Colenso）和安德魯．辛克萊（Andrew Sinclair）所不知道的。」*82 在稍早旅途中，胡克曾在聖赫勒拿島寫信給他的父親——新任英國皇家植物園邱園（Kew）園長威廉．傑克森．胡克——談及他的採集活動：「我不指望你會對成果非常滿意，但我向你保證，我在岸上從沒有一天閒著。」*83 說得直接一點，在發掘新物種這個競爭激烈的小圈子裡，英國博物學家休．康明（Hugh Cuming）在胡克抵達聖赫勒拿島之前，就已蒐集到「更加出色的收藏」。*84 如果康明的收藏包括新的物種，他可能會先一步描述它們，進而打擊到胡克成為專業植物學家的雄心。這就是胡克當時工作的背景。

4 譯註：植物學裡的「距」，指的是一種特殊演化的花瓣，這類花瓣常向後或向側面演化成長短不一的管狀、兜狀構造。

這是約瑟夫．史旺（Joseph Swan）製作的手工上色版畫，描繪了一株一八三七年，在愛丁堡皇家植物園裡綻放花朵的紐西蘭豆科植物卡卡鸚鵡喙（*kōwhai ngutu-kākā*）。沃爾特．胡德．菲奇（Walter Hood Fitch）的原始插畫有著不太尋常的構圖，花部細節被葉片遮蓋，跟文字描述並不一致。文字的重點在於花朵，也談到 *Clianthus* 這個屬名的含義是「璀璨的花朵」。

紐西蘭革木（*Olearia colensoi*）是紐西蘭特有的菊科灌木，具有革質葉片。最早是由一名受雇為威廉．科倫索（William Colenso）採集植物的毛利人，從希庫朗伊山（Mt Hikurangi）的亞高山灌木叢裡採集而來。這個物種的學名是為了紀念科倫索（Colenso），約瑟夫．道爾頓．胡克（Joseph Dalton Hooker）則在他的紐西蘭植物研究中正式描述了這種植物。此圖是沃爾特．胡德．菲奇（Walter Hood Fitch）手工上色的石版畫，出自胡克的《南極植物誌》（*Flora Antarctica*, 1853）其中一冊。

亞當斯槲寄生曾經是紐西蘭北島的特有種，但如今已經滅絕。一九五四年，紐西蘭植物繪師奧黛麗．伊果（Audrey Eagle）為這個物種完成最後一次紀錄。這種槲寄生應該是在一八六七年首次經人採集，並於一八八〇年獲得正式描述，其名稱是為了紀念紐西蘭植物採集者詹姆斯．亞當斯（James Adams）。這幅石版畫是由約翰．紐金特．費奇（John Nugent Fitch）根據瑪蒂達．史密斯（Matilda Smith）的插圖所製作，收錄於托馬斯．奇斯曼（Thomas Cheeseman ）的《紐西蘭植物圖鑑》（*Illustrations of the New Zealand Flora*, 1914）。

一八四三年，胡克返回倫敦後便開始出版《南極植物誌》（*Flora Antarctica*, 1844-59），陸續推出總共六冊。這部作品記錄了三千多個物種，約三分之一附有手工上色的石版畫。在探討紐西蘭植物的那幾冊，胡克特別在獻詞裡對科倫索和辛克萊表達感謝：「這部作品歸功於他們不懈的努力，因此身為他們誠摯的朋友，要把這部作品獻給他們。」*85 的確，科倫索被提及的次數比其他植物學家都多，他被視為一位「在新奇獨特的地點探勘珍稀植物的人」。*86

科倫索來自英國康沃爾，他是一位身兼印刷師的傳教士，一八三四年以後定居在紐西蘭北島，對於自然史懷有濃厚興趣。*87 科倫索或許在一八三五年耶誕節當天跟查爾斯．達爾文（Charles Darwin）有過短暫的會晤，但他之所以能精進植物採集技能，關鍵在於一八三八年與艾倫．坎寧漢（Allan Cunningham）同行的長期考察。科倫索最終被任命為神職人員，而他在大半個北島旅行和傳教期間，也同時投入植物學研究。在大家眼中，他是個火爆、固執又偽善的傳教士，卻也是個極具專業的植物學家。科倫索的餘生一直跟胡克保持信件往來，定期寄送一箱箱植物標本到邱園。然而，當科倫索這位「殖民地居民」表現出不僅是標本供應商的樣子，胡克立刻在兩人之間擺起專業人士的權威。*88

在十九世紀定居在紐西蘭的眾多植物採集者中，科倫索是最知名的一位。他跟紐西蘭的駐地植物繪師都促進了十九世紀歐洲人對紐西蘭植物的認識。*89 另一位重要的功臣是英裔愛爾蘭教師詹姆斯．亞當斯（James Adams），他與奧克蘭博物館（Auckland Museum）的專業博物學家托馬斯．奇斯曼（Thomas Cheeseman）建立了成果豐碩的合作關係。*90 亞當斯曾發現很多植物，包括一種現在已滅絕的槲寄生，以他的名字命名為 Trilepidea adamsii。*91 他的曾孫女潔奎琳．南希．瑪麗．亞當斯（Jacqueline Nancy Mary Adams）則是知名的紐西蘭植物學繪師兼博物館策展人。

在奇斯曼眼中，十九世紀末的紐西蘭植物研究已逐漸停滯，問題在於缺乏一本有插圖的全方位植物誌。*92 最終，奇斯曼填補了這塊空白，但他只能仰賴瑪蒂達．史密斯（Matilda Smith）的技能，她工作的地方是英國邱園：

「如果能把工作交付給一位定居在紐西蘭且稱職的植物藝術家，那將再好不過，可惜找不到符合資格的人選。這其實一點都不令人意外，因為植物繪畫本身就是一門學問，還必須了解如何進行必要的顯微分析；而即使是在英國，優秀的植物繪師也寥寥無幾。」*93

樹皮和橡膠

探險的一大風險是，可能將致命或讓人衰弱的疾病帶入某地，也可能親身遇到這類疾病，像是經由病媒蚊傳播的「冷熱病」，也就是眾所周知的瘧疾（malaria）。十七世紀初期，歐洲人意識到祕魯有一種俗稱「熱病樹」（fever tree）的樹木，其樹皮的苦味萃取物能治療瘧疾。然而，他們對這種樹知之甚少，也不太了解如何採集樹皮和萃取具有療效的成分。形形色色的商人、醫師與江湖郎中很快便利用這種無知，競相在人人渴望治療的市場上牟利。當時，能供應原生熱病樹樹皮的地方，只有西班牙的南美殖民地，也就是新格拉納達總督轄區（Viceroyalty of New Granada），即今日的哥倫比亞、厄瓜多、委內瑞拉和巴拿馬，另外還有祕魯總督轄區（Viceroyalty of Peru），這個地區涵蓋了今天的祕魯與智利。*94 然而，當時大家欠缺植物學知識，並不了解有好幾種不同特性的熱病樹，分別生長在安地斯山脈的各個地區。

一七七七年，西班牙國王卡洛斯三世（Charles III）批准了首次皇家遠征。這場從一七七七年進行到一七八八年的探險，旨在探索祕魯總督轄區的自然歷史，率隊的是兩位經驗尚淺的西班牙植物學家伊波利托．魯伊斯．洛佩茲（Hipólito Ruiz López）與河塞．安東尼奧．帕文．希門尼斯（José Antonio Pavón Jiménez），經驗豐富的法國植物學家丘瑟夫．東貝（Joseph Dombey）也與他們同行。*95 一七六一年，西班牙啟蒙時期的博物學家何塞．塞萊斯蒂諾．布魯諾．穆蒂斯．博西奧（José Celestino Bruno Mutis y Bosio）當上了新格拉納達總督的私人醫師。在穆蒂斯[5]（Mutis）抵達新格拉納達總督轄區的兩年後，他開始慢慢爭取卡洛斯三世的支持，希望國王能資助他在新居之地的自然史探險。*96 經過二十年的努力，穆蒂斯獲准成為第二次皇家遠征的隊長，這趟旅程從一七八三年持續到一八一六年，但穆蒂斯中途便去世了。在西班牙的美洲殖民地，這些探險活動變成各總督轄區之間經濟和政治競爭的一環，這些競爭的重心是樹皮貿易。*97 經過仔細的探勘，穆蒂斯和隊員們收集了大量新格拉納達植物的資料，包括由他訓練的人所繪製的數千幅植物插圖，以及數萬個植物標本。*98 至於首次皇家遠征，魯伊斯（Ruiz）、帕文（Pavón）[6] 和東貝同樣有著大豐收，雖然他們採集的成果一度被捲入西班牙、法國與英國之間錯綜複雜的帝國政治而處境堪憂。這兩次皇家遠征所收集的植物資料最終都被送回馬德里，來自祕魯總督轄區的一部分資料得以出版和流傳，而來自新格拉納達的資料則淪為塵封的檔案。

魯伊斯和帕文的遠征成果包括三百二十五幅黑白版畫，收錄在他們出版的三冊著作《祕魯與智利植物誌》（*Flora Peruviana, et Chilensis*, 1798-1802）中，其中九幅畫描繪了不同種的熱病樹。*99 這些版畫由很多馬德里的雕版師製作，作為藍本的插圖亦出自許多繪師之手。由穆蒂斯雇用的藝術家為幾種熱病樹繪製了極不寫實的水彩畫，最終由一位名叫格拉博夫斯基（Grabowski）的石版印刷師製作成三十一幅彩色平版畫，發表於哥倫比亞植物學家荷賽．赫羅尼莫．特里亞納．席爾瓦（José Jerónimo Triana Silva）的《奎寧新論》（*Nouvelles études sur les quinquinas*, 1870）。*100

到了十九世紀中期，瘧疾已嚴重危害到英國與荷蘭在南亞及東南

5 譯註：依照西班牙語的命名規則，一個人的全名由名字、父姓、母姓依序組成，父姓和母姓之間偶爾會以 y 連接。以姓氏稱呼一個人時，有時會雙姓連用，例如前墨西哥總統 Enrique Peña Nieto，英文世界常以 Peña Nieto 來稱呼他，中文世界則譯為「潘尼亞．涅托」或「潘尼亞涅托」。但更簡化的做法則是僅使用父姓，例如二〇二三年上任的巴拉圭總統 Santiago Peña Palacios，國際上往往僅稱呼他為 Peña，中文世界譯為貝尼亞。本書作者在簡化西班牙語姓名時，通常也只使用父姓，故此處以穆蒂斯（Mutis）稱呼何塞．塞萊斯蒂諾．布魯諾．穆蒂斯．博西奧（José Celestino Bruno Mutis y Bosio）。

6 譯註：承前一個譯註，本書作者僅以父姓來稱呼稍早提及的兩位植物學家，波利托．魯伊斯．洛佩茲（Hipólito Ruiz Loópez）與河塞．安東尼奧．帕文．希門尼斯（José Antonio Pavón Jiménez）。

亞的殖民利益，因此必須要有可以治療瘧疾且能在當地栽培的樹皮來源，而且要能穩定供應且成本低廉。有人主張要將熱病樹引進原生棲地以外的地區，理由通常是保育資源及防止顯然過於浮濫的砍伐活動——當時人們為了採集樹皮，會將成熟的樹木砍至矮林，或直接砍倒整棵樹木。*101 威廉．道森．胡克（William Dawson Hooker）發現將樹木砍至矮林（coppicing）[7] 是維持熱病樹生長的最佳方式，但隨著英國積極推動將奎寧樹引入印度殖民地的計畫，他提出的證據並未受到重視。*102 歐洲各國已展開競爭，紛紛從安地斯山脈採集熱病樹的種子。一八六○年，亞馬遜探險家理查．史布魯斯（Richard Spruce）受地理學家克萊門茨．羅伯特．馬卡姆（Clements Robert Markham）之託，採集了厄瓜多熱病樹的種子與植株。*103 這些種子與植株最終在印度栽培成功，一直到二十世紀初都是英屬印度主要的奎寧來源。*104 另一種熱病樹則來自於羊駝毛商人查爾斯．萊傑（Charles Ledger），他在一八六五年將玻利維亞的熱病樹種子走私到國外，而這些種子後來種植於爪哇，培育出來的樹木直至一九三九年都是生產奎寧的基礎，因為這種樹所含有的有效成分比其他栽培樹種高出三十倍以上。

在十九世紀，人們發現橡膠可以溶解和塑形，而且彈性還能調整，這個發現讓橡膠從用途有限的奇特物質搖身一變，成為一種不可或缺的工業原料。巴西亞馬遜雨林的橡膠樹提供了理想的工業橡膠，但當時大家對這種植物幾乎一無所知。亨利．威克翰（Henry Wickham）是一位作風不羈且有意栽培植物的冒險家，他的《荒野隨筆：始自千里達島，經奧利諾科河、阿塔巴波河和內格羅河至巴西帕拉》（*Rough Notes of a Journey through the Wilderness from Trinidad to Para, Brazil, by Way of the Great Cataracts of the Orinoco, Atabapo, and Rio Negro*, 1872），填補了這塊知識上的空白。該書不僅簡介了橡膠樹和採集橡膠的「割膠」（tapping）技術，還收錄一幅黑白石版畫，內容是威克翰對橡膠樹葉片、果實和種子的潦草素描——這是當時為數不多的橡膠樹圖畫。*105 在地理學家馬卡姆的支持下，時任英國皇家植物園邱園園長的約瑟夫．胡克（Joseph Hooker）請威克翰收集橡膠樹的種子。一八七六年六月十四日，威克翰帶著來自巴西的數萬顆種子抵達邱園。這些種子被栽培在邱園，而且

7 譯註：在林木伐採後，利用殘存之主幹、根株萌芽，發育成林。

八月以前就有數千顆存活的幼苗被運往斯里蘭卡剛起步的種植園——這些幼苗對於東南亞的橡膠經濟貢獻良多。

結束南美洲的考察後，伊波利托．魯伊斯．洛佩茲（Hipólito Ruiz López）和河塞．安東尼奧．帕文．希門尼斯（José Antonio Pavón Jiménez）推出《祕魯與智利植物誌》（*Flora Peruviana, et Chilensis*, 1799）的其中一冊，這部作品首度描述並繪製了許多新發現的奎寧屬植物，而這張圖中的植物（Cinchona hirsuta）就是其中之一。這些插圖是以弗朗西斯科．普爾加（Francisco Pulgar）的原創水彩畫為藍本，再由V.P.佩雷斯（V. P. Perez）完成雕版。

準確性、精細度與惻隱之心

一直以來，教會、軍事與公家機關的工作往往會吸引許多對自然史感興趣的人。由於他們有時間去探索通常很偏遠的地區，很多人成為了一流的植物採集者與繪師。十八世紀的法國藥師兼行政官讓．巴蒂斯特．克里斯多福．福塞．奧布萊特（Jean Baptiste Christophore Fusée Aublet）就是一例：「只要工作允許，我就會投注所有時間來尋找植物……盡可能小心謹慎地在現場描述這些植物。」*106 不過，奧布萊特跟很多當時的人不同，他記錄了從原住民以及一些被奴役的民族那裡獲得的幫助。事實上，他對法屬印度洋與美洲殖民地的奴隸制度有著第一手的了解，並因此成為公開反對奴隸制度的世俗人士，這樣的立場在那個時代要付出巨大的個人代價。*107

一七五一年，奧布萊特加入了法屬東印度公司，負責在模里西斯建立製藥設施，以及為具有實際用途的植物打造一片園地，當時他已是一位傑出的植物學家。*108 九年後，雖然奧布萊特已經與在模里西斯島上為法國政府工作的植物學家皮耶爾．普瓦爾（Pierre Poivre）發展出激烈的競爭關係，奧布萊特仍返回法國。*109

奧布萊特因為在模里西斯的貢獻，在法屬圭亞那獲得藥劑師與植物學家的職位。當時，法國國王路易十五正努力吸引人民到圭亞那殖民地定居——這是法國在南美洲僅存的殖民野心。然而，法屬圭亞那並不是讓人輕鬆致富的樂土，移民要面對陌生的環境、未知的熱帶疾病和充滿敵意的當地居民。奧布萊特在一七六二年抵達法屬圭亞那的首都，花了兩年採集植物，接著因為生病而不得不返回法國。在回家途中，他曾停留在法屬聖多明哥（今海地）的西北半島。從模里西斯、法屬圭亞那到海地，奧布萊特在植物採集的過程中，記錄了原住民和被迫為奴的非洲人所擁有的植物知識，包括植物的名稱和用途。*110 他帶著大量的植物標本、筆記與素描返回法國。

右頁圖是一種生著粉紅色花朵的灌木（*Tococa guianensis*），分布於中南美洲的熱帶地區。讓．巴蒂斯特．克里斯多福．福塞．奧布萊特（Jean Baptiste Christophore Fusée Aublet）採用了法屬圭亞那的加勒比族人（Galibis）對這種植物的俗稱「tococo」，拉丁化為這種植物的屬名。這種植物的每片葉子基部都有兩個顯眼的心形囊袋。依據當地人提供的資訊，奧布萊特指出這些囊袋是螞蟻的家園，他也強調植物與螞蟻之間有某種關聯；當地人甚至稱這種植物為「蟻窩」。這幅插圖出自奧布萊特的《法屬圭亞那植物誌》（*Histoire des plantes de la Guiane Françoise, 1775*），由他所訓練、姓名不詳的藝術家製作，圖中還附上花朵與果實的剖面放大特寫。如今，這個物種的正式學名是 *Miconia tococa*。

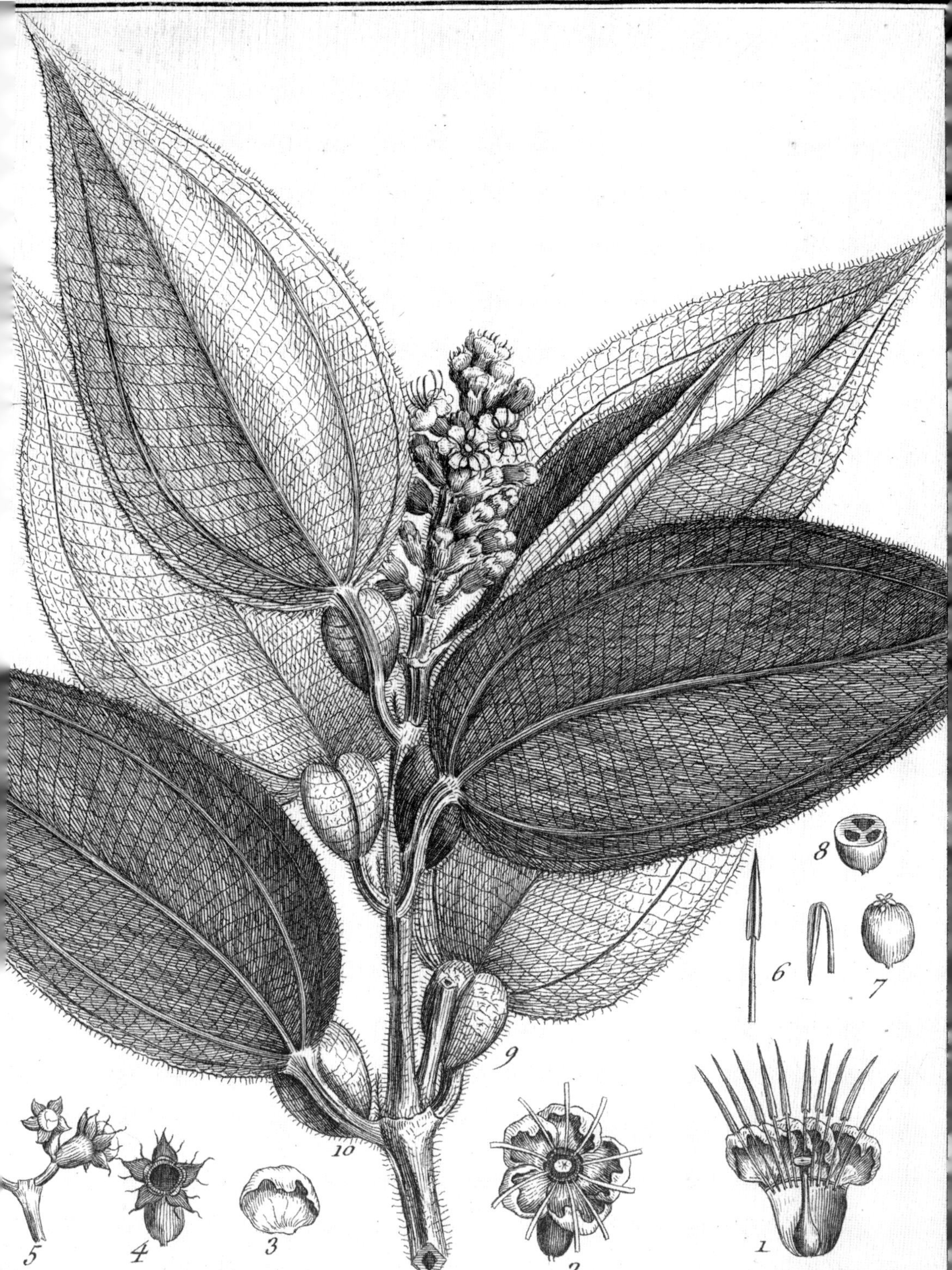
1
2
3
4
5
6
7
8
9
10

又過了十年，奧布萊特出版了多冊著作《法屬圭亞那植物誌》（*Histoire des plantes de la Guiane Françoise*, 1775），他驕傲地表示這套書介紹了「尚未被描述或雕版的植物，或者曾經被描述或雕版，成果卻不盡理想的植物」*111 奧布萊特描述了超過一千兩百個物種，其中包括四百多個對歐洲植物學家而言前所未見的物種。此外，他在植物的學名裡融入了它們的本土名稱，但一些植物學家認為這些名稱過於「野蠻」，試圖撤換掉這些名字。*112

《法屬圭亞那植物誌》以三百九十三幅黑白版畫展示植物，這些版畫由為數眾多的金屬雕版師合力完成，他們根據的是奧布萊特培訓的繪師所畫的插圖：「這些繪師致力於創作賞心悅目而非正確的圖像，而且不習慣以植物學所需的準確性和精細度來繪製植物，因此我有責任訓練一位藝術家來描繪所有的植物。」*113 仔細比較原始插畫和經過蝕刻的圖版，可以得出一個結論：「插畫並不總是與雕刻後的最終圖版相符……這意味著一些圖版上出現的混淆狀況，可能是因為把插圖交給雕版師時發生了失誤。」*114 然而，奧布萊特明確表示，插圖的任何缺陷都源自財務問題：「如果我更富有，或者有其他人幫忙負擔這部作品的製圖經費，這些插圖在設計上並不會更精確，但雕版成果會更美觀。」*115 儘管這些插圖有些令人錯亂，它們仍然是認識熱帶與亞熱帶美洲植物多樣性的基礎。

在植物學研究的歷史中，繪師一直扮演著不可或缺的角色，負責記錄與傳遞有關植物的資訊——這也是當我們深入探討野外植物學家的活動時，所獲得的一種謙遜的理解。此外，那些根據實地採集所繪製的科學植物插畫，雖然經過反覆臨摹並轉載至更通俗的大眾媒介（或許也因此脫離了原本的創作脈絡），仍然讓大家得以欣賞地球上壯麗的植物多樣性。

正如洪堡德、達爾文與約瑟夫．胡克（Joseph Hooker）的職業生涯所示，居維葉對「野外博物學家」與「書齋裡的自然史學者」的二分法過於簡化，事實上，人在不同階段會擔任不同的角色。至於將植物採集者浪漫化，塑造成如印第安納．瓊斯（Indiana Jones）般受歡迎的形象，這樣的刻畫並不符合史實。此外，那些大肆頌揚探險家如何克服萬難、發現未知的疆域，並且為歐洲博物館與花園帶回珍貴植物的輝煌巨著，在今日看來格外刺眼。畢竟，那些植物和它們生長的土地從來不是「未知」的事物，只是歐洲人不認識它們而已。事實上，歐洲探險家在穿越這些「未知」地帶、為自己的聲譽增添光彩時，借重的是往往沒有提及姓名的當地嚮導的知識——這件事本身便已說明，歐洲探險家並非探索那片天地的「第一人」。

六個十九世紀中期的歐洲鬱金香栽培品種。35：變色龍（Cameleon）；169：「粉紅床墊」（Matelas rose）；58：多蘿蒂（Dorothea）；115：馬爾他大師（Grootmeester van Malta）；111：黃金標準（Gouden Standaard）；168：哈倫市（Ville de Haarlem）。這是一幅刊登在《歐洲溫室與庭園花卉》（Flore des serres et des jardins de l' Europe）期刊上的手工上色平版畫。

FIVE

Garden And Grove

花園與樹林

他在此地（中國廣州）驚訝地發現，無論走到哪裡，映入眼簾的都是盛開的花朵和各種開花植物——每戶人家、每扇窗戶、每個庭院都充滿鮮花！

——《園丁雜誌》（*Gardener's Magazine*, 1827）詹姆斯・梅因（James Main）*1

數千年來，世界各地的文化紛紛建造花園以種植食物與藥材、追求娛樂與休閒，也藉由花園來彰顯權力和地位。*2 為滿足園藝學家對新奇植物的需求，人們採集野生植物並進行培育和改良。花園裡栽培著各式各樣的物種、具有特定形態的植物或變異種，抑或是從遙遠陌生的原產地帶回來的珍稀花草。事實上，若一株植物擁有跟它的特性或採集過程有關的精彩故事，便能成為將這種植物納入花園景觀的合理依據。在園藝界爭奇鬥豔的較量中，異國情調是一種誘惑，遙遠的出身讓植物顯得加倍美麗，比起本地取得的植物更令人嚮往。因此，花園裡的植物與花園本身，可以被解讀為政治、經濟與社會力量交織下的產物，隱藏著矛盾與剝削。

如今我們栽培的鬱金香，其祖先是分布在西亞和中亞山區的的野生鬱金香，在早期的伊斯蘭園林中是必備元素。*3 鄂圖曼帝國征服君士坦丁堡後開始建立皇家花園，在十六世紀蘇萊曼一世（Suleiman the Magnificent）的統治下，細長的火焰形鬱金香更被採用為國家象徵，融入各種裝飾性的設計。*4 一五四〇年代晚期，法國博物學家皮埃爾・貝隆（Pierre Belon）遊歷東地中海地區後喚起了歐洲人對鬱金香的注意。十年後，瑞士博物學家康拉德．格斯納（Conrad Gesner）在一座德國的花園裡見到活生生的鬱金香。最早出現在西方文學作品的鬱金香插圖中，有一幅木刻版畫出自皮耶特羅．馬提奧利（Pietro Mattioli）的《對佩達紐斯．迪奧斯科里德斯六冊著作之評析：來自西恩那的醫師觀點》（*Senensis medici, commentarii in sex libros*, 1565）；當時，拉蒙植物學家夏勒．德．里克盧斯（Charles de l'Écluse）正忙著將這些植物分配到歐洲各地——里克盧斯是萊登植物園（Hortus botanicus Leiden）的創始人，又名卡羅盧斯．克盧修斯（Carolus Clusius）。*5 與鄂圖曼人不同，歐洲人喜歡花形渾圓、狀似火炬的鬱金香。

十七世紀初，荷蘭黃金時代拉開了序幕，來自貿易和剝削的巨大財富、高技術勞力和廉價能源結合在一起，打造出一個在經濟、政治和文化上表現耀眼的歐洲強權。*6 荷蘭的園藝從業人員以花朵作為媒介，創造出滿是外來植物的精緻花園，凸顯了園主的財富和社會地位。此外，有些鬱金香在花卉商人依某些特徵來挑選花朵時被培育出來，為具有精美插圖的園藝書籍打開更大的市場。*7

一八四一年，蘇格蘭記者查爾斯．麥凱（Charles Mackay）在著作中說明荷蘭是如何在一六三四至三七年之間陷入「鬱金香狂熱」。*8 他的說法是：荷蘭的鬱金香商人發展出複雜的本票期貨市場，投機者在這些市場中賭上大把資金，期望鬱金香鱗莖能開出令人欣賞和嚮往的「破碎」花朵。這些「破碎」的花朵通常擁有純色花瓣，上面有著異國風格的羽毛狀或火焰狀花紋，而如今我們知道，這些花紋其實是蚜蟲傳播的病毒所引起的病斑。麥凱認為，鬱金香狂熱是不斷膨脹的金融泡沫，直到有人在一六三七年戳破「國王的新衣」，在極短時間內導致了鬱金香市場的崩潰，為整個荷蘭社會帶來經濟波動。儘管有些經濟史學家質疑麥凱對這些事件的解讀，鬱金香狂熱始終是圍繞著這種花卉的老生常談。*9

鬱金香一度是蘇丹、君王和商業巨頭的專利，但到了十七世紀中期，鬱金香的圖像已出現在極少數人才能取得的一些歐洲植物學書籍中。儘管鬱金香的栽培似乎變得更加普及，它們作為春季花卉的魅力依然不減。

一直以來，歐洲的花園會從世界各地引進植物*10，例如從阿茲特克的花園引入了大理花，這種花被稱為「花卉展覽中的猛獸」*11，另外也從中國和日本的花園引進了菊花，這是花卉展覽中的常見植物。本章將探討在記錄與宣傳植物，以及將植物銷售給西方園藝界時，植物插畫所發揮的功能。

記錄歐洲花園

長久以來，擁有花園的人都會記錄他們所照顧的寶貝植物。圖文並茂的私人紀錄可能是方便自己管理花園，也可能是為了在朋友之間傳閱，而出版品的目標讀者則是同業，甚至是未來的世代。約翰．傑拉德（John Gerard）和約翰．帕金森（John Parkinson）分別在倫敦的霍爾本（Holborn）和朗埃克大街（Long Acre）擁有花園，他們在一些書籍中記錄了園子裡的植物，這些書籍主要收錄的是借來的木刻插圖。*12 在萊登、牛津和巴黎的學術性植物園，以及屬於王室的花園，如奧爾良公爵加斯東（Gaston, Duke of Orléans）在布盧瓦（Blois）的園林、英國皇家植物園邱園（Kew），則以無插圖的清單來記錄植物。很自然地，對於那些種植在花園裡的植物，我們的認識會受到那些有閒暇、資金和意願記錄植物的園主影響。*13

這些清單可以用來打造排行榜，讓人對植物進行評比，而大家也確實這麼做了，物種數量較多、坐擁更多珍奇花草的花園往往名列前茅。然而，在沒有插圖或實物樣本可以參考的狀況下，僅有植物名稱的清單仰仗的只是編纂人員的權威，無法供人客觀評比。*14 能夠取代植物清單的另一個做法是花譜（florilegium），這是一種以「花朵圖片為主，或完全由花朵圖片構成」的展示性合集。*15 大型花園的主人和意圖展示自身威望的人都參與了十八和十九世紀的「花卉巨著」時代，這些書籍收集了精緻的印刷插圖，向讀者展示傲人的園藝成就。*16

花譜可以是未曾面世的私人插圖集，也可以是期刊或大開本精裝畫冊之類的出版品。荷蘭藝術家埃弗阿杜斯．基基烏斯（Everardus Kickius）有一本未出版的花卉圖譜，連同植物標本一同記錄了博福特公爵夫人瑪麗．薩默塞特（Mary Somerset）的花園，她是十七世紀出類拔萃的歐洲園藝家。[*17] 有些繪師則不只是記錄園中花草，還藉由出版花譜來達成其他目的。英國自然史繪師威廉．胡可（William Hooker）——請注意，他跟邱園園長威廉．傑克森．胡克不是同一個人——曾是倫敦園藝學會（Horticultural Society of London，英國皇家園藝學會的前身）的指定藝術家，也是「胡可綠」（Hooker's Green）顏料的發明人，而且是唯一受教於奧地利繪師弗朗茲．鮑爾（Franz Bauer）的平民。[*18] 胡可在二十世紀初已經是公認的「畫水果的畫家，在這個國家（英國）無人能及」。[*19] 胡可以第三人稱說明了自己籌備《倫敦天堂》（*The Paradisus Londinensis*, 1805-8）的動機，這是有著一百一十七幅插畫的分冊花譜：

「在他們（植物收藏家）的大方支持下，他終於得以呈現……筆下的一些心血。如果他不承認自己對成功的盼望超過對失敗的恐懼，那就太可恥了；現在他只希望大眾能欣賞他的努力，並成為他的最佳贊助人。然而，他渴求的是名聲而非暴利，因此預備好的資金若只能換來極少的回報，他也心滿意足。」[*20]

胡可的目的是將那些「新奇、異常美麗，或他人的描繪尚有未竟之處」的植物收進《倫敦天堂》一書。[*21] 但他並未持續收到所需的資金，最後只好終止出版。

一六一三年，在艾希施泰特采邑主教約翰．康拉德．馮．格明根（Johann Konrad von Gemmingen）的贊助下，《艾西施泰特植物園》（*Hortus Eystettensis*）出版面世，屆時這位富有的贊助人剛去世一年。德國紐倫堡藥師巴西里烏斯．貝斯勒（Basilius Besler）先前花了十六年來協調相關作業，打造出這本附有插圖的大規模植物目錄，為這位采邑主教宮殿花園裡的植物留下紀錄。[*22] 貝斯勒雇用了一批藝術家、雕版師、印刷師和上色師，攜手推出總共三百本的初版書，每本皆使用十六世紀德國最大的紙張來印製。該書用三百六十七幅版畫描繪了一千多種植物，以季節作為排列的依據。*23 德國藝術家賽巴斯提安．榭德（Sebastian Schedel）是其中一位繪師，雕版師有彼得．伊塞伯格（Peter Isselburg）和沃爾夫岡．基利安（Wolfgang Kilian），負責為印刷圖版手工上色的則是小格奧克．馬克（ Georg Mack the Younger ）。未上色的《艾西施泰特植物園》成本是三十五個弗洛林幣（florin），豪華的上色版本則是五百個弗洛林幣。顯然貝斯勒對這個計畫的興趣主要是經濟利益。《艾西施泰特植物園》的出版計畫有采邑主教的豐厚財力作為後盾，儘管這位贊助人無緣目睹大功告成。這本書的製作成本很高，但因為賣得很好，作者貝斯勒得以在家鄉置產。

《艾西施泰特植物園》出版時，在兩個面向上獨樹一幟。首先，書中版畫的圖像排列非常大膽，跟以往的任何植物插畫都截然不同；有位評論者總結說，這些版畫「非常大，全部以黃銅精雕細琢，而且印製在最大尺寸的紙張上。」*24 其次，這本書的體積很大，需要費勁地從書架搬到桌上才能閱讀，這個特點讓它成為一種新奇玩意兒，而非日常生活中的實用工具書。以現代標準來看，這些版畫的準確性常常為了裝飾效果而犧牲，跟許多較為樸素的同時期植物圖像相比時尤其明顯。因此，《艾西施泰特植物園》的科學價值很低，現代的我們也無法明確辨識出畫中的植物。如今，這部作品更為人熟知的並不是它作為第一本大型花卉圖鑑，在植物插圖史上占有重要地位，而是書中的版畫已被拆散，經過裱框後要價不菲。

右頁的這幅雕版畫中有馬鈴薯的花朵與塊莖，以及開花植物百里香和檸檬百里香。製作此畫的繪師和雕版師團隊也製作了《艾西施泰特植物園》（*Hortus Eystettensis*, 1613）書中的插畫，是巴西里烏斯．貝斯勒（Basilius Besler）的作品。

對於約翰·雅各·迪勒紐斯（Johann Jakob Dillenius）出版的《埃爾特姆花園》（*Hortus Elthamensis*, 1732），有人形容為「十八世紀英國出版的私人花園植物相關書籍中最重要的一本」。這本書描繪了一些大多來自異域的珍稀植物，它們生長在皇家藥師詹姆斯·謝拉德（James Sherard）的花園裡，位於英國肯特郡的埃爾特姆（Eltham）。*25 在這部長邊約五十一公分（royal folio），也就是二十英寸的兩冊書籍中，迪勒紐斯描述了四百一十八種植物，而且他都是根據實物來作畫，再雕刻成三百二十五幅銅版畫。該書共印製約一百五十五本未上色的版本，手工上色的只有三本，而且都是迪勒紐斯親力親為。*26 書中描繪的植物大多來自非洲、美洲、亞洲和歐洲，有很多是需要特定條件才能生長的多肉植物，也因為這個緣故，這些植物很難栽培在十八世紀初的溫室裡，照顧成本很高。正如迪勒紐斯所料，《埃爾特姆花園》是一本「沒幾個人會買的書」，偏偏該書又以拉丁文寫成、訂閱者寥寥無幾，銷售量未見起色，加上迪勒紐斯與英國植物學家約翰·馬汀（John Martyn）之間有著競爭關係，馬汀當時正忙著推出《稀有植物史》（Historia plantarum rariorum, 1728-37）。*27

然而，與當時許多花卉圖譜不同的是，《埃爾特姆花園》的插圖在科學上相當重要，因為它們被納入林奈的研究中，而林奈的研究奠定了現代植物命名系統的基礎。*29 迪勒紐斯曾被人形容是「禁不起批評的『工作狂』」*30，他對這項出版計畫所耗費的時間相當不滿，甚至開始厭惡埃爾特姆花園的主人謝拉德：「我應該要製作四開本或小對開本的書，但謝拉德不喜歡這個構想，要我額外繪製五十多幅版畫，讓書看起來更厚重、更華麗。」*31 謝拉德也反過來抱怨迪勒紐斯為《埃爾特姆花園》繪製的作品：「你會發現，他既未用心美化這本書，也沒有努力妝點我的花園，他最關切的只是推動植物學知識的發展和進步。」*32 迪勒紐斯和謝拉德的言論讓我們一窺植物學書籍出版過程中常見的張力，包括插圖和文字、價格和發行量之間要如何平衡，以及作者、繪師、贊助人與出版商之間的利益衝突。

右頁是由約翰·雅各·迪勒紐斯（Johann Jakob Dillenius）繪製、雕版和手工上色的翠菊，收錄在他的《埃爾特姆花園》（*Hortus Elthamensis*, 1732）。翠菊是一種短命的草花，原產於中國、韓國和日本，在原生地已經栽培至少兩千年了，歐洲則是從一七二八年開始栽種。迪勒紐斯繪製的植物來自詹姆斯·謝拉德（James Sherard）位於埃爾特姆（Eltham）的花園，這些植物能夠培育，是靠著荷蘭植物學家阿德里安·范霍延（Adriaan van Royen）從萊登（Leiden）寄給謝拉德的果實。在十九世紀末以前只有兩幅「非常出色」的翠菊插圖，迪勒紐斯的這幅插圖就是其中之一。*28

Aster Chenopodii folio annuus flore ingenti speciosa ... China ... dela

荷蘭植物學家尼古拉斯・約瑟夫・馮・雅金（Nikolaus Joseph von Jacquin）在維也納網羅許多優秀的植物藝術家，要為美泉宮（Schönbrunn Palace）的園林留下永垂不朽的紀錄。他們出版了華麗的限量版書籍，價格遠超過普通讀者的經濟能力，只有富豪才買得起。*33 與此同時，比利時繪師皮埃爾—約瑟夫・雷杜德（Pierre-Joseph Redouté）在拿破崙妻子約瑟芬・波拿巴（Joséphine Bonaparte）居住的馬爾梅松城堡（Château de Malmaison）為她描繪庭園裡的花卉。*34 儘管雷杜德對十八世紀末至十九世紀初的歐洲植物學研究有著廣泛的貢獻，為王室花園與帝國花園留下許多紀錄仍是他最為人熟知的事蹟，這個任務曾因法國國王路易十六王后瑪麗・安托內特（Marie Antoinette）一七九三年被斬首而短暫中斷。*35

出於對贊助人的諂媚，法國植物學家伊提恩・皮埃爾・文特納（Étienne Pierre Ventenat）盛讚馬爾梅松城堡花園的非凡獨特：「映入您眼簾的是法國土地上最稀罕的植物……它們來自您偉大丈夫的輝煌戰績，是至為甜美的紀念品。」*36 以雷杜德的插畫為基礎，馬爾梅松城堡花園裡的一些珍稀植物被製作成一百二十幅點刻雕版、手工上色的對開插圖，收錄在限量版著作《馬爾梅松城堡花園》（*Jardin de la Malmaison*, 1803-05）雙書中，這部著作總共僅印製兩百套。在雷杜德最著名的作品中，《玫瑰畫集》（*Les Roses*）在一八一七至二〇年，也就是約瑟芬去世後才出版，書中一半的玫瑰來自馬爾梅松城堡花園。

一幅胭脂掌的手工上色雕版畫，收錄於《雷杜德的多肉植物畫集》（*Plantes grasses de P. J. Redouté*, 1802），作為藍本的插圖出自法國繪師皮埃爾－約瑟夫・雷杜德（Pierre-Joseph Redouté）之手。在歐洲，原產於墨西哥的胭脂掌被當作園藝珍品來栽種。胭脂掌是一種叫作「胭脂蟲」的介殼蟲寄生的對象，胭脂蟲可以用來製作胭脂紅染料。

二○○八至○九年出版的《海格洛夫莊園植物選集》（*Highgrove Florilegium*）則是一部為了威爾斯親王（Prince of Wales）製作的兩冊著作，他日後成為了英國國王查爾斯三世（Charles III）。這部著作是現代植物插畫作品中的一個例子，具有大尺寸、高標準印製、限量發行及成本高昂等特點，而且僅著墨單一花園裡的植物。*37 澳洲植物繪師西莉亞．羅瑟（Celia Rosser）曾經為佛塔樹屬（Banksia）的植物創作水彩畫，它們是很有代表性的澳洲植物，後來這些水彩畫成為七十六幅彩色平版畫的基礎，而後者出版時，唯一合適的選擇是限量發行的「大象版」（elephant folio），長約五十六公分、寬約七十七點五公分（即二十二英寸、三十點五英寸）*38。不過，羅瑟與亞歷山大．喬治（Alexander George）攜手出版的三冊著作《佛塔樹屬植物圖集》（*The Banksias*, 1981-2000）並不是單純的花卉圖譜，而是對當時所有佛塔樹屬成員的完整植物學記錄——儘管在二十一世紀，佛塔樹屬的物種數量又增加一倍以上。*39

在十八和十九世紀，有著豪華插圖、以訂閱方式贊助且分冊推出的花卉圖譜每隔一陣子就會出現，然後又消失了，原因是起初滿腔熱血的作者和訂戶往往高估了自身的抱負與資源。年輕的英國植物學家約翰．林德利（John Lindley）便被迫腰斬的《植物選集：珍奇異地植物圖譜》（*Collectanea botanica, or, Figures and botanical illustrations of rare and curious exotic plants*, 1821-6），原因如下：

「他（此指林德利）下定決心，無論花費多大的心力和成本，都要讓這部作品配得上大眾的支持；而且，由於從未考慮過任何金錢回報，這部作品的定價僅為了彌補出版過程中的實際開銷。然而，出於種種不必在此詳述的原因，他最終偏離了原本的計畫，並決定接著再出版四期之後，就要徹底終止這項任務。」*40

在十八世紀的歐洲，以插畫為主的分期出版品也開始鎖定一些預算較有限，但重視珍奇植物彩色圖像的讀者。一七八七年，威廉．柯蒂斯（William Curtis）創辦了《植物學雜誌》（*Botanical Magazine*），也就是《柯蒂斯植物學雜誌》（*Curtis's Botanical Magazine*）的前身，這份刊物至今是全世界發行最久且持續出版的植物學雜誌。*41 一八一五年，植物繪師席登漢．蒂斯特．愛德華茲（Sydenham Teast Edwards）創辦了《植物紀錄簿》（*The Botanical Register*），日後更名為《愛德華茲的植物紀錄簿》（*Edwards' Botanical Register*），並持續出版至一八四七年。《花卉雜誌》（*Floral Magazine*）則在一八六一至八一年間發行。這些富有理想的出版品有很高的印刷品質，致力於激發大眾對植物的興趣，以及推廣植物學知識。相較之下，一八四一年誕生的《園丁紀事》（*Gardeners' Chronicle*）這類每週出刊的園藝期刊價格較低，目標讀者是實際從事園藝工作的人，收錄的主要是木口木刻的黑白版畫。《園丁紀事》後來成為如今的《園藝週刊》（*Horticulture Week*）。

當然，花卉圖譜與園藝期刊描繪的都是完美的植物。這些植物被栽培在歐洲的花園與溫室，然後在花況極盛或果實生長的高峰期被記錄下來，在自然環境中可能出現的缺陷幾乎不會呈現出來。

與貴族的關聯

到了十九世紀中葉，就如同歐洲的其他植物園，英國皇家植物園邱園已成為一個龐大網絡的中心，將英國在商業和科學上的期望跟殖民地的植物資源聯繫起來。邱園關注的一大重點是新物種的發掘，而這伴隨著學名的命名權——植物名稱可用來紀念、貶抑或奉承他人，儘管林奈曾發出警告：「不應濫用植物的命名來博取他人歡心、紀念聖徒或其他領域的名人。」*42

一七八八年，約瑟夫．班克斯（Joseph Banks）正式為天堂鳥取了學名「Strelitzia reginae」，以紀念身為邱園贊助人的英王喬治三世王后夏洛特（Charlotte of Mecklenburg-Strelitz），她出身自神聖羅馬帝國轄下的梅克倫堡—施特雷利茨公國。將近五十年後，負責管理加爾各答皇家植物園（Royal Botanic Garden, Calcutta）的丹麥植物學家納撒尼爾．沃爾夫．瓦利克（Nathaniel Wolff Wallich）將俗稱「緬甸之光」的瓔珞木命名為「Amherstia nobilis」，以「紀念尊貴的伯爵夫人阿默斯特（此指莎拉．阿默斯特〔Sarah Amherst〕）與她的女兒莎拉．阿默斯特（母女同名）。這兩位女性對於自然史學，尤其是植物學的各個領域都非常熱衷，亦長期推動相關發展。」*43

這株在溫室栽培、外形耀眼的天堂鳥是一種原產於南非的植物。一七九一年，這幅畫刊登在威廉．柯蒂斯（William Curtis）的《植物學雜誌》（*Botanical Magazine*）第四卷。為了這株引人注目的植物，柯蒂斯特別破例，並未遵守自己對插圖尺寸設下的限制，發行了這幅手工上色的摺頁雕版畫。

天堂鳥在獲得學名前就已經種植在邱園裡了，這種植物具有直立、類似香蕉的葉片，它的花序「有著六朵或八朵花，在綻放時朝上豎立，形成冠冕狀，呈現耀眼的橙色，蜜管則為純淨的湛藍色，令人驚豔」。*44 這種稀有而引人注目的植物不僅與英國殖民地息息相關，也與王室有所關聯，成為了一種代表性植物，象徵著班克斯對植物園的雄心壯志。此外，栽培天堂鳥並不容易，因而為充滿抱負的眾多園藝家帶來挑戰。

一七九一年，柯蒂斯在《植物學雜誌》（*Botanical Magazine*）發表了第一幅手工上色的摺頁雕版畫，主角正是天堂鳥。對此，他如此解釋：「為了讓讀者有機會欣賞引入我國的這種難得一見、絢麗非凡的植物之彩色圖像，本期決定在插圖的相關設計上破例。」*45 不過，他對讀者的反應仍有所顧慮：「我們不免擔心，有讀者可能無法完全滿意。若真如此，我們希望這些讀者能夠放心，未來極少會出現這類破例，除非是遇到格外美麗或奇異的植物。」事實上，這種做法過了十三年才再次出現。*46

一九九〇年代，天堂鳥就像從前那樣，再度跟重要人士產生關係；當時，有人在非洲發現一個罕見的天堂鳥黃花變種，起初取名為「科斯滕布希黃金」（Kirstenbosch Gold）[1]，後來更名為「曼德拉黃金」（Mandela Gold），以紀念南非政治家尼爾森．曼德拉（Nelson Mandela）。*47 但出於「優先權原則」（Priority of Names）[2]，非洲以外的地區沿用了較早的名稱。

一八二六年，瓦利克收到一些「緬甸之光」瓔珞木的乾燥標本，這些植物來自一座緬甸寺廟的花園，採集者是一位姓克勞福德（Crawford）的先生，他形容這種樹木「實在太美，即使是那些對植物學一無所知也無法忽視」，這促使瓦利克進一步尋找更多樣本。*48 一年後，瓦利克在另一座緬甸寺廟的花園裡發現了兩棵約十二公尺（四十英尺）高的瓔珞木，「樹上掛滿了下垂的總狀花序（raceme），開著朱紅色的大花，形成極為壯觀的景象，在東印度的植物中無與倫比。而且我認為，世界上任何一個地方都沒有植物能超越它的壯麗優雅。」印度藝術家維什努佩索（Vishnupersaud）是與瓦利克同行的「畫師」（draughtsman），瓦利克雇用他來「比對與修正」那些依照稍早收到的標本所繪製的畫作。*52 維什努佩索的瓔珞木插圖出版後，激發了英國

1 譯註：黃花天堂鳥很早就出現在許多地方，包括南非開普敦的科斯滕布希國家植物園（Kirstenbosch National Botanical Garden），但一直到一九七〇年代，才由該植物園主管約翰．溫特（John Winter）展開培育計畫。

2 譯註：根據《國際植物命名法規》（International Code of Botanical Nomenclature, ICBN），發現一種新物種時，命名者需遵循命名的優先權原則，即最早的有效發表名稱擁有優先權。這個法規是《國際藻類、真菌和植物命名法規》（*International Code of Botanical Nomenclature for algae, fungi, and plants, ICN*）的前身。

園藝人員的收集欲與競爭心。*53

瓦利克將瓔珞木引種到加爾各答，但未能將活體植株送回英國。一八三九年，第六代德文郡公爵威廉．喬治．斯賓塞．卡文迪什（William George Spencer Cavendish, 6th Duke of Devonshire）成為首位在英國成功栽培瓔珞木的人，而他與園藝師約瑟夫．帕克斯頓（Joseph Paxton）攜手合作，在德比郡的查茨沃斯莊園（Chatsworth House, Derbyshire）培育了各種稀有的異國植物，那裡是當時歐洲栽培這類植物最重要的其中一個據點。然而，英國園藝家路易莎．勞倫斯（Louisa Lawrence）在她丈夫於倫敦西部擁有的伊靈公園（Ealing Park）成功讓瓔珞木更早開花，搶先了卡文迪什一步。勞倫斯是在一八四七年從印度總督亨利．哈定（Henry Hardinge）那兒取得瓔珞木，兩年後就讓它開出花朵。勞倫斯更進一步，將一根生著花朵的瓔珞木總狀花序送給維多利亞女王，另一根則送給邱園園長威廉．傑克森．胡克，而一幅「地圖集大開本（atlas-folio）[3] 的畫作」也在邱園誕生：「唯有這種尺寸才能將這樣的主題表現得淋漓盡致」。*54 一八四二年，已擔任邱園園長一年的胡克將《柯蒂斯植物學雜誌》（Curtis's Botanical Magazine）的其中一卷獻給勞倫斯：「她的花園和遊賞區之美，以及她成功培育出的珍貴植物都令人驚嘆，更難得的是她的慷慨，將這一切開放給所有對植物學和園藝學感興趣的人參觀。」*55 雖然一八六五年以來，就再也沒有瓔珞木在野外生長的相關記載，瓔珞木至今在潮溼的熱帶地區依然是一種園藝奇觀。*56

一八四九年，卡文迪什和帕克斯頓稍稍扳回一城，首度讓巨大的亞馬遜王蓮（Victoria amazonica；異名為 Victoria regia）開出花朵，這又是一種為了討好英國君王而命名的壯麗植物。*57 胡克一八四七年曾在《柯蒂斯植物學雜誌》（*Curtis's Botanical Magazine*）上發表四幅手工上色的版畫，並詳述這種植物的發現過程來吸引讀者的注意。*58 水晶宮（Crystal Palace）與邱園「棕櫚室」（Palm House）等溫室結構的設計靈

---

3 譯註：atlas folio 的中文譯名並不常見，此處直譯為「地圖集（大）開本」。根據美國威斯康辛大學河瀑分校（University of Wisconsin-River Falls）的資料，這種開本的印刷尺寸長達六十三公分（二十五英寸），在史上慣用的印刷規格中，僅次於長約一百二十七公分（五十英寸）的「雙象版」（double-elephant folio）。需要注意的是，早期印刷尺寸並未標準化，因此這些術語僅能指涉粗略的範圍。

感都來自亞馬遜王蓮的葉脈形式——水晶宮是為了一八五一年的萬國工業博覽會（The Great Exhibition）打造的溫室。

這幅彩色平版畫描繪的是瓔珞木，由馬克西姆．高西（Maxim Gauci）根據維什努佩索（Vishnupersaud）的插圖製作，收錄於納撒尼爾．沃爾夫．瓦利克（Nathaniel Wolff Wallich）的《亞洲稀有植物》（*Plantae asiaticae rariores*, 1830）。瓦利克指出，雖然在佛教寺廟中，瓔珞木的花朵被當作還願用的供品，當地人卻完全不了解這這種植物。他因此得出結論，認定這是「該國（指緬甸）對於與大自然相關的一切都毫無所知且麻木不仁」的例子。*49

這是由沃爾特．胡德．菲奇（Walter Hood Fitch）為亞馬遜王蓮製作的四幅手工上色石版畫之一，刊登在《柯蒂斯植物學雜誌》（*Curtis's Botanical Magazine*）上。自從十九世紀初歐洲人發現亞馬遜王蓮以來，無論大家遇到的是野生或栽培的植株，對於這種植物的反應總是很浮誇。埃梅．邦普蘭（Aimé Bonpland）「為了取得樣本，差點從木筏上掉進河裡」，而托馬斯．布里奇斯（Thomas Bridges）若不是畏懼鱷魚，原本會「躍入湖中採集這些壯麗的花朵和葉子」。*50 而園藝師約瑟夫．帕克斯頓（Joseph Paxton）成功讓一株亞馬遜王蓮在英國開花時，他炫耀的方式是讓女兒穿上小仙子的服裝，站在這株植物的一片葉子上。*51

展望東方

幾千年來，貴重的香料、香水和紡織品紛紛從東方貿易路線輸入歐洲，地中海地區以外的風土人情和奇聞軼事也隨之傳入。然而，很少有活體植物從這些貿易路線進入歐洲，因此植物產品的來源有時籠罩在謎團之中。比方說，一直到十九世紀，有喝茶習慣的歐洲人都未意識到紅茶和綠茶其實來自同一種植物。

不過，原產於東亞的柑橘屬植物確實沿著貿易路線且隨著殖民活動慢慢傳播到世界各地。*59 根據日本古墳時代（約西元三〇〇至五三八年）的傳說，垂仁天皇曾派遣一位叫田道間守的人去尋找長生不老的靈藥，那是一顆「永遠芳香的果實」，推測就是中國的橘子。*60 到了十七世紀，柔軟的柑橘在歐洲非常流行，「我們因它美麗的常綠葉片和芬芳的花朵而受益；但在我們寒冷的國土上，它的果實始終不會成熟。」*61 除了夏季的幾個月，柑橘幾乎全年都需要保護才不會死去。名為「橘園」（Orangery）的建築物應運而生，專門用來培育這些嬌嫩的植物——由於君主擁有用之不竭的財富和人力，有些橘園的規模相當宏大，例如位於凡爾賽宮（Château de Versailles）的橘園。並不令人意外的是，柑橘屬植物也受到植物繪師的歡迎，其中有位繪師為義大利植物學家喬瓦尼．巴蒂斯塔．法拉利的《赫斯珀里得斯：金蘋果的栽培與用途》（*Hesperides sive de malorum aureorum cultura et usu*, 1646）製作了八十幅金屬版畫。

對於一些有錢有閒的歐洲園藝師來說，東亞在園藝領域提供了各種新奇的可能。*62 那些由東方統治者栽培的華麗花園，相關的記述與插圖加深了西方人印象中的東方異國情調。來自西方的旅人雖然只能在中國和日本的沿海貿易據點採集植物，但他們仍面臨各種危險，甚至必須使出詭計來因應，這些故事卻反而助長了歐洲人對東方的強烈渴念。

中國北京的圓明園是東亞最壯觀的花園之一，它是清朝乾隆皇帝和後來歷任皇帝的主要居所，宛如一個鍍金的籠子。*63 一七四三年，在圓明園開始動工的二十多年後，法國耶穌會傳教士王致誠（Jean Denis Attiret）熱情洋溢地描寫了圓明園的宮殿、花園與水源充足的樹林景觀。*64 此外，中式風格和東亞的藝術傳統讓歐洲列強深深著迷。在英國，邱園的大寶塔（Great Pagoda）是現存最著名的人造中式花園，該塔建於一七六一年，由瑞典裔蘇格蘭建築師威廉．錢伯斯（William Chambers）設計。*65 有趣的是，同樣是「中式風格的植物」成功在歐洲花園中保持地位，包括來自中國和日本的野生與栽培植物，有醉魚草、山茶花、枸子、連翹、波羅花 、茉莉、棣棠花、百合、木蘭花、楓樹、芍藥、杜鵑花、繡線菊、桂花、莢蒾、紫藤和金縷梅等。*66

有些植物對十八世紀晚期的園丁並不陌生，杜鵑花就是一例。然而，有些植物原本是從北美和歐洲大陸引進，十九世紀時卻被來自喜馬拉雅山脈和中國的物種大量取代。*67 一八四九年十一月，以約瑟夫．

道爾頓．胡克為首的團隊在尼泊爾東北部花了兩天採到「二十四種」杜鵑花的種子，這些種子隨後被引入英國的花園。*69 一八四九至五一年，胡克的父親威廉．傑克森．胡克編輯了《錫金喜馬拉雅地區杜鵑花》（*The Rhododendrons of Sikkim-Himalaya*）一書，內容包括沃爾特．胡德．菲奇（Walter Hood Fitch）繪製的三十幅手工上色石版畫，以「帝國大開本」（imperial folio）[4] 尺寸呈現。威廉．傑克森．胡克花了一些心思，確保讀者認知到「這些畫作和記述都是實地完成的」，出自他兒子約瑟夫．道爾頓．胡克之手。*70 有人熱情洋溢地評論胡克父子的作品：「他竟然能夠登上喜馬拉雅山、發現一些植物，並且在不到十八個月的時間裡，以近乎舉世無雙的華麗插圖在英國發表這些植物，這真是這個時代的一大奇蹟。」*71

這是一幅小半圓葉杜鵑（Rhododendron thomsonii）的石版畫，出自約瑟夫．道爾頓．胡克出版的《錫金喜馬拉雅地區杜鵑花》（*The Rhododendrons of Sikkim-Himalaya*, 1849-51），由沃爾特．胡德．菲奇（Walter Hood Fitch）根據胡克實地完成的插畫來製作。胡克還附上雄蕊、雌蕊和子房切片的特寫。這種植物的命名是為了紀念托馬斯．湯姆森（Thomas Thomson），他是胡克「大學生涯中最早結識的朋友和夥伴，如今在喜馬拉雅山東部的旅途中則是我寶貴的旅伴。」*68

4 譯註：imperial folio 的中文譯名並不常見，此處直譯為「帝國（大）開本」。根據「英國凸版印刷工作坊」網站（letterpress-workshop.co.uk），此開本的寬約為五十六乘以三十八公分。不過，據專門販售珍稀書籍的紐約書店（Donald A. Heald Rare Books）所量測之數值，《錫金喜馬拉雅地區杜鵑花》一書的長寬較接近五十一乘以三十八公分。

不過，許多在植物原產地工作的採集者不太關心如何在野外好好作畫，他們更在乎的是將活體植物帶回歐洲。因此，西方世界對於這些新奇的園藝植物，通常都是根據在歐洲栽培而非在棲地生長的植株來作畫。

其中一位最早前往東方的歐洲博物學家是耶穌會傳教士卜彌格（Michał Piotr Boym），他出身自波蘭富商家庭，一六四三年取道葡屬果阿（Portuguese Goa）前往中國西南部。*72 他在一六五二年返回歐洲，從此捲入天主教會、歐洲君主與中國皇帝之間的複雜政治關係裡。一六五六年，卜彌格最後一次啟程前往中國，他的《中華植物誌》（*Flora Sinensis*）同年在維也納出版。*73 該書收錄二十三幅品質粗糙、附有拉丁文和中文名稱的蝕刻版畫，而這部有著「誇大的書名」的作品，主要記述的是一些果樹——如巴西腰果、番石榴、鳳梨和印度芒果——它們可能來自十七世紀初的印度或中國的花園。*74 沒有證據顯示卜彌格將中國植物引入歐洲，但一些十八世紀的耶穌會傳教士確實從中國的花園帶回了珍貴的植物。例如，湯執中（Pierre Nicolas Le Chéron d'Incarville）引進了大花紫薇和臭椿等為人熟知的樹種。*75

這是十七世紀中期的蝕刻版畫「荔枝菓樹」，是中國東南部荔枝樹的簡易示意圖，出自卜彌格（Michał Piotr Boym）的《中華植物誌》（*Flora Sinensis*, 1656），作者不詳。當法國博物學家皮耶爾．索納拉特（Pierre Sonnerat）賦予這種樹「*Litchi*」這個屬名時，他採用的是中國俗名「荔枝」。畫中果實的形態與單獨呈現的種子都很寫實，葉子卻被畫成單葉（simple leaf），實際上應該是複葉（compound leaf）才對。

一八三九年，中英雙方爆發了鴉片戰爭，導火線是中國皇帝反對英國商人進口鴉片。中國在一九四二年戰敗後簽署《南京條約》，除了將香港島割讓給英國，也在原本的廣州口岸外再開放四個新的通商口岸。*76 倫敦園藝學會認為這樣一來，便有望「採集尚未在英國栽培的觀賞性或實用植物的種子和植株」，於是雇用蘇格蘭植物學家羅伯特．福鈞（Robert Fortune）前往中國探險。*77 學會成員希望為自己的花園蒐集一些植物，像是「栽培在御花園裡的北京桃子」、「能生產不同品質茶葉的植物」、「名為『香橼』的佛手柑」、「正宗的中國橘子」與「木本與草本的牡丹」。*78 由於「華德箱」（Wardian case）改良了活體植物的長途運輸技術，即使學會挹注的資金少得可憐，福鈞仍成功為英國引入一些如今大家已很熟悉的植物，例如冬季開花的金銀花、迎春花和綠梗連翹。*79 在一八六一年以前，除了短暫返回英國幾次，福鈞幾乎一直都受雇在中國採集植物，同時也私自輸出茶樹，並將製茶工藝的知識傳播出去。*80

本身是傳教士的法國博物學家譚衛道（Armand David）曾率隊前往中國探險，最終發現數十種新的杜鵑花和報春花，很多後來都出現在歐洲的花園。其中，譚衛道跟兩種植物的關係最密切，它們是他一八六九年在中國西南部發現的大葉醉魚草（Buddleia davidii）和珙桐（*Davidia involucrata*），這兩種植物的學名正是以他命名。大葉醉魚草和珙桐被引進歐洲的過程，則牽涉到十九世紀末兩個知名園藝世家的競爭：法國的維爾莫漢家族（Vilmorin）與英國的維奇家族（Veitch）。*81 維奇父子園藝公司（James Veitch & Sons）曾資助恩內斯特．亨利．威爾森（Ernest Henry Wilson）去中國採集植物——這位探險家有著「華人」（Chinese）的綽號——目標就是取得這些園藝珍品的種子。*82

日本就跟中國一樣，外國人能接觸到的當地文化只是次要的部分，並非核心。在日本江戶時代，也就是一六〇三至一八六七年，接觸日本文化的管道大多時候都由荷蘭人控制，而他們的商業動機可能大於對文化的好奇。荷蘭商人能活動的地方主要是出島（Dejima）上的一個呈扇形的貿易站內，出島是位於長崎灣的人工島嶼，貿易站的面積則約為零點八公頃（兩英畝）。*83 在江戶時代末期，被譽為「出島畫家」

的日本藝術家川原慶賀曾特別獲准進入貿易站，因此能為一八二五至三六年居住在當地的法國藝術家夏勒．雨貝爾．德．維倫紐夫（Charles Hubert de Villeneuve）繪製自然史插圖。*84 更重要的是，因為德國植物學家兼旅行家菲利普．弗朗茨．巴爾塔薩．馮．西博特（Philipp Franz Balthasar von Siebold）的緣故，川原慶賀得以一睹通常不對日本人開放的地區。

西博特是個難以相處的人，但也是一位狂熱的自然史收藏家，為了滿足歐洲的植物學家和園藝人員，他有很多日本的植物標本和活體植物都被運往荷蘭。*85 西博特和約瑟夫．格哈德．祖卡里尼（Joseph Gerhard Zuccarini）是《日本植物誌》（*Flora Japonica*, 1835-70）三冊著作的共同作者，其中有些插圖是根據川原慶賀的作品重新繪製，並印刷成彩色石版畫。西博特帶回歐洲花園的活體植物包括玉簪花、繡球花和木蘭花，然而他也引入了「日本虎杖」——這種植物日後在歐洲和北美洲演變為令人頭痛的雜草。*86 西博特也被譽為在爪哇栽種茶樹的始祖，但那是因為他有一次偷竊植物，將茶樹走私到日本之外。*87

隨著十九世紀日本帝國對外國人的敵意逐漸消退，歐洲各國政府和商業勢力紛紛將注意力轉向日本豐富的園藝資源。《園丁紀事》的編輯約翰．林德利（John Lindley）帶著民族自豪感表示：「（我們）看到由英國人掌管的私人企業所展現的價值，以及跟交給政府的代理人執行相比，其效率高出了多少。」*88 當然，林德利的立場並不中立——他是民間組織倫敦園藝學會的祕書，這個單位有自身的利益考量，致力於收集新奇的園藝植物。在西博特特別著墨的出島花園植物裡，有一種叫作雞麻，是生著白色小花的薔薇科植物，當初可能是從原產地中國引進日本。*89 雞麻擁有獨特的黑色漿果，後來在歐洲的園丁之間大受歡迎。這種植物最早是由俄國植物學家卡爾．約翰．馬克西莫維奇（Carl Johann Maximovich）透過聖彼得堡植物園引入西方栽培。一八六九年，邱園園長約瑟夫．胡克（Joseph Hooker）因為園中一株雞麻開花而大為興奮——那是用理查．歐德漢（Richard Oldham）在日本採集的種子栽培的植株，歐德漢則是園方特聘的最後一位植物採集員。*91

這幅金屬版畫是由約瑟夫·史旺（Joseph Swan）依據沃爾特·胡德·菲奇（Walter Hood Fitch）的插畫所製作，展示了螃蟹蘭（Schlumbergera russelliana）的整體外觀與花部細節。喬治·加德納（George Gardner）一八三七年初在奧爾岡斯山脈（Serra dos Órgãos）採集植物，該處位於今天巴西的特雷索波利斯（Teresópolis）附近。他發現一種有櫻桃色花朵的附生仙人掌，生長在海拔一千四百至兩千一百公尺（約四千六百至六千九百英尺）之間，跟他在英國溫室認識的一種植物很像。他將一些活體植株送回英國，對於這種植物的園藝潛力興奮不已：「我確實相信，如果我有幸回到英國，鐵定會發現各地都栽培著這種植物，正如與它親緣相近的其他仙人掌科植物一樣。」*90

這是一幅雞麻的手工上色石版畫，一八六九年刊登於《柯蒂斯植物學雜誌》（*Curtis's Botanical Magazine*），由沃爾特·胡德·菲奇（Walter Hood Fitch）根據自己的原創插圖製作。菲奇用來作畫的植物生長在邱園的「溫帶植物室」（Temperate House），當初是由理查·歐德漢（ Richard Oldham）採集的種子栽培而成，來源可能是日本長崎一帶。

約瑟夫．胡克的父親威廉．傑克森．胡克曾派歐德漢前往東方，但他一直對這位二十四歲的園丁頗有微詞，正如歐德漢所述：「威廉爵士在信中的語氣對我是如此苛刻與不快，而且他完全不考慮我一路以來遭遇的麻煩和失望。」*92 威廉．傑克森．胡克的語氣讓人想起他對待二十七歲的喬治．加德納（George Gardner）的態度，加德納曾在一八三〇年代被胡克派往南美洲採集植物。不過，不願受氣的加德納明確告訴胡克，他不知道還有誰能十一個月內，就成功在熱帶地區完成一萬五千多個植物標本的採集、乾燥、標註和包裝（更不用說活體植株了）。*93 這番話的弦外之音是，胡克既然沒有經驗就無權批評。加德納進一步指出，他樂於接受如何把事情做得更好的「任何提示」，但他後來又在「提示」前面加上「有用的」三個字，以強調自己的惱火。

這個事件在加德納與威廉．傑克森．胡克之間，變成了兩人關係的轉折點。此後，胡克這位當教授的人再也無法對加德納發號施令，也不能期望對方會全盤照做。另外，加德納似乎隱約威脅他要放棄採集工作，這對胡克可能是沉重的打擊。為了讓位高權重的訂戶滿意，胡克對加德納的南美洲探險投注了相當可觀的資金，也大幅動用自身聲譽帶來的資源。加德納最後證明他是一位勤奮的採集員兼植物學家，更進一步發現和引進兩個深深影響全球園藝界的物種：螃蟹蘭（Schlumbergera russelliana）、沃克嘉德麗亞蘭（Cattleya walkeriana）。前者是耶誕仙人掌的親本植物，後者則廣泛運用於嘉德麗雅蘭的商業育種。*94

秋菊與春蘭

自宋朝（西元九六〇至一二七九年）起，中國的藝術創作便出現「四君子」的題材──梅、蘭、竹、菊──四種分屬不同季節，象徵著君子品德的植物。冬季的梅花堅韌不拔，春天的蘭花高潔脫俗，秋菊的精神清廉剛正，夏竹的寓意是虛懷若谷。*95 其中，菊花和蘭花不只在東方備受推崇，西方園藝界也為之痴迷。

如今，已有數千種形態各異的的菊花是從中國和日本的品系雜交選育而來，甚至早在菊花從中國引進日本，也就是西元八世紀以前，菊花可能就已是一個複雜的雜交種。過去一百年來，菊花基因的複雜性在西方世界只是有增無減。*96

十七世紀末，西方世界認識了在中國已種植數千年的菊花，並於十八世紀初嘗試栽培了好幾次，卻僅止於玩票性質。*97 直到一七八九年，馬賽商人皮埃爾—路易．布蘭卡（Pierre-Louis Blancard）從中國引進一個花朵碩大的紫色菊花品種時，歐洲人才真正開始對菊花感興趣。一年後，菊花傳入英國，且最終獲得一個謹慎的評語：「有望成為極具價值的收藏」。*99 接下來幾年，有更多中國的菊花被引進，讓菊花的花頭發展出更多不同的形狀和顏色，而倫敦園藝學會的花園到了一八二六年已擁有高達四十八個品種。*100 由於種子無法在歐洲的寒冬裡成熟，這些菊花均以扦插法繁殖，但到了一八二〇年代末，菊花已經能利用播種繁殖，展現出前所未見的大量變異，讓育種者大飽眼福。一八四〇年，英國的一位菊花迷約翰．索爾特（John Salter）在凡爾賽擁有三百多個菊花品種，培育在他自己的苗圃裡。

索爾特認為，中國人培育了「最初的變異品種或粗糙的品種」，歐洲人則對它們進行改良：「中國的菊花……與如今在冬季花園成為亮點的菊花相比，幾乎一無是處。」*101 然而，中國有各式各樣的菊花，他所見的僅是冰山一角——早在一六三〇年，中國紀錄在案的菊花品種已達五百多個。*102 一八四〇年代，福鈞在中國採集了花形嬌小的菊花樣本，但這些品種在英國人眼裡太過樸素、保守。*103 法國的植物育種者則對這些品種讚譽有加，最終靠它們培育出絨球狀菊花。一八六〇年代，福鈞在日本採集到一批截然不同的菊花：

「我取得一些令人驚豔的品種，形態與色調都極為奇異，與歐洲目前已知的品種大相徑庭。有一種菊花的花瓣宛如粗長的毛髮，呈現紅色但頂端帶黃，看起來像披肩或窗簾的流蘇；另一種菊花則有寬闊的白色花瓣，上面有著類似康乃馨或山茶花的紅色條紋；還有一些菊花很大且色彩鮮豔，相當引人注目。」

「如果我能成功將這些品種引入歐洲，它們或許會徹底改變菊花的發展，正如我過去所引進的舟山菊一樣，它就是現今絨球狀菊花的親本植物。*104 這些品種將為西方菊花帶來新風貌，並重新塑造西方花園的景觀。」

這幅彩色石版畫中的菊花都是花形嬌小的園藝品種，此圖刊登於《歐洲溫室與庭園花卉》（*Flore des serres et des jardins de l' Europe*, 1861）園藝期刊上。來自中國與日本的人工栽培菊花在十九世紀進入歐洲，受到園藝師的熱烈歡迎。他們根據自身品味加以選育與改良，有數百幅新品種的圖像登上了園藝期刊與產業雜誌。

這是一幅斯金納葛麗亞蘭的彩色石版畫，由馬克西姆．高西（Maxim Gauci）根據奧古絲塔．伊尼斯．威瑟斯（Augusta Innes Withers）的插圖製作，收錄於詹姆斯．貝特曼（James Bateman）一八三九年推出的《墨西哥與瓜地馬拉的蘭花》（*The Orchidaceae of Mexico and Guatemala*）。這種植物的英語俗名「Skinner's cattleya」是為了向喬治．烏爾．斯金納（George Ure Skinner）致敬——他是一位勤奮不懈的商人兼植物採集者，將瓜地馬拉的斯金納葛麗亞蘭引介給十九世紀早期一些酷愛蘭花的英國人，而斯金納葛麗亞蘭在原生地的用途是裝飾祭壇。貝特曼形容這種花的色澤是「極為鮮豔濃烈的玫瑰紅……帶有無與倫比的細緻美感」，他也希望這種花不會辱沒斯金納之名。*98

蘭花的英語名稱「Orchid」源自希臘文的「睪丸」，而這種花在不同文化裡都與異國風情、性與欺詐息息相關。*105 在英國，許多蘭花因棲地遭到無情的破壞，目前已變得相當稀罕。因此，仙履蘭作為英國本土最稀有且最絢麗奪目的蘭花，一直受到植物採集者的肆意掠奪或許也就不足為奇。*106 英國商人詹姆斯．貝特曼（James Bateman）在回顧自己對蘭花栽培的狂熱時寫道：

「對蘭花的狂熱⋯⋯如今已擴散到所有階層（尤其是上流階級），而且到了不可思議的程度⋯⋯我們專門派人前往各地，以收集更多種可供栽培的蘭花；在這股引進蘭花的熱潮中，業餘人士、苗圃業者與公家機構都在跟彼此競爭。貴族、神職人員、學者與商人似乎皆無法抵抗這波熱潮的影響。」*107

儘管在貝特曼眼中，蘭花對各個階層的影響似乎相當公平，但他的《墨西哥與瓜地馬拉的蘭花》（*The Orchidaceae of Mexico and Guatemala*, 1837-43）中，卻盡情沉湎在十九世紀的蘭花狂熱所蘊含的藝術性、詭計和社會分歧。這本書「可能是最精美，而且一定是尺寸最大的石版畫植物學著作」，長約七十四點五公分、寬約五十四點五公分（二十九點三英寸、二十一點五英寸），*108 全書僅印製一百二十五冊，訂戶包括英國國王威廉四世（William IV）的妻子阿德萊德（Queen Adelaide of Saxe-Meiningen），她也是薩克森—邁寧根公爵的女兒（該書即獻給她），以及比利時國王利奧波德一世（Leopold I）、托斯卡尼大公利奧波德二世（Leopold II, Grand Duke of Tuscany）；另外還有各國貴族，像是第七代貝德福公爵弗朗西斯．羅素（Francis Russell）、第六代德文郡公爵威廉．卡文迪什（William Cavendish），還有以植物學成就聞名的朱樂．保羅．本傑明．德萊塞特（Jules Paul Benjamin Delessert）。顯然，這本書的讀者並不是所有對栽培蘭花感興趣的人，因為「一間培育附生植物（指蘭花）的溫室，已經被視為具有一定重要性的場所近乎必備的附屬設施」*109。

除了園藝方面的建議，《墨西哥與瓜地馬拉的蘭花》也描述了四十種蘭花並附上插圖。這些版畫由馬爾他石版藝術家馬克西姆．高西（Maxim Gauci）製作，他參考了英國繪師莎拉．安妮．德雷克（Sarah Anne Drake）、奧古絲塔．伊尼斯．威瑟斯（Augusta Innes Withers）和珍．愛德華茲（Jane Edwards）的畫作，只有一幅原作出自男性繪師之手——塞繆爾．霍頓（Samuel Holden）。*110 這些科學插畫還附有幽默的木刻小圖，以英國漫畫家喬治．克魯克香克（George Cruikshank）的插畫為藍本。從科學角度而言，書中四分之一插畫裡的蘭花是新物種，全書大多數蘭花則是首次被繪製成圖。

貝特曼身為蘭花迷，《墨西哥與瓜地馬拉的蘭花》讓他有機會展示自己和朋友收藏的活體蘭花。在熱帶地區，為了發掘罕見、充滿異域風情或獨特的蘭花，他們雇用了一些採集員，這些人「憑著熱情與技巧，努力不懈讓蘭花栽培事業達到今日的鼎盛。」*111 一八三七年被譽為「蘭花進口的奇蹟之年」：

「除了吉布森先生從尼泊爾山區帶回來，並於同年送到查茨沃斯莊園的『戰利品』之外，斯金納先生也為我們的溫室提供許多極為珍貴的蘭花，它們來自瓜地馬拉的峽谷。坎寧漢（艾倫．坎寧漢〔Allan Cunningham〕）先生從菲律賓群島帶回大量出類拔萃的附生蘭花；尚伯克先生（理查德．尚伯克〔Richard Schomburgk〕）亦貢獻來自圭亞那內陸的極品蘭花；法國的德尚先生（M. Deschamps）則從維拉克魯斯（Vera Cruz）坐船過來，船上滿載著墨西哥的蘭花。整體而言，在這值得紀念的一年，英國首次出現不下三百種的蘭花，實際數量甚至可能更多。」*112

斯金納先生指的是英國商人喬治．烏爾．斯金納（George Ure Skinner），他在機緣巧合之下，為貝特曼和維奇家族的商業苗圃供應了大量的中美洲蘭花，產地以瓜地馬拉為主。*113 如今，為園丁供應植物的的採集者仍然對熱帶蘭花虎視眈眈，園丁則打著「植物愛好者」的旗號，意圖占有、馴化、控制大自然的造物，最終將它們關進囚籠。

推銷植物世界

植物若生長在權貴和富人的花園裡，便可能讓人心生豔羨，想要據為己有。而廣告商知道若將合適的圖像放進合適的脈絡，幾乎什麼東西都能賣得出去。一六九一年，來自倫敦東部霍克斯頓（Hoxton）的英國苗圃商人威廉．達比（William Darby）用一本由植物標本做成的目錄誘惑顧客：「一本貼滿各式各樣植物花葉的對開本書籍，看起來非常美麗，而且比藥草誌的任何版畫都更有教育意義。」*114 然而，這種書除了新奇以外，恐怕很難成功銷售鮮豔的園藝花卉或果樹。

荷蘭藝術家兼苗圃業者伊曼紐爾．斯韋茨（Emanuel Sweerts）出版了《精選花卉大觀》（*Florilegium amplissimum et selectissimum*, 1612），書中收錄一百一十幅黑白版畫，為他的苗圃打造出一本插圖版植物銷售目錄。不過，斯韋茨的許多版畫都是從佛拉蒙雕版師約翰．狄奧多．德．布里（Johann Theodore de Bry）的《花卉新鑑》（*Florilegium novum*, 1611）中複製而來。*115

在園藝市場上，讓人印象最深刻的廣告往往是彩色插圖。有一份被稱為《垂德斯坎特果園圖譜》（*Tradescants' Orchard*）的手抄本，一直以來據說跟十七世紀英國園藝學家老約翰．垂德斯坎特（John Tradescant the Elder）和他的兒子小約翰．垂德斯坎特（John Tradescant the Younger）有關，大家認為這個手抄本是他們苗圃生意的銷售目錄。*116 在《垂德斯坎特果園圖譜》中，六十四幅以鋼筆和水彩創作的插圖展示了李子和桃子等各種水果。

一七三一年，羅伯特．弗伯（Robert Furber）推出以十二幅金屬版畫構成的《每月花卉》（*Twelve Months of Flowers*），是英國最早的苗圃目錄之一。《每月花卉》採取訂閱制來銷售，未上色版本的訂閱價格是一英鎊五先令（約合二〇二二年的一百五十英鎊），彩色版本則是兩英鎊十二先令六便士（約合二〇二二年的三百一十英鎊）。*117 這是一組精美的季節性花卉靜物畫，每張插圖都以一個月分命名，繪師是彼得．卡斯提爾斯三世（Pieter Casteels III），雕版師則是英國人亨利．弗萊徹

（Henry Fletcher）。所有花卉都有便於識別的編號，可能也是方便顧客從弗伯的苗圃訂購植物。整體而言，《每月花卉》展示了超過四百種植物。

英國博物學家馬克．蓋茨比（Mark Catesby）從北美洲返國後，也與一位倫敦苗圃業者托馬斯．費爾查爾德（Thomas Fairchild）合作，推廣在英國栽培北美洲的樹種：「位於美洲的一小片土地，不到半個世紀就為英國提供了各式各樣的樹木，種類比英國一千多年來從世界各地取得的還多。」*119 在這些引進英國的樹種中，最引人注目的是洋玉蘭，它有光滑的常綠葉片和巨大的白色花朵，花形呈現鬆散的合掌狀。

一七四九年蓋茨比去世後，《英美花園》（*Hortus britanno-americanus*）和《歐美花園》（*Hortus europae americanus*）分別在一七六三年和六七年以他的名字出版。這些作品附有小型的金屬版畫，描繪了許多可能適合英國土壤的北美物種。*120 這些品質欠佳的圖像，是從對開本書籍《卡羅萊納、佛羅里達和巴哈馬群島的自然歷史》（*Natural History of Carolina, Florida and the Bahama Islands*, 1729-47）中簡化並複製而來，該書是蓋茨比親自繪圖的作品。

在植物繪師開始工作以前，他們通常會知道自己要繪製的植物是不是新物種。但有時，一幅插圖後來才會被發現描繪的是新物種。一八七六年，英國藝術家瑪麗安．諾斯（Marianne North）到婆羅洲的砂勞越（Sarawak）拜訪白人拉惹查爾斯．布魯克（Charles Brooke）。多年來，諾斯一直運用她可觀的私人收入和社會人脈到處旅行，並且在自然棲地中描繪植物。*121 在砂勞越的旅途中，諾斯的野外助理赫伯特．埃弗雷特（Herbert Everett）——他是前拉斐爾派畫家約翰．埃弗雷特．米萊（John Everett Millais）的表親——被諾斯形容為「與他交談就像閱讀一本書」、「既機智又博學」。她也描述這位助理「爬上（特戈拉〔Tegora〕）附近的山，替我帶回一些壯觀的蔓生植物樣本，是所有豬籠草裡最大的一種。我將這些藤蔓像花綵一樣掛在陽台，長度足足有好幾碼，並畫下了最大的一株。」*122 埃弗雷特在不知情的狀態下發現了一個新物種的葉子，而諾斯也為這些葉子畫了插圖。

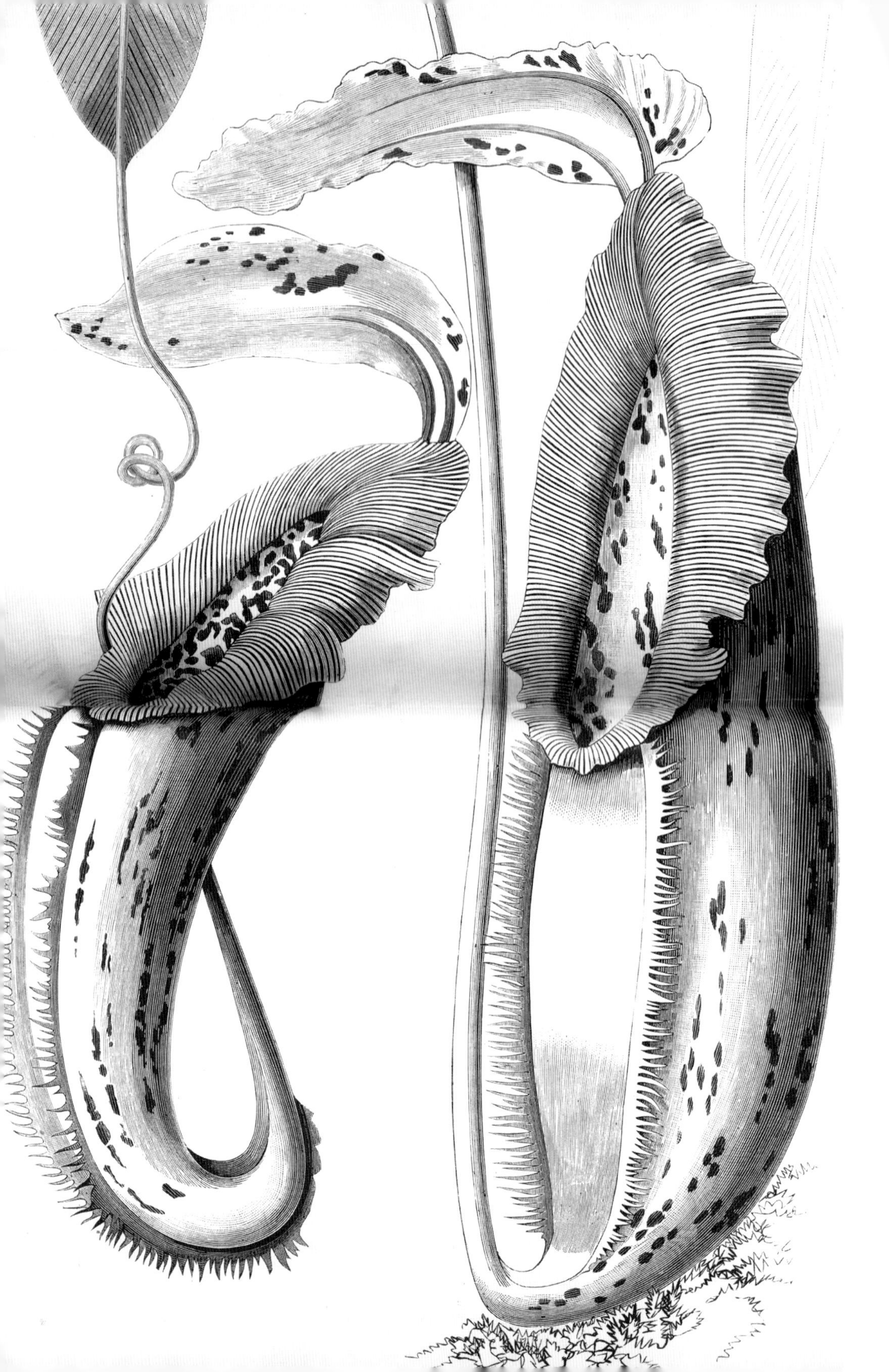

左頁是諾斯豬籠草（*Nepenthes northiana*）是砂勞越特有的食蟲植物，生長在海拔約三百公尺（九百八十五英尺）的石灰岩山脈上。這幅木口木刻版畫刊登於一八八一年的《園丁紀事》（*Gardeners ' Chronicle*），藍本是瑪麗安．諾斯（Marianne North）一八七六年創作的插圖。為了採集樣本，諾斯的野外助理「穿越沒有道路的森林，身邊都是蛇和水蛭」、「只有曾經去過這類地方的人，才能理解那是多麼舉步維艱。」諾斯收到這些豬籠草時，則「埋怨說只剩下一張小小的半張紙來為它們畫圖。」*118

當維奇父子園藝公司的負責人哈里．詹姆斯．維奇（Harry James Veitch）看到諾斯的油畫，他意識到這株植物可能是一個新物種。而且，這株植物的新奇性，讓它在維多利亞時代的食蟲植物愛好者中具有商業價值——這些人對奇異植物的熱衷，幾乎跟蘭花愛好者不相上下。終於在一八八一年，被維奇公司派駐在東南亞的英國植物學家查爾斯．柯蒂斯（Charles Curtis）成功將這株植物的標本和成熟種子完好無缺地送回英國。*123 在維奇的要求下，邱園園長約瑟夫．胡克正式將這個物種命名為「*Nepenthes northiana*」以紀念諾斯。*124 一八八三年，維奇的苗圃開始銷售諾斯豬籠草，一株的價格是五個幾尼金幣，相當於今天的三百九十英鎊，反映了這種植物是何等稀有，也顯示出這是為少數人量身打造的市場，客戶必須擁有培育這種熱帶珍品所需的專業溫室。*125

然而，對大多數植物學家和園丁而言，他們對諾斯豬籠草的了解僅來自胡克簡短而正式的拉丁文描述，以及附帶的一幅黑白插圖，這幅插圖是從諾斯那幅讓維奇意識到這是新物種的油畫複製而來。若要讓生意獲利，維奇需要的是活體植株，而乾燥標本（須包含花朵和果實，或至少其中一項）則是確認一個物種是否為新、進行正式描述的必要條件。

一八八二年，一間藝廊（今稱諾斯畫廊〔North Gallery〕）展出整整八百三十二幅諾斯獨樹一格的油畫，而且是永久開放的展覽，但這間由諾斯在邱園委託建造並資助的藝廊，「幾乎連好好展示五十幅畫都有困難」。*126 在許多植物學家眼中，諾斯的藝術風格、構圖和油畫技法太過花俏，但強烈的視覺效果和背後故事讓她的作品廣受大眾喜愛。*127 無論如何，她的作品至今仍為植物學帶來新的發現。二〇二一年，科學家根據一九八七年從沙巴（Sabah）和砂勞越採集的植物標本，正式描述了有著藍色果實的茜草科植物諾斯彎管花（*Chassalia northiana*）。*128 這種植物曾出現在諾斯一八六〇年代的畫作〈馬當、砂勞越和婆羅洲森林裡的奇異植物〉（Curious Plants from the Forest of Matang, Sarawak, Borneo）中。就這樣，諾斯再次因為無意間勾勒了新的物種而獲得表彰。

果園和葡萄園

果樹學（Pomology）是研究水果栽培的學科，果樹誌（Pomonae）則是專門記載水果及栽培技術的書籍，尤以蘋果、梨子、李子、櫻桃、桃子和葡萄為主。這兩者的英文名稱源自羅馬神話中的果樹女神波摩娜（Pomona）。歐洲的植物學家和園丁長久以來都很關注水果及其栽培，古典時代和文藝復興前的作者與繪師可以證明這一點——大衛．康達爾（David Kandel）曾為希荷尼穆斯．博克（Hieronymus Bock）的《新草藥誌》（*New Kreuterbuch*, 1539）製作過奇特的果樹木刻版畫（譯按：第一章探討過康達爾製作的無花果樹版畫。）；另一位藝術家則替皮耶特羅．安德列亞．馬提奧利（Pietro Andrea Mattioli）的《佩達紐斯．迪奧斯科里德斯六冊著作評析》（*Commentarii in sex libros Pedacii Dioscoridis*, 1544）製作了極富裝飾性的果樹木刻版畫。*129 英國的花園設計師巴堤．蘭利（Batty Langley）的《波摩娜：果園圖解》（*Pomona, or, The Fruit-Garden Illustrated*, 1729）也非常受歡迎，這是針對有意提高果園產量的園主指導手冊，書中附有七十九幅黑白線蝕版畫，展示了數百個水果品種。*130《波摩娜：果園圖解》的畫作包含受損的葉片和有瑕疵的果實，可見蘭利是根據活體植物來製作每一幅插圖，而非一味在不同畫作之間複製標準化的結構。羅伯特．弗伯（Robert Furber）創作的《水果圖譜十二幅》（*Twelve Plates with Figures of Fruit*, 1732）則以十二幅手工上色的寬幅雕版畫展示了三百五十多種水果，這些版畫的藍本是彼得．卡斯提爾斯三世的畫作。*131 這些版畫算是弗伯使用花俏的目錄來銷售水果的一個例子，他前一年也為園藝花卉做過一樣的事。*132

法國海軍工程師兼植物學家亨利—路易．杜哈梅爾．杜蒙索（Henri-Louis Duhamel du Monceau）出版了雙冊著作《果樹專論》

（*Traité des arbres fruitiers*, 1768），為果樹誌樹立了新的標準。*133 這本書著重的是傳統的法國水果，例如蘋果、櫻桃、李子，且特別關注梨子。對於列出的每個品種，這本書都使用一套一致的特徵來進行描述，而且在一百八十幅手工上色的雕版畫中，果實都跟帶葉的枝條與花朵一同呈現——顯然這些畫都描繪自活生生的植物。這些畫的雕版師包括凱特琳·玉薩（Catherine Haussard）和伊莉莎白·玉薩（Elisabeth Haussard），她們使用了克洛德·奧布利耶（Claude Aubriet）、瑪德琳·弗朗索瓦絲·巴斯波特（Madeleine Françoise Basseporte）和賀內·勒·貝利耶（René le Berryais）的插圖作為藍本。其中，巴斯波特曾經是奧布利耶的學徒，她最終繼任他尊貴的職位，成為了法國王室御用繪師，並承擔該職務將近四十年。*134《果樹專論》在十九世紀初推出增訂版時，納入了皮埃爾—約瑟夫·雷杜德（Pierre-Joseph Redouté）和潘克拉斯·貝薩（Pancrace Bessa）的作品。*135

「十九世紀初期是果樹學的黃金時代。」*136 果樹誌在這個時期變成一種地位的象徵，讓人一窺多采多姿的園藝世界。園藝方面的多樣性能輕易消耗大量財富，並占據那些擁有豐富資源的人的土地和閒暇時間。英國的果樹誌格外關注蘋果，法國的果樹誌則有著「無與倫比的品種多樣性且極為卓越」，在展示梨子和葡萄時尤其出色。*137 在法國果樹誌中，備受讚譽的作品有丘瑟夫·德凱恩（Joseph Decaisne）的九冊著作《博物館果園》（*Le Jardin fruitier du muséum*, 1858–75）：「對於版畫的著色，怎麼稱讚都不爲過；這些石版畫非常精美，就色彩準確度而言還沒有任何果樹學作品能夠媲美。繪圖同樣很出色，每種水果的木質部分和葉片，輪廓都畫得精確極了。」*138 這些石版畫中有五百多幅是根據奧福雷·里奧克勒（Alfred Riocreux）的插圖來製作，里奧克勒被譽為「當時最敏銳且技藝最精湛的法國植物藝術家。」*139

一八一五年，倫敦園藝學會雇用英國藝術家威廉·胡可（William Hooker）來描繪各個品種的水果，而胡可在接下來的八年裡創作了數百幅作品。一八一八年，他出版了《倫敦果樹誌》（*Pomona Londinensis*），這本水果圖譜由四十九幅手工上色、以細點腐蝕法製作的水彩版畫組成。事實證明他所發明的「胡可綠」（Hooker's Green）顏料，在描繪蘋果、梨子和榲桲等水果時格外有用。*140 倫敦園藝學會的祕書約翰．林德利（John Lindley）則出版了《英國果樹誌》（*Pomologia Britannica*, 1841），這是擁有精緻插圖的三冊著作，其中的一百五十二幅手工上色金屬雕版畫大多是參考奧古絲塔．威瑟斯（Augusta Withers）二十多歲時繪製的插圖。*141

果樹誌也可以是一種實用的手段，讓苗圃業者向潛在客戶展示庫存的植物，十七世紀的《垂德斯坎特果園圖譜》即是如此。布蘭特福德的苗圃業者休．羅納茲（Hugh Ronalds）出版了《布蘭特福德蘋果》（*Pyrus malus Brentfordiensis*, 1831）一書，由他的女兒伊麗莎白製作四十二幅精美的石版畫。這本書看起來像是精巧的銷售目錄，展示了一百七十多個品種的蘋果，以便「協助各位紳士和園丁挑選最適合特定環境的水果，確保它們在各方面都符合需求。」*142

植物插圖不僅只是用來激發園藝夢想、引人垂涎或促進銷售，它們還能讓栽培者掌握更先進的培育技術與識別病原體的方法。在十九世紀的歐洲葡萄產區，人們發現隨著葡萄藤上的葉片乾枯、死亡，葡萄的生產力也越來越差。*143 追查這種狀況，最終發現元凶是一種無意間從北美引進、會吸食汁液的葡萄根瘤蚜蟲（phylloxera），牠們引起的病症稱為根瘤蚜病。於是，找到治療根瘤蚜病或至少能防止病情擴散的方法對歐洲的經濟至關重要，在法國尤其如此。無論是什麼策略，其中一環都要從人下手，特別是要讓栽培葡萄的人能夠識別這種病症且了解成因。清晰的插圖因此發揮了重要作用，而直到今天，插圖在園藝、農業和林業領域所爆發的各種病害上都有同樣的貢獻。

右頁上方這幅黑白石版畫呈現出根瘤蚜蟲對歐洲葡萄造成的症狀，共分成三個階段，另外還展示了根瘤蚜蟲的生命週期。這幅插圖最早出現在法國葡萄栽培學家馬提厄．沙爾梅（Matthieu Charmet）在里昂出版的一部作品裡。一八七三年，一本廣泛發行的十九世紀園藝期刊《歐洲溫室與庭園花卉》（*Flore des serres et des jardins de l'Europe*）再次發行了這幅畫。

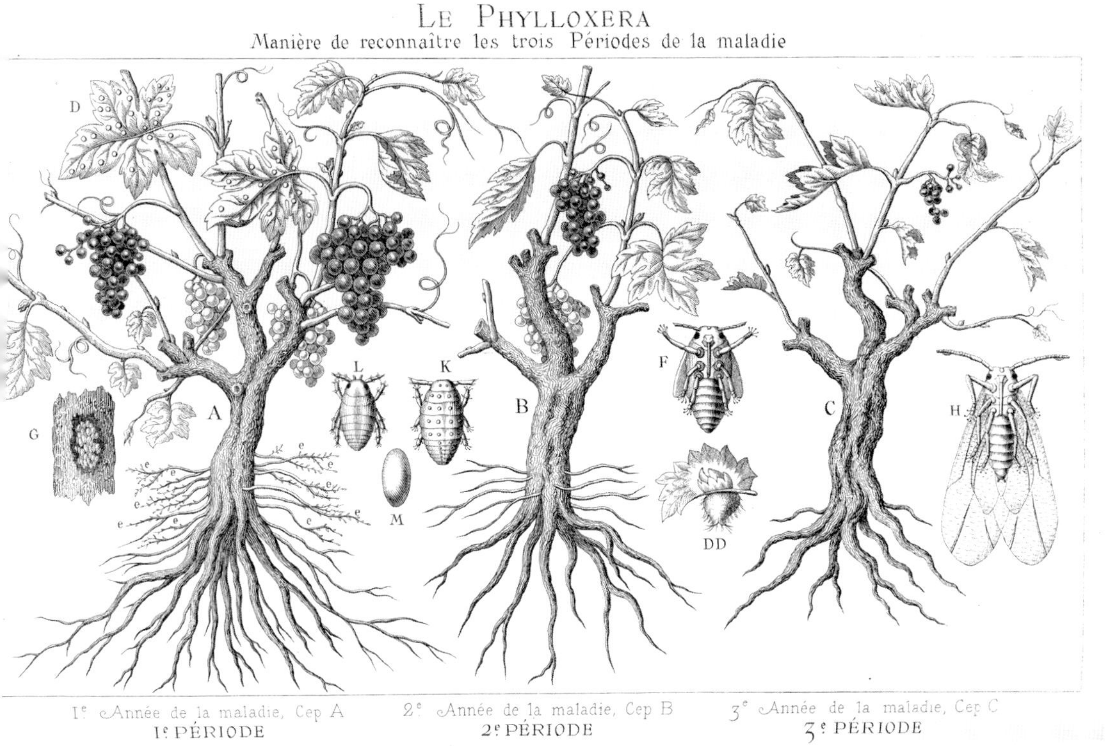

花園的變遷

花園會隨著四季遞嬗和年華流逝而產生變化，這是不言而喻的道理。這些微妙的變遷取決於花園主人關注的重點、社會的喜好、可取得的植物以及能運用的技術。受到不可避免的市場篩選和園藝潮流的影響，花卉、水果和蔬菜會逐漸失去多樣性。花園還可能發生一些更劇烈的革命性變化，導致有天只剩下斷垣殘壁，邊界的輪廓若隱若現，或許偶爾才有一棵長壽的樹。無論原本是否宏偉，花園甚至可能都會消失——除了插圖以外，幾乎不留一絲存在過的痕跡。

位於倫敦北部埃奇韋爾（Edgware）的教士花園（The Gardens of Cannons）[5] 是一個十八世紀初的豪華莊園，由第一代錢多斯公爵詹姆

5 譯註：Cannons 是十九世紀初以前的拼寫方式，如今常見的拼法是 Canons。

斯．布里奇斯（James Brydges）建造，他是英國的政治人物兼藝術贊助人。*144 布里奇斯的財富來自他的公職，而當從事奴隸貿易、與政府關係密切的南海公司捲入「南海泡沫」（South Sea Bubble）金融危機時，他的財富也大幅縮水。然而，他卻繼續過著不知節制的生活，最後債台高築。在他去世後不到幾年，他的兒子就被迫在一場拆除前的拍賣會中摧毀教士花園，並夷平莊園裡的宅邸。

與這個例子不同的是，有一些跟拆毀花園有關的行動會對文化和政治造成長遠的影響。*145 一八五六年爆發了第二次鴉片戰爭，至英法聯軍在一八六〇年的戰爭尾聲攻入北京時，圓明園的占地約為今天梵蒂岡（Vatican）的五倍 *146，面積大到要出動數千名士兵連日破壞——這是擔任英軍指揮官的第八代額爾金伯爵詹姆士．布魯斯（James Bruce）下令的報復行動。查爾斯．喬治．戈登（Charles George Gordon）是一位積極參與破壞的二十七歲上尉（日後升為少將），他聲稱「這讓人心痛」、「你幾乎無法想像我們燒毀的地方是多麼華美壯觀」。而儘管他「無法細緻地掠奪這些事物」，他仍認為自己從戰利品中「獲得不少好處」。*147 然而，由於缺乏詳細記錄，要鑑定這些皇家園林的植物種類成了一個棘手的研究課題。*148

至於約翰．傑拉德（John Gerard）和約翰．帕金森（John Parkinson）的花園，則早已因為都市開發而消失，如今僅能從這些花園的目錄來認識該處，這些目錄的插圖多為借來的木刻版畫。*149 其他還有一些已經被摧毀，同樣僅能從花卉圖譜來了解的花園，例如艾希施泰特采邑主教的花園，這個花園在一六一八至四八年的三十年戰爭期間被遺棄，另外還有詹姆斯．謝拉德（James Sherard）位於埃爾特姆的花園。以埃爾特姆花園而言，許多稀有植物被轉往牛津大學植物園的專設溫室；牛津大學是約翰．雅各．迪勒紐斯（Johann Jakob Dillenius）擔任第一位謝拉德植物學教授的所在，這個職位的創始人正是由詹姆斯．謝拉德的哥哥威廉。

然而，一百五十年後，資金的匱乏再度讓園藝界發生某種變化，倖存的植物被轉送到邱園，迎向未知的命運。*150 十九世紀的一些採集者，如大衛．道格拉斯（David Douglas）、阿奇博爾德．曼席斯（Archibald Menzies）和羅伯特．福鈞（Robert Fortune），他們在北美洲和中國的活動改變了歐洲花園和樹林的面貌。*151 如今的花園滿是來自全球的園藝採集成果，這樣的場所對植物繪師來說非常重要。有些出色的藝術家描繪了引入的園藝植物，目的是記錄植物的多樣性、採集者或花園主人的成就，或想利用植物的新奇性來獲取商業利益。在一些狀況裡，從野外採集回來的植物已成為全世界的園藝寶藏，透過國際貿易帶來豐厚的利潤。然而，有些野外採集活動卻造成野生植物瀕臨滅絕，或為本地引入後來淪為雜草的外來種，甚至是引起嚴重的植物病害。更重要的是，引入園藝植物的相關記載經常顯得洋洋得意，這與當前對生態保育、病害擴散以及當地人剝削問題的關注並不相符。

從古至今，植物採集者為歐洲帶回許多種子和活體植物，他們的活動有時會變成一種冒險犯難的傳奇。不過，他們採集的很多樣本都無法通過「優良園藝植物」的考驗，因此在園丁追求「更好」的植物時，有時會將野外引入的新奇植物改良得更加新奇。這些嘗試顯示了病害、商業需求和人的無情如何對植物造成「選擇壓力」（selective pressure），而這些過程都被插圖記錄了下來。如今，對大眾開放的花園為了吸引遊客，可能會賦予那些歷盡滄桑倖存下來的植物特殊地位。這些植物的年齡線索就藏在植物插畫中，花卉圖譜則讓已不復存的「失落花園」得以重現。

（歐洲鳳尾蕨背面產生孢子的結構（孢子囊，sporangium），出自波蘭植物學家兼藝術收藏家米哈烏．歐羅尼姆．勒許雀茲—舒敏斯基（Michał Hieronim Leszczyc-Sumiński）於一八四八年針對蕨類植物發育所進行的調查。勒許雀茲—舒敏斯基的插圖由卡爾．弗萊德里奇．施密特（Carl Friedrich Schmidt）製作成手工上色的石版畫，畫中展示了蕨類植物的生命史，包含孢子萌發和胚胎發育過程中孢子囊的結構（左上）及在顯微影像中看到的細節。

SIX

Inside And Out

裡裡外外的世界

一幅精確的臨摹作品，儘管製作得非常粗糙，但其中仍有不容置疑的真實性存在。而一幅繪畫作品，無論製作得多麼精緻、複雜，它都是想像的產物，不是對大自然的單純描摹，因為繪畫中的每條線都帶有不真實的印記。
——萊諾・史密斯・比爾（Lionel Smith Beale）的《如何使用顯微鏡》（*How to Work with the Microscope*, 1868）。*1

瑞典博物學家卡爾・林奈的學生約翰尼斯・魯斯（Johannes Roos）醫師撰寫了一篇論文，將自然世界比擬成一個巨大、具有多個拱形天花板的博物館。*2 裡面最大的公共展廳對所有人開放，但其中還有無數間上了鎖的小型房間，只有專家才能憑藉技巧和運氣找到鑰匙並踏入其中。

文藝復興時期的藝術家李奧納多・達文西和米開朗基羅，透過私下解剖屍體的方式發現了一把進入「中型房間」的鑰匙，這把鑰匙可以被歸類成「博物學中人形結構的再現」。*3 在他們各自的解剖刀下，人體肌膚開始分離，由他們剝去一層層的無知，揭示出人體骨架結構中精密排列的骨骼如何與韌帶和肌肉連接在一起。這些新知，加上他們原本具有的先備知識，讓這些佛羅倫斯的藝術家能信心滿滿地描繪出許多種人體能自然呈現的姿勢。不過，兩人都不需要理解他們所觀察到的東西有何功能，即可再現出寫實的人體結構圖。

解剖刀和肉眼是可以解鎖一些「房間」，但還有許多房間只能以更精細的解剖工具製成的鑰匙，搭配增強的視力，才得以進入其中。一六二五年，伽利略．伽利萊將他的「小眼睛」（複式顯微鏡）呈給位於羅馬的義大利國家科學院。從十六世紀末開始，荷蘭的眼鏡製造商就以起源於古代近東文化的簡單透鏡為基礎，開發出原理類似的儀器。*4 這種顯微鏡的基本原理是由物鏡放大物件，並由目鏡來對焦圖像。原理是如此簡單，所以掩蓋掉了製造高品質鏡頭和影像所需的工藝、複雜性和精密光學。顯微鏡是魯斯通往博物館小房間的鑰匙，那些是所謂的「看不見的世界」（mundus invisibilis），讓魯斯得以在沒有嚮導的情況下進入這些房間。*5

羅伯特．胡克（Robert Hooke）甚至進一步暗示，顯微鏡可以克服人類的缺陷：

「一旦加入這些人工儀器和方法，興許或多或少能彌補人類因疏忽、放縱和迷信，致使出現背離自然規定與法則而衍生之危害與缺陷。此番危害與缺陷，無論起因於個人與生具來之腐敗，或是因其教養或人際互動所生，皆會使人輕易陷落於各項謬誤之中。」*6

十八世紀的英國驗光師和儀器製造者喬治．亞當斯（George Adams）也提出了類似的觀點：使用顯微鏡研究植物解剖學是一種「責任」，「可以鼓勵一切為推動科學進步所盡之微薄努力」，同時也是「推動萬物之所趨的宏大計畫，使祂（上帝）造的萬物能通往真理、美善和隨之而來的幸福之境，這是值得最優秀和明智的物種所擁有的美好結局。」*7

要記錄並理解透過輔助視力所揭示的新世界，與單純使用透鏡觀看並為觀察結果感到驚喜，這兩者並不相同。如果要得出通用的結論，就必須找出一些觀察方式，以確保觀察結果不是只有特定儀器或特定觀察者才能見到——也就是說，觀察結果可以一再重現，不會只是曇花一現。此外，鏡頭所揭示的世界必須能向外傳播，因此得由自然史繪師準確地將觀察結果描繪下來。就像達文西和米開朗基羅一樣，繪師在培養觀察技巧時，會將背景知識一併帶入他們所要描繪的主題當中，即使這些描繪對象僅以碎片的形式存在也是如此。*8 本章節著眼於植物繪師如何與自然史學家合作，如何呈現使用簡單的手持鏡片或者複式顯微鏡放大以後才得以觀察到的新世界。隨著我們的工具變得越來越精密，展示出越來越多的細節，植物插畫也開始不斷強化我們對植物生物學的認識，同時左右了我們欣賞「無形」事物的能力。

繪製顯微鏡下的物體

維多利亞時代的醫生萊諾．史密斯．比爾（Lionel Smith Beale）是倫敦國王學院（King's College）的生理學和普通與病理解剖學教授，他直率地闡述了透過顯微鏡輔助所繪製的插圖價值：

「……確實可以說，除非繪製出精確的圖畫，否則難以將我們對動物或植物組織微小結構的認識傳達給別人，因為對於觀察者來說，要嘗試描述他所看到的東西幾乎是不可能的任務……另一方面，忠於真實的繪畫……可以與一百年後針對同一主題繪製的畫作進行比較，儘管未來的觀察手法將比現在進步許多，但這種對比可能還是會有幫助。」*9

這是比爾熟悉的主題。他在一八五七年提出過類似的觀點，發表於他為《醫學檔案》（*Archives of Medicine*）創刊號所撰寫的社論中：「圖畫……要盡可能取代文字描述。」*10 然而，他也意識到該原則會造成財務上的負擔：「希望不久之後……免費插畫能變得更普及。」*11

以簡單的透鏡或顯微鏡放大物體後，無論光是從物體表面反射出來或是穿透過去，植物繪師都會面臨三項挑戰。首先，他們必須要能發揮該技術帶來的最佳功效，並了解其限制。其次，他們必須確定以輔助視力看到的畫面究竟為何。最後，他們必須決定如何以目標受眾可以理解的形式呈現出觀察到的結果。*12

觀察能力會受到顯微鏡鏡頭的品質、聚光能力以及製備研究樣本的方法所影響。

有些樣本可以觀察整體樣貌，有些則必須切成非常薄的切片，甚至可能還要染色然後安裝在載玻片上才能檢視和繪製。*13 前置準備（例如保存和染色）會扭曲觀察到的結果。此外，在顯微鏡下只能看到物體的一小部分，因此需要多次重新聚焦才能拼湊出完整的影像，並迫使觀察者將許多不同的影像拼接在一起。大家可以回想小時候玩過的某種遊戲來感受一下其中的挑戰為何：小時候有一種遊戲，你只能看到熟悉物體的某個部分，可能是該部位的放大版或者從不常見的角度觀看該物體，接著要藉此辨識出物體為何。用肉眼觀察，蕁麻葉似乎有一些堅硬、直立的烣毛；在低倍放大鏡下，毛髮看起來纏結在一起；提高放大倍率以後，單根毛髮的結構和特徵才開始顯現出來。

在顯微鏡下繪製精準、比例正確的影像並不是與生具來的能力，觀察者必須自我訓練。其中一個簡單的做法是睜開雙眼然後透過顯微鏡來觀察：一隻眼睛盯著目鏡，另一隻眼睛則追蹤鉛筆在紙上畫出的線條。十九世紀發明了各種機械設備，其中包括相機和反光鏡，這些都成為繪師額外的輔助工具。*14 對於使用顯微鏡的自然學家，有的作者鼓勵他們不要只把觀察結果畫在紙上，還可以畫在黃楊木上來進行木口木刻，或者畫在石頭上來做石版畫，因為要匠師看著「顯微鏡裡的標本、觀察他不知道或不想了解的東西」確實不太合理。*15

早期的顯微影像繪師是先行者，他們在沒有參考框架、沒有可供比較的插圖，甚至沒有語言來描述他們所見事物的情況下，就已開始進行探索。而毫不令人訝異的是，觀看這些放大版植物插畫的人可能會懷疑自己親眼所見的證據，也許他們會認為，在準備樣本的過程中會留下加工的痕跡，所以鏡頭下看到的樣貌不見得真實，或是那些影像只是繪師腦中想像出來的怪誕生物。

看不見的世界

荷蘭顯微鏡先驅安東尼・范・雷文霍克（Antonie van Leeuwenhoek）

把一滴池塘的水，滴在兩塊玻片之間，由於這項觀察不需要經過複雜的前置準備，因此他所揭示的這個世界，便成為一個容易探索的領域。*16

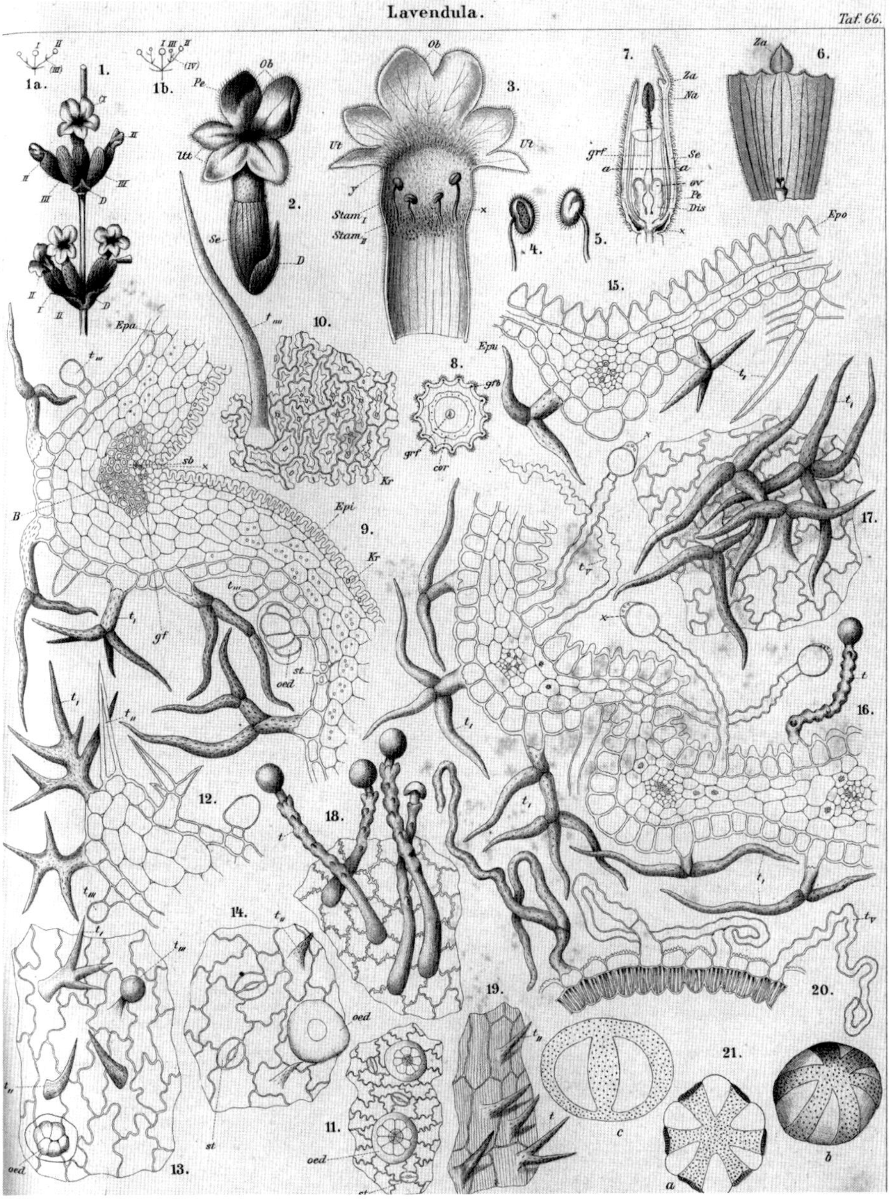

◊ 石版畫顯示乾燥藥物「薰衣草花」（Flor. lavandulae）放大後的外觀。這張薰衣草乾燥花的插圖在萊比錫出版，出自亞歷山大．奇爾希（Alexander Tschirch）和奧托．歐斯特樂（Otto Oesterle）於《生藥學和食品科學解剖圖譜》（*Anatomischer Atlas der Pharmakognosie und Nahrungsmittelkunde*, 1900）的共同發表。此書中使用顯微影像展示出藥劑師在檢查生藥品質時可能期望看到的結構範圍。

一八六一年，倫敦驗光師和自然史標本交易商安德魯．普里查德（Andrew Pritchard）出版了第四版的《纖毛蟲史》（*History of Infusoria*），此書是為這個充滿豐富微生物、「看不見的」水生世界所做的讚歌。*17 數百隻輪蟲（wheel animalcules，或稱 rotifer）、原生生物、單細胞藻類和矽藻被塞進四十片單色與手工上色的金屬蝕刻版中。這些圖版既揭示了水中微生物的多樣性，又搭配上一千多頁的文字，提供了比較各個物種的機會。

矽藻是單細胞生物，傳統上被視為植物，在地球上任何有水的地方都可以找到。*18 它們體積很小，通常長度約零點零零二至零點二毫米（小於六十四分之一英寸），形狀精緻，細胞壁主要由二氧化矽構成，如同堅硬透明的玻璃。另外，它們在全球食物鏈中扮演要角，對於監測過去和現在的環境至關重要，甚至能應用在人類生活中的許多層面上：數千萬年前的矽藻化石形成了大量的矽藻土沉積物，厚度達數十公尺，人類將其用於濾水、炸藥和牙膏等多種用途。

無需精心準備水樣，矽藻之間的形狀差異就已顯而易見。令人驚訝的是，即便情況如此，且矽藻在全球的分布相當普遍，但一直到一七八二年，才出現第一份針對矽藻的正式描述。*19 然而，若要看到矽藻的最佳狀態，必須先清潔矽藻，做法以燃燒或強酸煮沸的方式破壞其內部構造。接著將它們的玻璃外殼（稱為矽藻殼）埋封於樹脂中，以便在顯微鏡下能清楚地看到它們由二氧化矽構成的細胞壁。上述做法影響甚鉅，自此矽藻便成為維多利亞時期顯微鏡學家感興趣的標準研究項目。*20 此外，他們也發現同一種矽藻的尺寸及殼上花紋（矽藻殼上線條之間和孔洞之間的間隔）都相當一致，這意味著繪師可以經由選擇顯微鏡的鏡頭倍率，來調節顯微影像能看到的畫面極限。不僅如此，在製備觀察樣本的過程中若納入矽藻，就代表有一個現成的尺規可用來衡量他們要描繪的物體。矽藻已成為一種來自自然界的尺規和參考框架，為插圖間的比較分析和要據此呈報的科學結果提供可靠的參照。

德國動物學家和自然史插畫家恩斯特．海克爾（Ernst Haeckel）在十九世紀創造了生態學（ecology）和親緣關係（phylogeny）等如今耳熟能詳的生物學術語。[*22] 由於海克爾是社會達爾文主義的堅定擁護者，且他用來說明自身研究的胚胎學圖像持續受到科學詐騙的指控，海克爾已成為現代生物學中的爭議人物。[*23] 但在一八九九年至一九〇〇四年間，他大約有一百幅插圖交由阿道夫．吉爾奇（Adolph Giltsch）進行平版印刷，並以《自然中的藝術形態》（*Kunstformen der Natur*）為名成書出版，此後這些微生物插圖便很快地脫離了物鏡的世界，成為具有強烈美感的插畫作品，一路流傳並融入到今日的流行文化當中。

各種不同的矽藻殼，全數放大三百倍呈現，來自安德魯．普里查德的《纖毛蟲史》（*History of Infusoria*, 1861）。圖芬．韋斯特（Tuffen West）的雕版可能是以他自己的原創畫作為基礎，因為他「是成功的微生物雕版師」，且其成就與「他對主題深感興趣」以及「他本身就是顯微鏡觀察家」有關。[*21] 這塊複雜的圖版上展示了各式各樣的圓心矽藻和羽紋矽藻，還有它們身上的刻紋。物體埋封於玻片上的方式以及鏡頭品質帶來的觀察限制，都會影響韋斯特的繪圖成果。

藻類的顯微影像集，來自恩斯特．海克爾（Ernst Haeckel）的《自然中的藝術形式形態》（*Kunstformen der Natur*, 1899-1904）。阿道夫．吉爾奇（Adolph Giltsch）以海克爾原版插圖製作的雕版以不同的放大倍率展示出來自不同地點的生物體，包括新月藻屬（Closterium，10）、微星鼓藻屬（Micrasterias，6-8、13）和角星鼓藻屬（Staurastrum，1-5）的藻類。每個具有特定風格和形式的圖像都具有高度的圖畫特性，排版也非常注重對稱。

盒子做成的枝杆

在大眾的刻板印象中，植物是紮根在地上的枝杆，上面裝飾著葉子，擁有短暫存在的生殖構造。羅伯特・胡克（Robert Hooke）命名了細胞 (cell)，而約翰・莫登豪爾（Johann Moldenhawer）則展示出植物體的整個結構是由細胞所架構而成的。簡單來說，植物細胞就像由不同密度的厚紙板做成的盒子，裡面裝有充水的氣球。紙板越密實或氣球中的水越多，盒子就越堅硬。如果減少氣球內的水量，盒子的彈性就會增加，也就是說，植物會開始枯萎、變形。植物的變形，是由於細胞在其體內如何排列、如何堆積在一起以及細胞壁如何增厚所造成的結果。

胡克對於把植物放在顯微鏡下研究很感興趣，而相較於胡克，與他同時代的英國醫師尼赫麥亞・格魯（Nehemiah Grew）則不同，讓格魯醫師著迷的是植物本身。他是一位生理學家，想要了解植物如何生長、獲取養分、移動和繁殖。此外，他認為了解植物後也可能更了解動物，因為動植物「最初都是出自同一人之手，因此是同一聖者的巧思」。[*25] 為了追求這些興趣，格魯深信他必須知道根、莖、葉、花、果實和種子的內部和外部長什麼樣子。而對兩個世代之後的魯斯（Roos）來說，格魯研究的關鍵是顯微鏡。一六八二年，倫敦皇家學會出版了格魯的巨著《植物解剖學》（*The Anatomy of Plants*），其中包括他自己繪製的八十三幅精美銅版插畫，展示了他透過放大鏡和顯微鏡看到的景象。

格魯創作的解剖構造圖不是植物插畫，它們太過完美、太過對稱、太過一致了。相反的，它們是理想，是圖解式的總結，是他為了解釋一小片亮光和一對鏡片向他揭示的內容，而進行了數小時的觀察所產出的結果。格魯描述了他呈現資訊的方式：

「在圖版中，為了讓讀者對所描述的部分有更清晰的理解，我通常會將它們放大到合適的大小，以便能完整呈現出它們的樣貌。因此，舉例來說，不會單獨呈現根或樹木的樹皮、木質部或樹髓，而是展示以上三者的某些部分：由此，它們的紋理，以及它們彼此之間的關係，以及整體的結構，都可以在一個畫面中觀察到。不過我沒有將每處都以相同的倍率放大，端看要討論的內容需要放大到多少才能呈現⋯⋯有些圖版，尤其是那些我沒有親手繪製再交到雕版師手中的圖版，看起來有點僵硬；但它們還是都製作得很不錯，能夠呈現出它們的旨意。」*26

他在嘗試的是，如何以大多數讀者不熟悉的尺幅來呈現訊息，而直到現在，尺幅的標示與解讀，在植物科學界中仍是一項挑戰。

今天，我們已經累積了近三百五十年的植物解剖學知識，因此很難理解當時的人對格魯作品有什麼反應。然而，他與義大利醫生馬塞洛．馬爾皮基（Marcello Malpighi）的作品都收錄於《植物解剖學》（*Anatome Plantarum*, 1675, 1679）雙冊本當中，書中配有九十三幅銅版蝕刻版畫，並由英國皇家學會出版。他們書中的作品啟發了許多人，並為現代植物解剖學奠定了基礎。*27

外形與功能

達文西的植物素描，以及他將這些素描融入成品的行為，揭示了他很重視自然生長的植物形態。*28 它們也顯示出他對自然法則的關注。一七八六年至一七八八年間，歌德（Goethe）在義大利的旅行結束後，也和他的前輩作家一樣認識了植物的發育模式：「我們試圖做出歸納，將植物在營養生長期和開花階段中看起來不同的器官，解釋為源自同一器官：也就是葉片。」*29 葉子並不是沿著莖雜亂生長的，構成向日葵頭部的小花並不是隨機組合的，松果或鳳梨上的鱗片排列也有著固定的模式。

要了解植物構造的規律，可能意味著要觀察植物的內部。然而，要理解已知部位之間的關係，就需要繪製精準的插畫。想像一下四顆成熟的番茄，它們綠色的果梗在最上方。取一顆番茄，沿著果柄到果實底部，從中心切開。取第二顆番茄，找出果柄到果實底部軸線上的直角線，沿著這條線從中間橫切。取第三顆番茄，將頂部切掉。取第四顆番茄，找出果柄到果實底部軸線之四十五度角線，沿著這條線從中間切開。這些切面長什麼樣子？想像一下：你需要理解和重建番茄的結構，但卻無法看到它的整體樣貌。這就類似植物學家在檢視植物構造的顯微鏡切片時會面臨的問題：植物組織的切片方式，會影響它們呈現出來的外觀。揭示植物內部結構需要有穩定的手和刀片、「切割機」或薄片切片機（microtome），藉此切割組織中細薄的部位，然後塗上組織特異性染色劑。*30

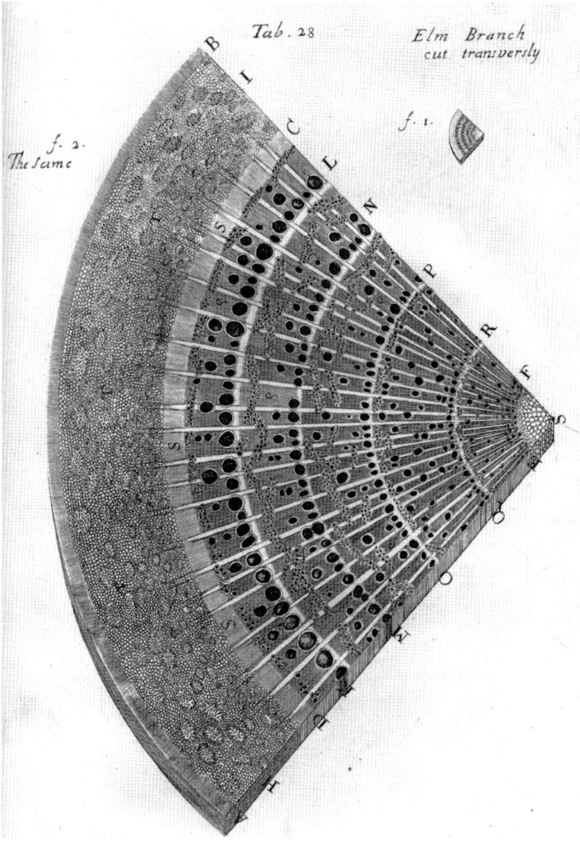

尼赫麥亞．格魯（Nehemiah Grew）重建出一根五年榆樹枝的橫切面，以銅版版畫的形式刊登於他的《植物解剖學》（*The Anatomy of Plants*, 1682）當中。這是描繪木本植物枝條橫切面的其中一塊圖版，總數共有十三塊，所有切片均以「肉眼所見」和「顯微鏡下的影像」這兩種樣貌並陳。格魯在討論木材解剖學和木材特性之間的關聯時，會將讀者引導到相對應的插圖編號，讓他們可以親自觀察他用來導出結論的解剖比較圖長什麼樣子。

格魯放大樹枝橫切面的十七世紀圖像，彰顯出不同組織的排列方式，以及不同物種之間的組織排列差異，他藉此揭示出一個有細節和模式可循的新世界，博物學家後來也學會如何解讀這些細節與模式。到了十九世紀，如《林奈學會彙刊》（*Transactions of the Linnean Society*）、《植物學雜誌》（*Journal of Botany*）和《法蘭西學院科學院回憶錄》（*Mémoires de l'Académie des sciences de l'Institut de France*）等學術期刊，都放滿了各種植物構造剖面的精美插圖，展示出細胞壁增厚等各種微妙現象。此外，這類解剖構造圖對研究人員之間的溝通至關重要，讓他們能交流彼此的發現，並說服博物學家相信他們的觀察結果。法國植物細胞學家和解剖學家夏爾—法蘭索瓦．布里索．德米爾貝爾（Charles-François Brisseau de Mirbel）證明了所有植物細胞都由細胞壁包圍，而且它們的細胞壁內都有一層細胞膜。*31

世界各地的人類都發現樹木是實用且具經濟價值的天然材料，而事實上歐洲國家的殖民擴張在某種程度上也與尋找高價值的木材有關。木炭和柴火會使用特定種類的木材；軟木是由地中海軟木橡樹（Mediterranean cork oak）的樹皮製成；而北美原住民則將白樺樹皮應用在多種用途上，例如製作籃子和獨木舟。*32 在英國，紫杉是製作長弓的天然選項，其彈性邊材在張力狀態下具有良好性能，而心材在壓縮狀態下也有優異表現。*33 車輪工匠成為木材運用的專家，他們熟悉數十種木材的不同機械特性，將它們用於馬車車輪的製造上。*34 那些為了探索經濟利益而踏上遠征的人士，例如十八世紀末的普魯士博物學家彼得．西蒙．帕拉斯（Peter Simon Pallas），他的探險隊穿越俄羅斯帝國，偶爾會為木塊的外觀繪製插圖，但這些插圖很難用來理解木頭形狀與其機械性能之間的關係。*35 詳細記錄運送水分的木質部（為木材的一部分）、運送糖分的韌皮部（接近樹皮部分）以及形成層生長細胞（位於木質部和韌皮部之間）的分布位置，便可進行比較研究，讓我們對各種木材的特性有基本的認識。

英國博學家約翰．希爾（John Hill）出版的《木材的構造：從生長初期開始說起》（*The Construction of Timber, from its Early Growth*），其初版於一七七〇年發行，再版則於一七七四年發行。在此書中，他用了四十三塊金屬雕版製作插圖，其中二十六塊展示了不同種木材的橫切面。*36 希爾的目的是要展示木頭的結構，包括某些部位的數量、性質和功能，以及它們在不同種類的木頭當中如何排列方式、各部位的比例為何，他這麼做是為了進行判斷，觀察樹的結構、各種木材在日常生活中最能發揮作用的地方，以及可以加入什麼東西來讓木頭變得更堅固耐用。*37

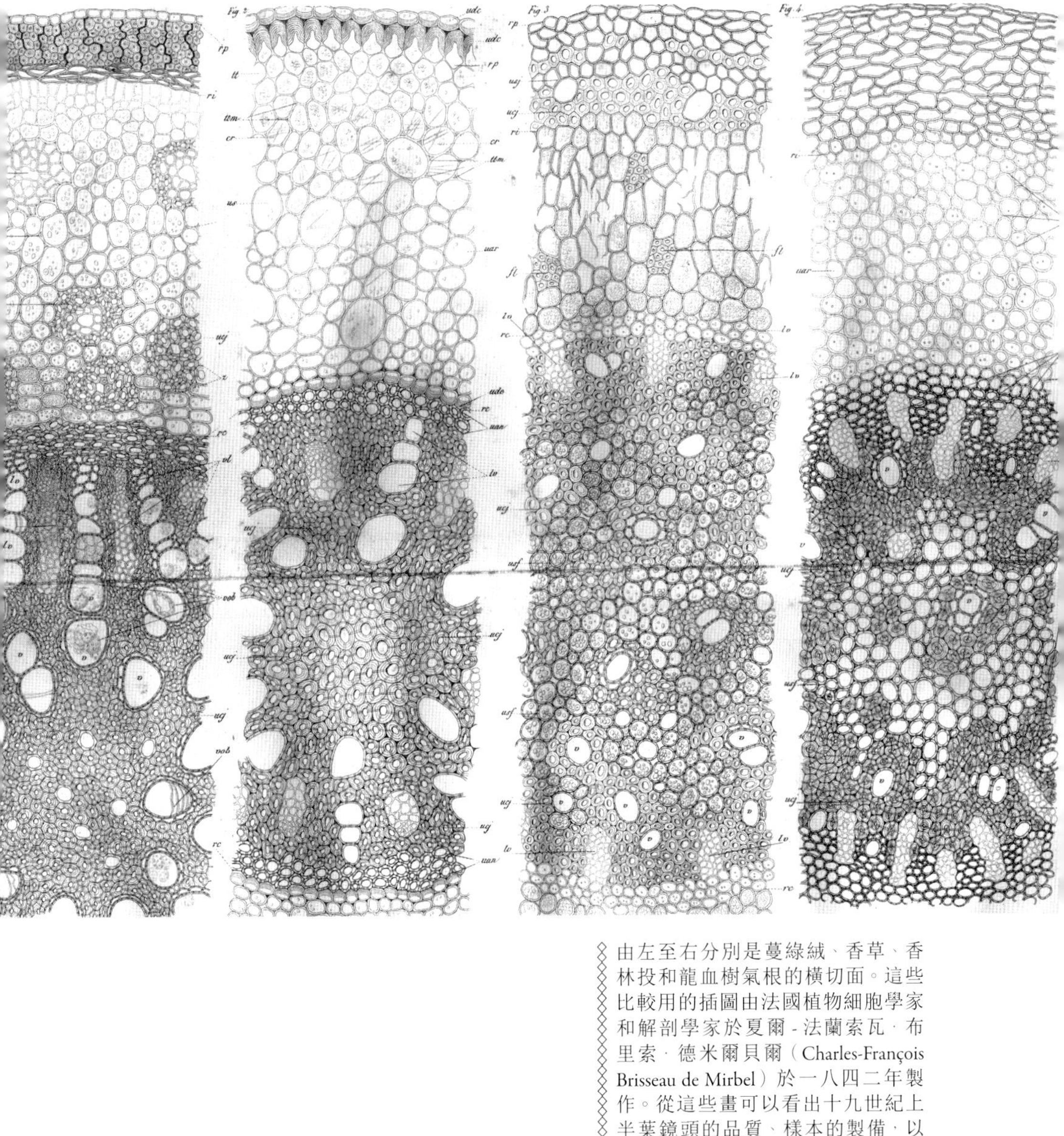

由左至右分別是蔓綠絨、香草、香林投和龍血樹氣根的橫切面。這些比較用的插圖由法國植物細胞學家和解剖學家於夏爾 - 法蘭索瓦‧布里索‧德米爾貝爾（Charles-François Brisseau de Mirbel）於一八四二年製作。從這些畫可以看出十九世紀上半葉鏡頭的品質、樣本的製備，以及繪師準確捕捉顯微鏡下所見事物的能力。該圖像由一位名叫拉普蘭特（Laplante）的石板工匠「刻在石頭上」，並由巴黎平版印刷廠樂梅西埃‧貝納公司（Lemercier Bénard & Compagnie）印製。

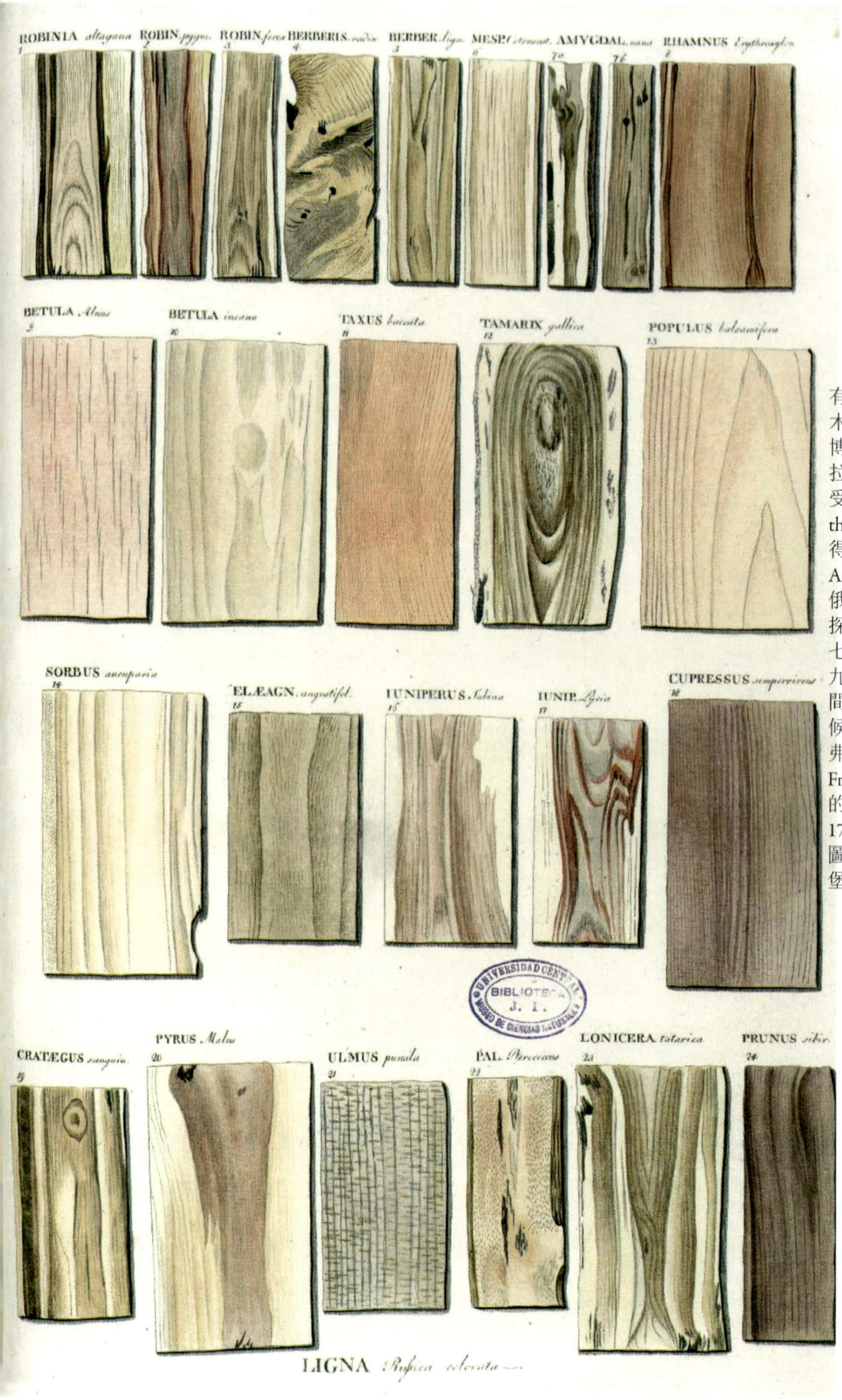

有經濟價值或潛在經濟的木塊的刨平縱切面。德國博物學家彼得・西蒙・帕拉斯（Peter Simon Pallas）受凱薩琳大帝（Catherine the Great）之邀，前往彼得堡科學院（St Petersburg Academy of Sciences），在俄羅斯帝國內進行了兩次探險，分別為一七六八到七四年，以及一七九三到九四年。在這兩次探險期間或者在聖彼得堡的時候，俄羅斯藝術家卡爾・弗萊德里奇・納普（Karl Friedrich Knappe）為帕拉斯的《紅花》（*Flora Rossica*, 1784, 1788）創作了原始插圖，這些圖版日後在紐倫堡和維也納雕刻完成的。

一塊放大後的木頭橫切面，看起來很像是從上方往下看一盒吸管。然而，這掩蓋了木材的立體特性，在我們檢查一塊木材的紋理時就可以看出其立體特徵。要比較木材的剖面圖，就需要明確地比較它們的平面剖面圖，才能重建出立體木塊的樣貌，而這種比較方式也暴露出植物繪師受到的限制。這個新世界的細節最初是由這些繪師來描繪，但十九世紀末開始將相機與顯微鏡結合起來以後，剖面圖就能以輕鬆而準確的方式呈現出來了。隨著技術的發展，拍攝出來的影像變得更加複雜，且從二十世紀中葉起，相機便開始與電子顯微鏡結合在一起。然而，當植物繪師與科學家合作，一起協助觀眾區分重要特質和非重要特質時，植物繪師的科學圖像編輯技能就開始備受關注了。

永無止盡地修改

蘭花形態、顏色和習性的多樣性讓我們為之著迷，在我們的家屋中、溫室裡、神話內，都充滿了這種繁複的花朵。發現新品種蘭花的人也常常不願透露發現地點，以免這些地點被亟欲擴大個人蘭花收藏的人攻陷。[*38] 不過，在二十世紀末以前，植物學家很少有這樣的疑慮。一八三六年十一月，喬治．加德納（George Gardner）宣稱其在里約熱內盧地勢高處聳立的加維亞岩（Pedra da Gávea）陡峭的側面，發現了具有玫瑰色的大型花朵的朱唇卡特蘭（*Cattleya labiata*）[*39]，他指出「加維亞岩一直都會是蘭花繁盛之地，它遠在貪婪收藏家的魔爪之外。」[*40]；實際上，朱唇卡特蘭的自然分佈範圍從未擴及里約熱內盧，而喬治．加德納可能是有意為之的透露錯誤的地點，以使這種蘭花的實際產地成為他私人的秘密。之後，他毫不猶豫地從這種蘭花的真實產地，採集了足量的朱唇卡特蘭，以便將活的蘭花運回他英國贊助商的溫室中。而之後數十年，基於喬治給出的錯誤地點情報，沒有其他人再在野外發現這個朱唇卡特蘭。

弗朗茲．鮑爾（Franz Bauer）來自捷克共和國的摩拉維亞（Moravia），一七九〇年定居在邱園後，「獲得了當之無愧的名人」的封號。[*42] 事實上，他往後的餘生一直受到深具影響力的英國博物學家約瑟夫．班克斯（Joseph Banks）贊助，擔任「（喬治三世）國王陛下的植物畫家」。在班克斯與皇室提供的慷慨贊助和庇護之下，鮑爾生動地記錄了老練皇室園丁所種植的外來種植物，也可以隨心所欲地實現他在植物學上的興趣。在他去世後，他的一位朋友評論說，他的插圖「有著知識淵博的自然學家的精準，又兼具優秀藝術家的高超技藝，精妙程度只有他弟弟費迪南（Ferdinand）的作品可以媲美。而在微生物插畫方面，則無人可與弗朗茲匹敵。」*43

鮑氏文心蘭（Oncidium baueri）具有「六到七英尺高的花莖」，「生長在已故科爾維爾先生（Mr Colville）位於國王路（Kind's Road）的苗圃」中，摘自《愛德華茲的植物紀錄簿》（*Edwards 's Botanical Register*, 1833）。*44 莎拉．安妮．德雷克（Sarah Anne Drake）的水彩由J．瓦特（J. Watts）轉化成金屬蝕刻版畫，再由J．里治威（J. Ridgeway）手工上色，於一八三四年二月一日出版。鮑氏文心蘭（O. baueri）和高大文心蘭（O. altissimum）這兩個品種曾讓約翰．林德利（John Lindley）相當困惑，一直等到一八三六年，他看到這兩個物種同時種在在哈克尼（Hackney）「洛迪吉斯先生們的溫室」（stoves of Messrs Loddiges）苗圃中，才解開他心中的疑惑。

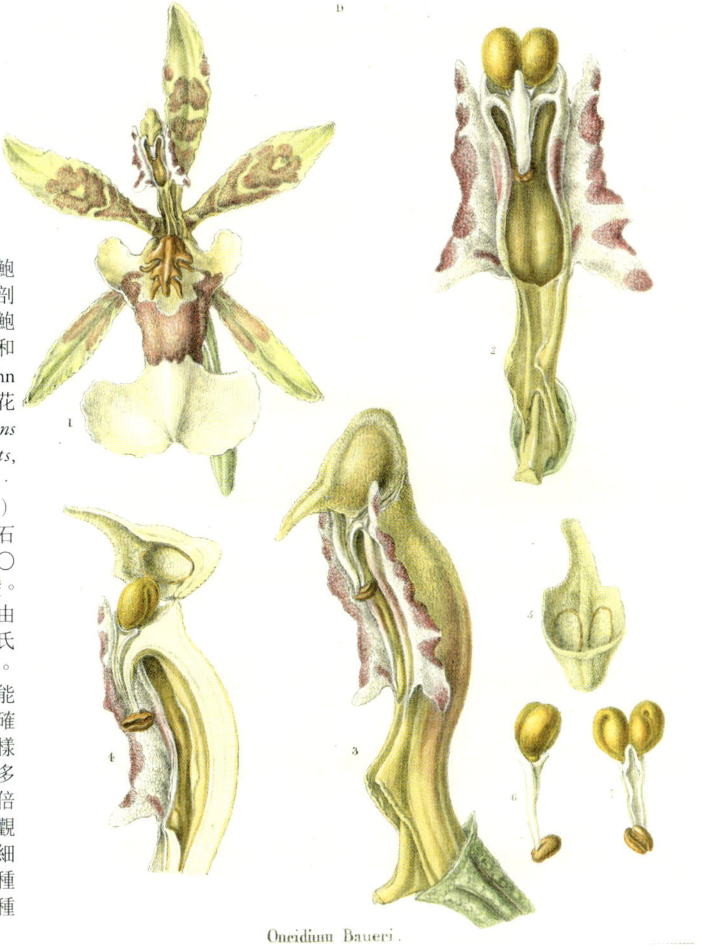

加勒比海和南美洲鮑氏文心蘭的花卉解剖圖，來自弗朗茲·鮑爾（Franz Bauer）和約翰·林德利（John Lindley）出版的《蘭花植物插圖》（*Illustrations of Orchidaceous Plants*, 1830-38）。馬克西姆·高西（Maxim Gauci）為同種蘭花製作的石版畫，是以鮑爾一八〇四年的水彩畫為基礎。鮑氏文心蘭的名稱由林德利以鮑爾的姓氏命名，藉此紀念鮑爾。令人讚嘆的是，鮑爾能從乾燥的標本中準確地重建出這朵花的樣貌，並為其著色。眾多視圖（放大倍率從四倍到十六倍不等）都讓觀者可以看到立體的細節，這對於區分此品種蘭花與同屬的近緣種而言至關重要。

自從抵達英國以來，鮑爾就開始研究蘭花。他不只是欣賞花朵的美，還進一步思考他觀察的植物如何生長。他將它們分解並切成碎片，以便在顯微鏡下研究它們的形態和解剖構造。隨著他越來越了解蘭花，對蘭花的認識日益增加，他開始對他所看到的東西提出疑問，並根據觀察到的結果進行推測。*45 他和胡克一樣，以大家都能看懂的方式，使用鉛筆、墨水和水彩來畫下他在顯微鏡下看到的影像。然而，在他精心製作的眾多圖像中，他只有對外發表極少數的作品。

弗朗茲與他的弟弟費迪南不同，他很少進入他植物生活的棲地探險。他仰賴的是園丁的協助，園丁會將處於最佳狀態的植物從邱園的溫室帶到他的工作室。班克斯與其同事在大帝國計畫中聘任人員，到全球各地採集這些植物資產，他們是為了大英帝國的潛在利益服務，因此才在帝國花園裡種植新奇和稀有的植栽。邱園於一七五九年成立後的最初幾年，技術問題限制了其植物物種的多樣性。一八二〇年代，沃德箱（Wardian case）的發明改善了活體植物的長途運輸方式，而能夠有效控制溫度和溼度的技術，則讓邱園溫室模仿異國環境的能力提升。[*46] 鮑爾的蘭花研究也受益於這些轉變，以及顯微鏡技術的進步。在鮑爾過世之時，他擁有十六件這樣的設備。[*47]

在與年輕又富有雄心壯志的英國植物學家約翰．林德利（也是蘭花愛好者）合作之下，從鮑爾的收藏品中精心挑選出來的插圖，出版於《蘭花植物插圖》（*Illustrations of Orchidaceous Plants*）一八三〇到一八三八年的期刊中。林德利本身就是一位才華橫溢的植物繪師，他為自己的著作繪製插圖，包含《玫瑰植物史》（*Monographia rosarum*, 1820）與《珍稀植物插畫與圖表》（*Collectanea botanica*, 1821-26）。[*48] 在倫敦嚴肅、狹隘的博物學家圈子裡，皇家學會、園藝學會和林奈學會為這兩位待人友善又善於交際的男士提供了見面交流的機會。除此之外，年長的鮑爾和年輕的林德利有著類似的社會背景，兩人與他們身後顯赫、富有的贊助者並不相同。

鮑爾在顯微鏡下用水彩描繪的蘭花，以及林德利的蘭花石版畫，都是卓越非凡的作品。然而，兩人並未組成工作團隊，林德利使用的是鮑爾早在 一七九一年即製作完成的插圖。與每塊圖版相關的文字敘述很少，因為鮑爾為他所看到的畫面留下來的插畫記錄即可說明一切。林德利考慮了前輩的經歷，也意識到他正在改製鮑爾的作品：「然而，希望圖紙所解釋的主要事實能夠忠實呈現，也希望某些印版作為藝術品所具有的缺陷，不會讓它們蒙受非屬科學插畫的偏見。」[*49]

中美洲和加勒比地區松粉蘭（pine-pink orchid）子房的六十倍放大橫切面立體重建圖，來自弗朗茲．鮑爾和約翰．林德利的《蘭花植物插圖》（一八三〇到一八三八年）。弗朗茲．鮑爾於一八〇一年創作了原始植物插圖，後來經由林德利修改，再由馬克西姆．高西進行平版雕刻與印刷。

思想史上不談「第二人」是誰。在科學領域，這代表你要創先擁有某個想法，且提供與發表證據供其他人評論，才能成為那個「第一人」。*50 鮑爾花了近四十年的時間，累積出與蘭花微觀結構有關的大量資訊，在這段時間裡，關於蘭花的科學知識迅速累積。此外，他也在英國十九世紀初的核心植物學機構任職，是一位知名度高且受人尊敬的人物，因此到英國邱園拜訪他的英國和歐洲博物學家，對蘭花的生物學認知很可能都與他相同。然而，他對發表他所發現的事物並沒有什麼興趣，只樂於繼續累積相關知識，並分享給他的訪客而已。

相較之下，林德利則採取被動進攻的態度，他熱衷於為鮑爾重新確立他在蘭花微觀觀察領域的優先權：「如果讀者對此類研究感興趣（科學優先權〔scientific priority〕），我會建議他參考鮑爾先生插圖上的日期，透過比較上述日期與其它出版品的日期，讀者便可自行判斷這位最令人欽佩、極具原創性的觀察家應該獲得多少榮譽。」*51 林德利上述言論的目標對象，一般認為是大英博物館植物部第一任管理員羅伯特．布朗（Robert Brown）。*52 在鮑爾去世前不久，學術界有許多關於麥角病成因的論文被大量發表，這讓鮑爾屢次提起此一話題，試圖捍衛自己在此領域的地位。*53

莖上的生殖器官

在十八世紀和十九世紀的歐洲，由科學家所揭示的花朵生殖相關知識逐漸融入流行文化當中。尼赫麥亞．格魯（Nehemiah Grew）使用銅版畫粗略地描繪了十一種物種的花粉（「小球體」），*54 範圍從「在顯微鏡下，看起來沒有比肉眼可見的最小奶酪蟎大多少」的金魚草，到堇菜的「立方體」花粉粒，再到錦葵覆滿小棘刺的大型球狀花粉粒都涵蓋其中。*55

花粉粒為十九世紀的顯微鏡學家和植物繪師提供了一個機會，讓他們得以研究易於製備、視覺上有吸引力的植物樣本。*56 德國藥師卡爾．尤利烏斯．弗里切（Carl Julius Fritzsche）以花粉為主題的博士論文於一八三七年發表，佐以十三幅花粉粒的彩色平版畫。*57 一八四二

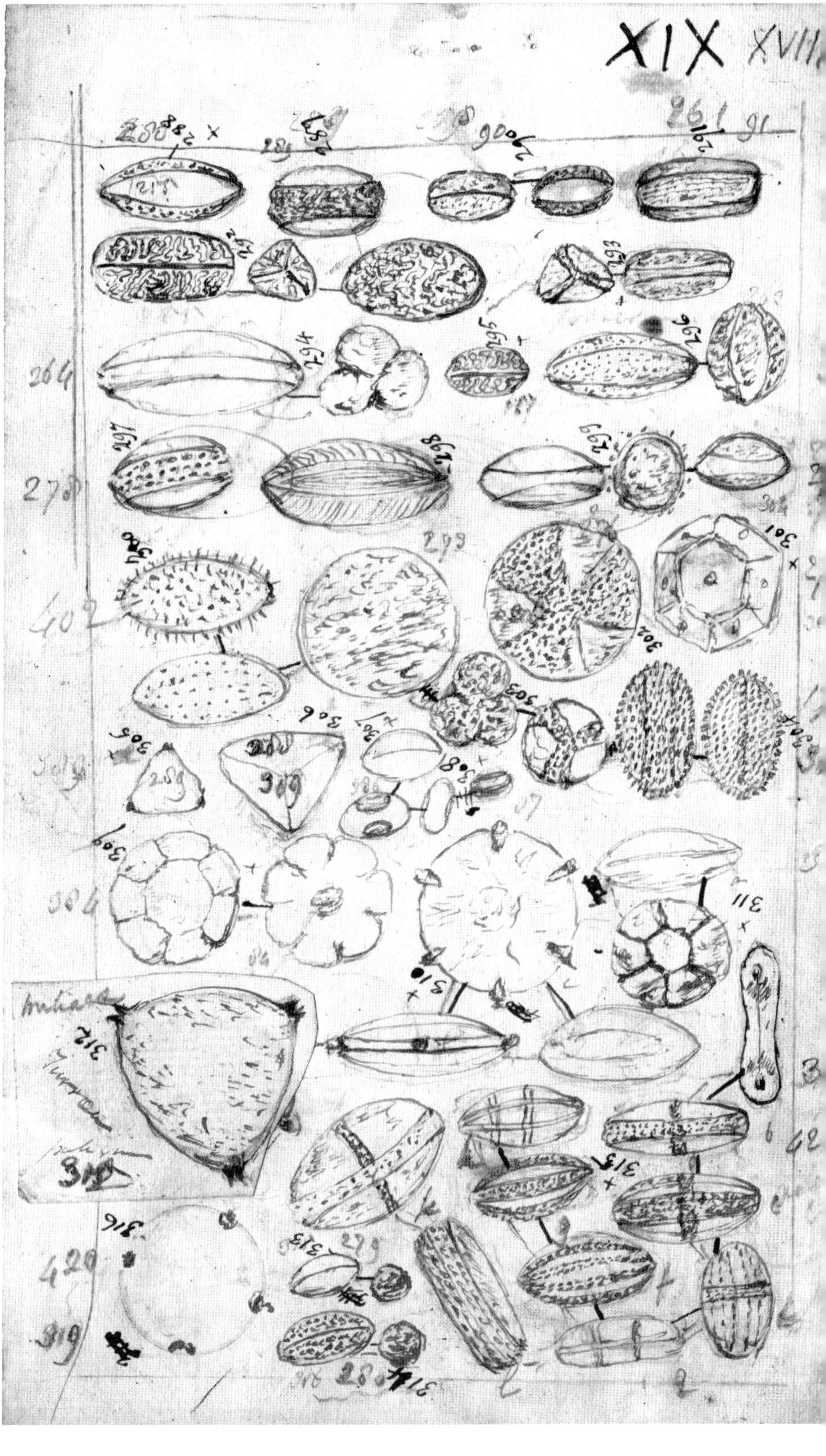

由菲利貝爾·夏爾·貝爾若（Philibert Charles Berjeau）製作的石版畫，來自麥可·帕肯漢·艾基渥斯（Michael Pakenham Edgeworth）《花粉》（*Pollen*, 1877）一書中放大版的花粉粒。艾基渥斯繪製了原版插圖，也為貝爾若的作品編排頁碼。

年，英國醫師暨顯微鏡學家亞瑟．希爾．哈索爾（Arthur Hill Hassall）發表了一篇有六幅版畫的論文，其中的版畫由詹姆斯．索爾比（James De Carle Sowerby）負責雕版，並以哈索爾、悠提尼亞．諾肯（Utinia Nolcken）和艾蜜莉亞．杭特（Amelia Hunter）繪製的一百五十八張插畫為基礎，內容涉及如何以花粉識別開花植物的品種。*58 然而，該期刊的編輯為該論文費時一年時間才發表致歉，並將其歸咎於「必須製作的插圖數量」太多。等到愛爾蘭植物學家麥可．帕肯漢．艾基渥斯（Michael Pakenham Edgeworth）製作《花粉》一書時，內含豐富插圖的植物書的出版速度已經比三十年前快多了，該書配有四百三十八張圖，由艾基渥斯繪製，並由法國藝術家菲利貝爾．夏爾．貝爾若（Philibert Charles Berjeau）印製平版版畫。*59 如今，顯微鏡下的孢粉學研究已在空氣品質評估、鑑識科學、重建古代棲息和氣候等專門領域中廣為使用，但通常以照片的形式來呈現影像。

在十九世紀的前三十年，弗朗茲．鮑爾（Franz Bauer）繪製了花粉粒以記錄其多樣性。在他的畫作中，他還記錄下雜交種的花藥釋放出的完整和「敗育」花粉的混合物，以及發芽的花粉粒的結構。*60 然而，這些作品只有記錄在他的個人筆記當中，在他生前並未出版。一九三五年，孢粉學家羅傑．菲利普．沃德豪斯（Roger Philip Wodehouse）在評論鮑爾的花粉插畫時直言，如果這位繪師的作品「在他生前出版，那麼孢粉學的進展將大幅超越今日的水準」。*61 然而，在沃德豪斯作出上述分析的幾十年後，有位科學史學家一方面稱讚鮑爾插圖的「精美和科學準確性」，但另一方面卻認為它們「沒有什麼科學價值」而且「長期來看沒什麼貢獻」。*62 鮑爾的圖像最終成為細胞學和植物生殖型態學研究史上的註腳，是這兩個領域的學術史中，大量的因未能發表，而未能對科學產生影響的植物學插圖之一。*63

畸形植物

林奈鄙視著迷於「植物變異」的花匠，這些變異包含綴化（fascination，部分的異常融合）、出錦或出藝（veriegation，產生不同顏色的條紋或斑塊）、花器葉化（phyllody，生殖構造變成葉子）。*64

然而，這些畸形植物在花園中備受寵愛，被放入珍奇櫃中收藏，甚至透過旅行者書寫的故事而成了神話的一部分。*65 若要讓一件實體標本或植物插圖具有真正的科學價值，它們就必須具有代表性，不能單純只是一些罕見、極端和特殊的案例所構成。奇特的變異在自然界中缺少代表性。一六八一年，在林奈所屬時代的幾十年前，格魯在對皇家學會的科學收藏進行編目時，就意識到了這類特殊案例所帶來的偏見。有二十五年的時間，那些收藏越來越狹隘，充滿「奇異與罕見之物」，而「我們身邊最熟悉和常見的物種」則被忽視或擱置一旁。*66

植物繪師和其贊助者的注意力都被這類畸形植物所吸引。例如在一六三〇年代，鬱金香經常出現在荷蘭靜物畫中。現在我們已經知道這些在「鬱金香狂熱」（tulipomania）的巔峰時期所製作的植物插畫，它們精美的展現了花瓣上隨機的色彩分布（由病毒感染所造成）。相較之下，當今的「林布蘭」鬱金香儘管有著類似於十七世紀那種受病毒感染的外觀，然而它們的色彩變異是穩定的，是通過育種而非病毒感染的結果。十九世紀的英國出現了另一股對種內變異物種的「狂熱」：蕨類植物。*68 植物收藏家可以藉由向維多利亞的皇家園丁供應天然蕨類植物突變體來維生，例如愛爾蘭的收藏家派翠克・伯納德・凱利（Patrick Bernard Kelly）。湯瑪斯・摩爾（Thomas Moore）的《大不列顛和愛爾蘭的蕨類植物》（*The Ferns of Great Britain and Ireland*, 1855）一書，便是迎合這一市場的精美插圖輯之一，其中包含五十一幅描繪植物的版畫。*69

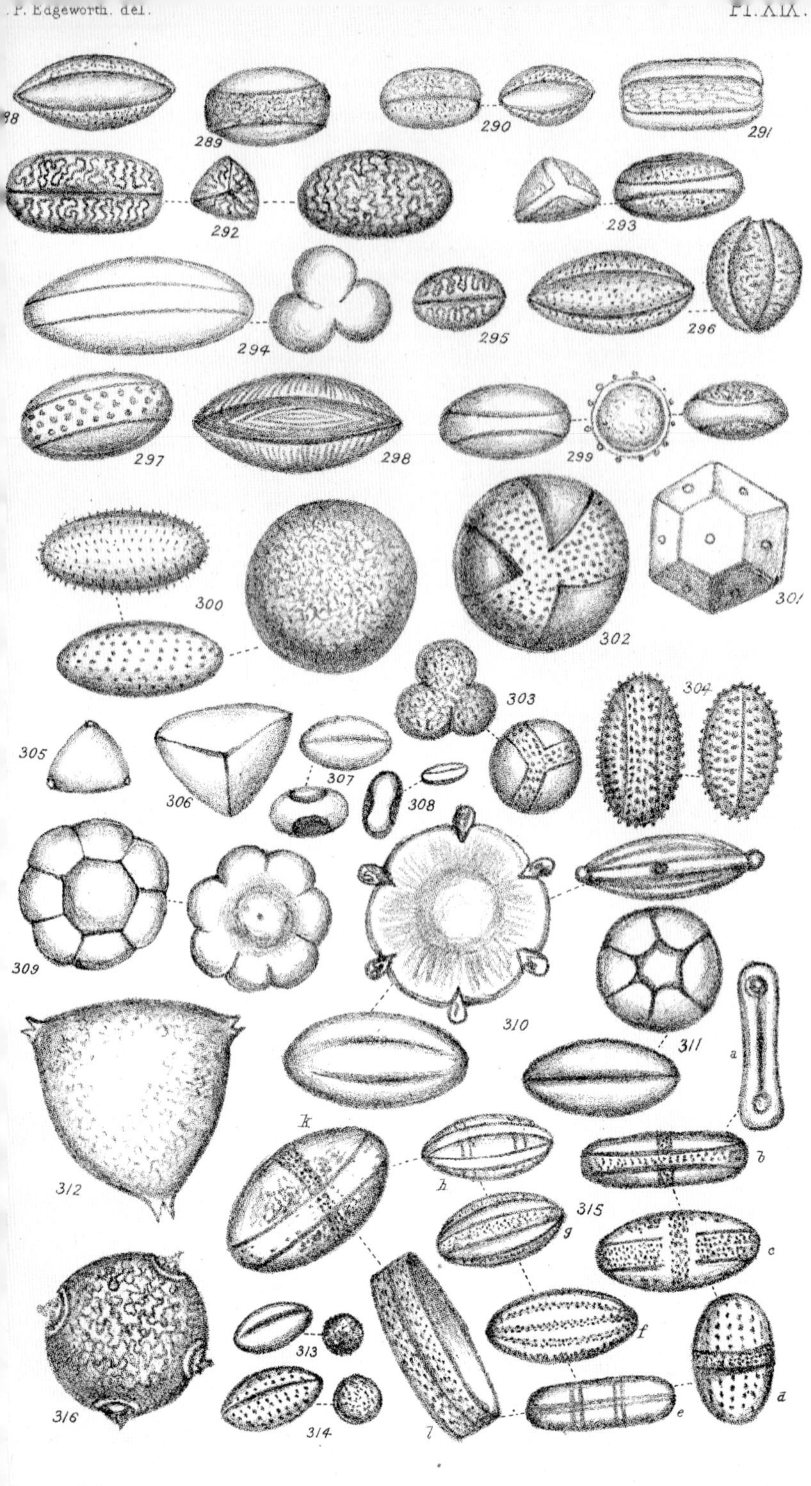

黃柳穿魚出現花部輻射對稱的突變（peloric mutation），圖中顯示出整株植物、其根部和花朵的細節。林奈第一次看到這種植物的樣本，認為「這顯然是黃柳穿魚，但它的花卻像是某種奇異的花朵被嫁接上去。」*67 這幅由身分未知的藝術家手工上色的銅板雕版畫，出自威廉．柯蒂斯（William Curtis）的《倫敦植物群》（*Flora Londinensis*, 1777）。

佛手柑（*Malus Citria Cornuta*），出自荷蘭植物學家亞伯拉罕．穆庭（Abraham Munting）的《地球作物的準確描述》（*Naauwkeurige beschrijving der aardgewassen*, 1696），是枸櫞的變種。這位身分未知的藝術家與銅版雕版師打破了十七世紀植物插圖的慣例，讓植物看起來像是懸浮在鄉村場景上方。

儘管林奈不喜歡植物中的怪物，但他還是對具有輻射對稱（而非一般的兩側對稱）的黃色柳穿魚十分著迷。*70 他從這種不尋常的突變種中培育出種子，並說明這些種子可以用來培育出更多相同品種的植物。他認為這是一個新物種，並將其命名為輻射花（Peloria），概念源自「輻射對稱」（pelorism）一詞，他也說明該物種源自黃色柳穿魚。在巴黎，米歇爾．阿當松（Michel Adanson）發現林奈種出來的植物既能產生普通花，也能產生輻射型的花朵，並依此得出結論：所謂的輻射花只是一種突變種，並不是一個新物種。*71

到了十九世紀末，植物學家以「神祕符號、神話或象形文字」為靈感，命名同一物種中各自具有細微差異的突變體，這已成為植物學的旁枝末節。*72。然而，二十世紀上半葉，科學家重新審視了孟德爾（Gregor Mendel）的遺傳學理論，再搭配上達爾文（Charles Darwin）的演化論，進而認為自然界的畸形植物（突變種）揭示了植物生命的基本真理。野生甘藍菜（*Brassica oleracea*）歷經幾世代植物育種者無意間的選育後，產生了高麗菜、羽衣甘藍、青花菜、結頭菜、花椰菜和球芽甘藍等常見的突變種，這一過程有助於理解植物遺傳結構背後的問題。不知不覺間，花匠和最初馴化農作物的農民實際上成了植物育種者，讓我們能夠發現物種在沒有人類照顧的情況下如何生存和演化。

英國各地採集的幾種對開蕨（hart's-tongue fern）標本的葉片形態：1. 野生型、2. 多裂變種（polyschides）、3. 邊緣變種（marginatum）、4. 皺葉變種（crispum）、5. 鈍齒型（obtusidentatum）、6、7）多變型（variabile）、8. 不規則型（irregulare）、9. 撕裂型（laciniatum）、10. 裂葉型（laceratum）。此為由亨利．布拉德伯里（Henry Bradbury）製作的植物印染作品，來自湯瑪斯．摩爾（Thomas Moore）手繪上色完成的《大不列顛和愛爾蘭的蕨類植物》（*The Ferns of Great Britain and Ireland*, 1855）一書。

Plate XLII

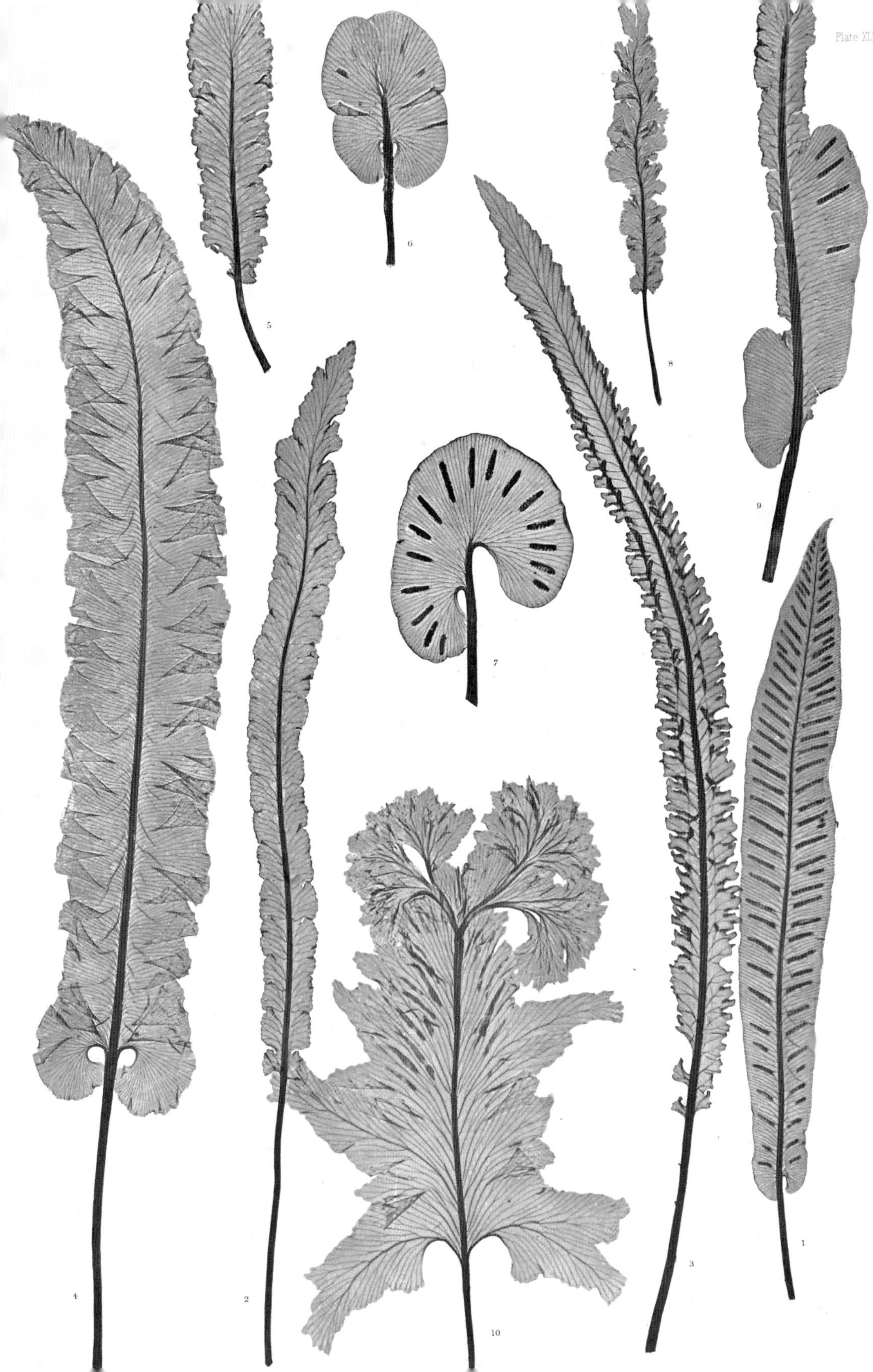

不同形式的甘藍菜，包括結球甘藍、球芽甘藍、結頭菜、花椰菜和羽衣甘藍，都是人類從沿海野生甘藍中選育出來的。該作品的銅版由一位身分未知的藝術家和雕版師製成，出自羅伯特・莫里森（Robert Morison）的《牛津植物通史》（*Plantarum historiae universalis oxoniensis*, 1680）。刻版上的每張圖像，都是從十六、十七世紀早期植物書中的木刻版畫複製而來。

顯微鏡下的黴菌

真菌，即「地球的老蘚」，它們的存在不符合自然秩序的傳統觀點。*73 早年的現代博物學家觀察到，真菌存在的時間短暫，似乎沒有繁殖的管道，因此提出了有關真菌的基本問題，這些問題與古希臘哲學家提奧弗拉特斯（Theophrastus）提出的問題幾無二致。*74 真菌是活的還是死的？如果有生命的話，它們是動物、植物還是其它物種？一五五二年，希荷尼穆斯．博克指出：「真菌和松露不是藥草、根部、花朵或種子，只是由泥土、樹木、腐木和其它腐爛物體中多餘的溼氣所產生。」因為顯而易見的，所有真菌和松露，尤其是用於食用類的真菌和松露，最常在雷雨交加的潮濕天氣中生長。*75 在《自然系統》（*Systema Naturae*, 1766-8）第十二版中，林奈稱真菌為「混亂」（Chaos）的「垃圾箱組」，並將它們安排在蠕蟲（Vermes）的類別之下，作為動物界的其中一個成員。在林奈的分類中，他將整個自然世界分成不同的界域。*76

真菌尺寸微小，難以排序。分類學家是對生物進行命名和分類的科學家，在過往，要使用分類學家熟悉的方式來永久保存真菌是一件很困難的工作。真菌在乾燥後會失去其顏色和形狀，並且容易受到昆蟲和其它真菌的攻擊。幾個世紀以來，彩色插圖一直是紀錄真菌多樣性並為其分類時的重要工作，*77 此外，針對插圖寫下的註解，也讓我們理解，真菌對於地球上複雜生命平衡的重要性。

傳統上，真菌被當作植物來研究，正如羅伯特．胡克在《微物圖誌》中，也將真菌分類為植物。其中一塊版畫上描繪了放大三十二倍的真菌疾病玫瑰銹病（Phragmidium），並說明這是「一種生長在大馬士革玫瑰葉、黑莓葉和一些其它葉子的枯萎處或黃斑處的疾病」。針頭狀的「藍色黴菌」毛黴菌（Mucor），則採樣自生長在某本書封上的「毛黴白色斑點」。*78 然而，胡克除此之外別無所獲：「這些位於頂端的頭部裡面有什麼，我看不出來。究竟是球莖、花朵，還是種莢，難以描述。」*79 佛羅倫斯植物學家皮耶．安東尼奧．米凱利（Pier Antonio Micheli）進行了更仔細的觀察。在《新植物屬》（*Nova plantarum genera*,

1729）一書中，他觀察到它們的頭部充滿了灰塵（孢子），而這些灰塵在適當的條件下，會發芽產生更多的真菌。*80 米凱利說明，他所檢視的多種真菌全部都會產生孢子。

德國植物學家約翰．赫德維格（Johann Hedwig）在長達十年的時間裡，撰寫了《葉狀苔蘚的描述和顯微分析記錄》（*Descriptio et adumbratio microscopico-analytica muscorum frondosorum*, 1787-97）。這似乎為「混亂類別」理出了些頭緒。他主要關注的是苔蘚的微觀特徵，然而，在萊比錫出版的一百六十幅手繪銅版蝕刻畫中，有一系列可用肉眼觀察的真菌和地衣的薄切片，裡面顯示出某些真菌的孢子排列在燒瓶狀的孢子囊中，每個囊中含有八顆孢子。蘇格蘭植物學家羅伯特．凱．格雷維（Robert Kaye Greville）似乎假設所有能以肉眼觀察的真菌，其孢子都位於孢子囊中。在《蘇格蘭隱花植物群落》（*Scottish Cryptogamic Flora*, 1822-8）的月刊中，他發表了詳細的真菌畫作，其中許多幅都是放大版的插圖，裡面包含三百六十個金屬蝕刻的手繪圖版，展示出至少十九種帶菌帽類的真菌（cap-fungi）在切片裡的袋狀孢子囊結構。*82 一八三○年代，英國和歐洲大陸的植物學家證實，帶菌帽的真菌（包括我們熟悉的栽培蘑菇）菌褶裡沒有孢子囊，而是覆蓋著棒狀細胞，每個細胞裡都有四個帶柄孢子。*83

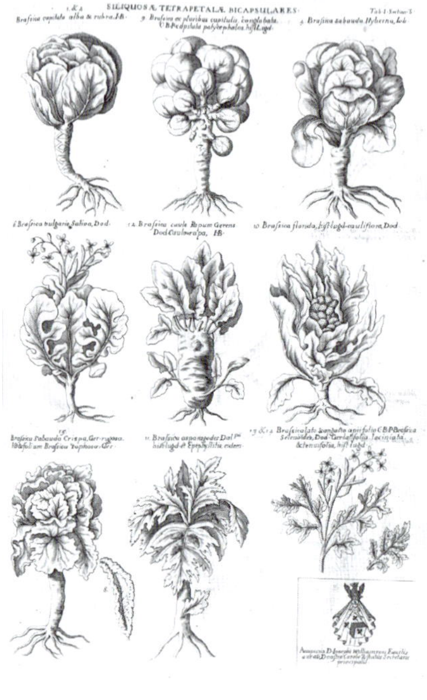

植物病理學創始人之一的真菌學家兼牧師邁爾斯．約瑟夫．柏克來（Miles Joseph Berkeley）於一八五二年一月在英格蘭東部薩福克郡（Suffolk）的東貝爾格豪特（East Bergholt）繪製了毛緣側耳屬的真菌 Pleurotus fimbriatus（右頁左圖）。一八七九年，他身為繪師的女兒露絲．艾倫．柏克來（Ruth Ellen Berkeley）繪製了生長於威爾斯登比郡（Denbighshire）科德科赫（Coed Coch）的 P. ruthae（右頁右圖），同年，她的父親以她的名字為植物命名，以感謝她發現了「許多新奇的事物」。*81 這些畫作是柏克來一家所貢獻的數百幅畫作之一，這些彩色平版畫收錄於摩帝凱．庫比特．庫克（Mordecai Cubitt Cooke）的《英國膜菌綱真菌插圖》（*Illustrations of British Fungi Hymenomycetes*）當中，裡面共有一千一百九十八幅彩色平版畫。

蘑菇、毒菌和黴菌在繁殖期間非常顯眼，但它們一生中的多數時間其實都隱藏在人類的視線範圍之外。十九世紀時，隨著觀察科技的進步，真菌的隱密生活開始引起博物學家的注意。新的觀察結果和思維需要使用新的描述術語來呈現，以替代過去那些容易造成誤解，或者不足以傳達複雜且得來不易的顯微影像的語言。高品質的插畫因此脫穎而出，成為記錄和交流觀察結果的手法。然而，在植物病害和發酵研究這類競爭激烈的領域當中，若基於插畫所做的結論要讓抱持懷疑論的研究者能接受，就必須先讓他們相信插畫的真實性，相信繪師、博物學家和印刷技師之間，資訊傳遞的精確程度。

皮耶．安東尼奧．米凱利（Pier Antonio Micheli）的毛黴菌屬真菌顯微影像圖（圖一），其孢子囊破裂釋放孢子（I），另外配上該真菌生命週期的圖示（A）。其它微真菌及其生命週期（B、C）顯示在《新植物屬》（*Nova plantarum genera*, 1729）刻版的另一半邊。這幅銅版畫由英國主教兼植物學家羅伯特．尤維代爾（Robert Uvedale）贊助，他是將甜豌豆引入英國花園的人。

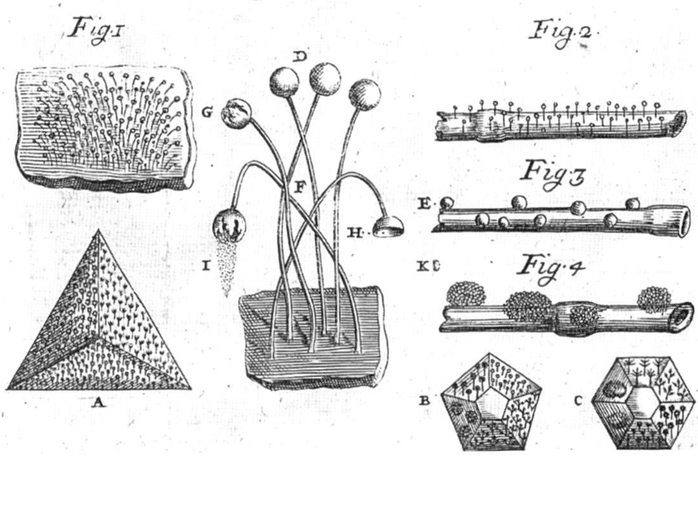

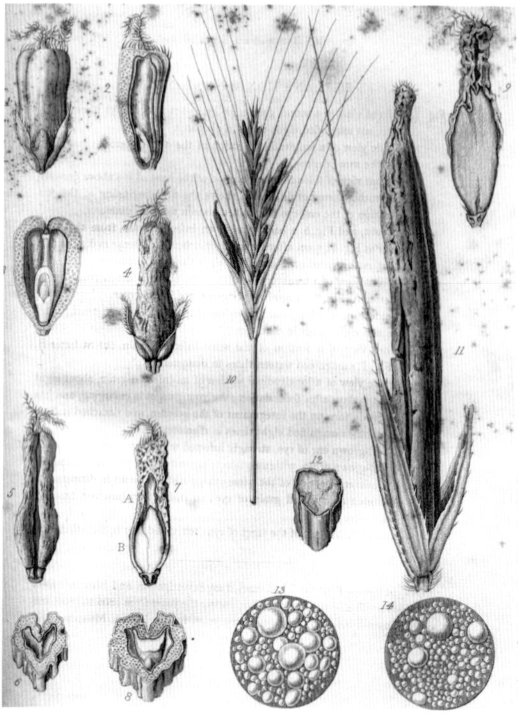

弗朗茲．鮑爾（Franz Bauer）繪製的黑麥麥角菌菌核發育階段示意插圖，麥角菌菌核是造成「聖安東尼之火」（St Anthony's Fire）（譯註：麥角中毒，人或牲畜食用中毒黑麥後，全身會出現有如焚燒般的疼痛感。）的原因。鮑爾謹慎地斷言，該原始插圖是在一八〇六年繪製而成，經過三十多年後才由喬治．賈曼（George Jarman）將其轉換成鋼版雕版畫。插圖大小從自然尺寸（例如圖片中間受感染的黑麥穗）到放大兩百倍的菌核內部（右下）都有。

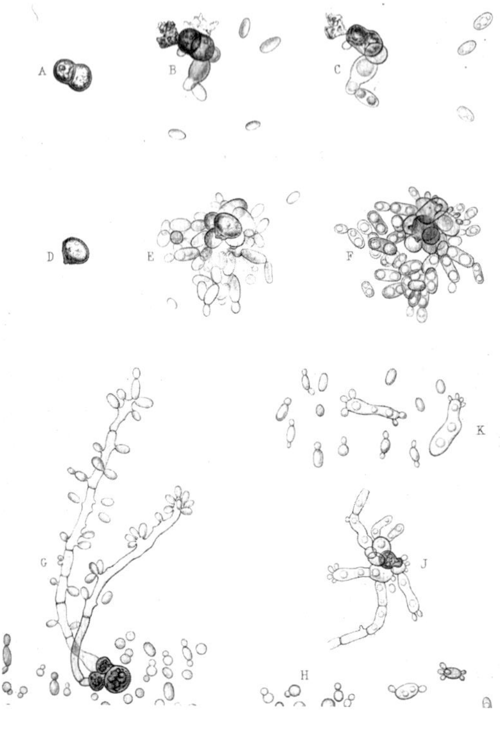

「葡萄串外部孢子萌發的案例」（Examples de germinations de cellules de la poussière extérieure des grappes de raisin），一幅來自路易．巴斯德（Louis Pasteur）《啤酒研究》的真菌插圖。戴霍爾（Deyrolle）以五百倍的放大倍率，繪製從葡萄表面培養的酵母，該插圖由一位名叫皮卡特（Picart）的雕版師完成蝕刻。

法國微生物學家路易・巴斯德（Louis Pasteur）對啤酒及其相關「疾病」的研究收錄於《啤酒研究》（*Études sur la bière*, 1876）當中，內附八十五幅插圖，*84 其中大多是在顯微鏡下觀察細胞後粗略描繪的草圖，由身分未知的繪師按照實驗室的筆記重新繪製而成。此外，十二幅高品質的放大版黑白金屬蝕刻細胞插畫在文本中交錯呈現，這些可能是以巴斯德自己實驗室的草圖為基礎，並由彼得・列克鮑爾（Peter Lackerbauer）和戴霍爾（Deyrolle）重新繪製以供出版，而這些版是由兩位署名「E・赫爾」（E. Hellé）和「皮卡特」（Picart）的雕版師所蝕刻完成的。上述藝術家與工匠是專業的科學繪師或製版師，是出版業不可或缺的要角。這裡的戴霍爾可能是經營巴黎自然史和動物標本剝制業務的戴霍爾家族成員，他們的事業體正是以戴霍爾命名。

現在我們已經知道真菌不是植物，而是自成一「界」（Kingdom）的生物了。儘管真菌很重要，而且它們比我們過去想像的更加多樣化且有影響力，但仍然只有一小群博物學家和生物學專家對它們感興趣，對那些只有在顯微鏡下才能見到的真菌來說，情況更是如此。*85

直到二十世紀中葉，放大鏡和顯微鏡一直都是植物學家探索植物和真菌內部結構，以及建構這些生物外觀的基本組成的工具。將影像放大是魯斯口中進入「中小型房間」的鑰匙，放大技術也讓繪師不僅只是「一雙眼睛」，更成為一個精準的「翻譯與編輯」。為了準確並忠實地描繪出他們的研究對象，又不被驚奇的心所迷惑，他們就必須要區分視覺中的真實與虛假。影像放大也揭示了傳統植物插圖的侷限性，如今，攝影成為描繪微觀世界的首選媒介。

里約熱內盧附近的巴西大西洋沿岸森林（Atlantic Forest），以附生植物群落為主，例如蘭花、仙人掌、天南星、秋海棠、蕨類植物、多肉鳳梨科植物、木質藤本和棕櫚樹。這幅石版畫出自卡爾·弗里德里希·菲利普·馮·馬蒂斯（Carl Friedrich Philipp von Martius）出版的《巴西植物誌》（*Flora Brasiliensis*, 1906）。

SEVEN

Habit And Habitat

習性與棲地

邦普蘭（Bonpland）告訴我，如果再一直這麼興奮下去，他保證他一定會發瘋。
——《個人敘事》（*Personal Narrative*, 1814-29）亞歷山大・馮・洪堡德（Alexander von Humboldt）*1

無論野外自然學家有過哪些經歷，植物的多樣性永遠會讓他們再次驚嘆與狂喜，在熱帶地區尤為如此。一八二五年，當時四十四歲的威廉・伯切爾（William Burchell）是資深野外自然學家，他在非洲南部和聖赫勒拿（St Helena）已經有十年的採集經驗，但在他見到第一批巴西原生植物時，如此說道：「形態非凡，以最美麗的方式組合在一起，常誘使人想從博物學轉向繪畫領域發展」。*2 七年後，查爾斯・達爾文（Charles Darwin）在到訪巴西森林時也抱持類似看法，他在一八三一到三六年間與羅伯特・費茲洛伊（Robert FitzRoy）搭乘小獵犬號（HMS Beagle）共同航行。達爾文說道：

「然而，喜悅一詞並不足以表達一個博物學家初次在巴西森林中獨自漫步的感受。草的優雅，寄生植物的新奇，花朵的美麗，葉子的亮麗鮮綠……但最重要的是植被的茂盛，讓我充滿了欽佩……對於一個熱愛博物學的人來說，這一天所感受到的愉悅，空前絕後。」*3

讓伯切爾和達爾文驚喜的，是在原生棲地生長的各式各樣植物，而不是那些在花園、博物館或插圖中單獨展示或經過人為搭配的植物。

對於博物學家來說，若要研究植物的多樣性及其地理分布模式，並了解它們如何生長、茁壯和繁殖，就必須對植物形態、棲地和不同物種間的相互作用具備精確的知識。

一七九九年到一八〇四年，在普魯士博物學家亞歷山大・馮・洪堡德（Alexander von Humboldt）於拉丁美洲探險期間，他除了收集和繪製植物插圖，還對風景中的植物進行寫生，並使用當時最先進的儀器測量了環境的物理特徵。*4 他的研究改變了達爾文等博物學家探索自然世界的方式。博物研究開始具有可以互相比較的性質，因此測量與量化就變得和針對外觀做的定性描述同樣重要。此外，一個新興的科學領域也應運而生，那就是植物生物地理學（plant biogeography），該領域的學者研究植物的分布和自然環境的物理特徵之間的關係。*5

在攝影術出現之前，大多數對植物生活環境感興趣的博物學家，都得仰賴旅行者的文字描述、博物館中的零碎物件以及風景和地形地貌測繪師創作的圖像來進行研究。在約瑟夫・胡克回報他的喜馬拉雅山探險經歷時，他強調了自己的客觀描繪能力：

「風景畫等圖像主要是根據我自己繪製的草圖所完成的，我也希望它們能非常忠實地再現原始場景。我一直努力克服想要誇大高度、增加斜坡傾斜角度的念頭，我相信這些都是人類容易陷入的罪行，不僅對業餘愛好者如是，對於最有成就的藝術家亦如是……雖然我畫中的主題是構成自然界中最宏偉壯闊的場景元素之一，但與多數描繪高山的風景畫相比，我的畫作會顯得平淡無奇。」*6

而這種風險仍然存在，因為知識的空白將被旅人的故事填補，且這些故事往往會在每次重述中再次獲得修飾，此外，在資料有限、取悅他人的欲望或異國情調的誘惑之下，從中衍伸、想像而出的景觀也會填補知識的空缺。本章重點在討論植物繪師的角色，他們記錄了自然景觀中植物的習性以及相關迷思，範圍從兩極到赤道，從海平面到樹木界線（treeline）以上。過程中，這些繪師增加了我們對植物生命的認識，也開始記錄人類如何改變植物所棲身的自然環境。

◊這幅畫呈現出貝葉棕花期初始的模樣，另外也描繪了葉片的局部。亨德里克．阿德里安．馮．里
◊德（Hendrik Adriaan van Rheede tot Drakenstein）的《馬拉巴爾植物誌》（*Hortus malabaricus*, 1682），
◊圖為書裡的金屬蝕刻作品，雕版師身分不詳，作為藍本的插畫也不知出自何人之手。

尋找混雜在種種迷思中的真相

葡萄牙製圖員羅伯．歐蒙（Lopo Homem）繪製的十六世紀早期巴西地圖，圖中顯示原住民正在砍伐巴西紅木（Paubrasilia echinata），這是巴西紅色染料的來源。*7 法國探險家讓．德勒瑞（Jean de Léry）的著作《航向巴西美州的航行歷史》（*Histoire d'un voyage fait en la terre du Brésil autrement dite Amerique*, 1578）表現優異，裡頭生動的木刻版畫從十七世紀以來便對歐洲人深具吸引力，至今也依然如此。*8 當時的人大多會如此想像：許多遙遠而奇異的國家都住著食人族，而且當地充滿神話般的動物，牠們漫遊在滿布植物的景色當中，這些植物在富含寶石和貴金屬的土地中發芽，可以治好人類的所有疾病。*9 一八三〇年代，在喬治．加德納（George Gardner）於巴西內陸進行為期五年的植物學探究期間，致力從種種迷思中揀選出事實。他的做法是採集植物，並考證編年史家對於巴西自然史提出的說法是否屬實，因為這些史家「以機智而非實事求是而為人所知」。*10

早在發現美洲之前，與植物有關的神話就已經四處流傳。雙椰子又名海椰子，被譽為「大自然的怪異奇蹟，眾海洋生物中的王子」，在一七六八年被發現棲地之前，海椰子只偶然在印度洋的海漂物中出現，它們奇特的外觀很像木質的人類臀部。*11 德裔荷蘭植物學家傑奧格．埃伯哈德．朗佛安斯（Georg Eberhard Rumphius）被奉為「安汶（Ambon）的盲人先知」，他的《安汶植物標本》（*Herbarium amboinense*, 1741-50）六冊本在死後才問世，書中收錄了海椰子的金屬蝕刻版畫，也簡介了十七世紀末的相關神話。*12 這些傳說故事提到海椰子生長在海底的樹木上，有的則說某些能夠襲擊大象和犀牛的鳥類就住在這些樹上。意料之內的是，這種惡名反而刺激了歐洲對海椰子的市場需求，在有人傳言海椰子具有神奇藥效後需求尤甚。

針對海椰子所做的第一個科學描述，是由法國博物學家菲力柏特．柯莫森（Philibert Commerson）所撰寫，他陪同探險家路易．安東尼．德．布干維爾（Louis Antoine de Bougainville）在一七六六年到六九年間進行了環球航行。眾所周知的是，偽裝成男性的博物學家珍妮．巴蕾（Jeanne Baret）為柯莫森提供了協助。*13 巴蕾成為第一位環遊世界的女性，但柯莫森在他的作品出版前就去世了，他與海椰子的關係一直受到忽視，直到十九世紀初才有改變。第一個描繪活體海椰子的插畫是由博物學家皮耶爾．索納拉特（Pierre Sonnerat）在塞席爾（Seychelles）的普拉蘭島（Praslin）繪製而成。隨著眾人發現這種棕櫚樹是塞席爾群島的特有種後，與海椰子相關的一些浪漫光環消失了，大家對於這種植物，僅剩下植物學方面的好奇。

棕櫚「是大自然以相當優雅和雄偉的形式所留下的戳記」，對於北邊非熱帶地區的遊客來說是一種不常見的植物，因此吸引了他們的關注。[14] 在熱帶的南亞和東南亞地區，歐洲人發現了一種扇形棕櫚，也就是貝葉棕，該樹種「因為堅固耐用，所以被當地人用於尖頭粗針在其上寫字，也被劈開來將房屋的椽子綁在一起。」[15] 貝葉棕是棕櫚樹中的巨人，身長高達八十二英尺（二十五公尺），圓形葉子的直徑有十六點五英尺（五公尺），葉柄也幾乎等長。它一生只開花一次，花期在其三十歲至八十歲之間，會產生長達二十六英尺（八公尺）的肉穗花序，裡面包含數百萬朵小花。在荷蘭殖民管理者兼博物學家亨德里克·阿德里安·馮·里德的贊助下完成的多本《馬拉巴爾植物誌》（*Hortus malabaricus*, 1678-93），裡面有一系列共十二幅厲害的金屬蝕刻版畫，展示了這種棕櫚樹的巨大尺寸，並描繪出該樹種一生中經歷的各種形態變化細節。[16]

這棵孤立於此、擁有板根的箭毒木高達四十公尺，約相當於一百三十英尺。箭毒木並非植物中惡名昭彰的殺手，而是森林砍伐下的倖存者。比利時繪師保羅·勞特（Paul Lauters）的石版畫，以比利時藝術家兼自然學家奧古斯特·安東尼·約瑟夫·沛恩（Auguste Antoine Joseph Payen）的插圖為基礎，發表在卡爾·路德維希·馮·布拉姆（Karl Ludwig von Blume）的《朗佛安斯作品集》（*Rumphia*, 1835）中。

旅人會在故事裡記載的另一種亞洲植物是箭毒木，這是一種爪哇產的植物，一般認為它的毒性劇烈，可以殺死其半徑二十四公里（十五英里）範圍內的所有生物。然而，爪哇的統治者會派死刑犯去採收這種樹上寶貴的毒液，若他們完成任務後能活著回來，就能獲得赦免。一七八〇年代，在駐於印尼的荷蘭外科醫生佛爾許（Foersch）提供了所謂的目擊證詞之後，這類故事在西方博物學家當中便廣為流傳。[*17] 醫師兼思想家伊拉斯謨斯．達爾文（Erasmus Darwin）甚至將箭毒木寫進散文詩〈植物之愛〉（*The Loves of the Plants*, 1791）裡：「在荒蕪的曠野上，死一般的沉寂中， 可怕的箭毒木盤踞，那是象徵死亡的九頭蛇之樹。」[*18] 這種樹現在被稱為「見血封喉」（Antiaris toxicaria），是桑科的植物，分布於西非到玻里尼西亞的舊世界（Old World）熱帶和亞熱帶地區。

化驚豔為平凡

實地寫生的植物繪師為我們對植物習性和棲息地的認識打下草稿。在過去，這些繪師的讀者通常距離畫中植物生長的地方非常遙遠，且他們可能認為住在這些地區的「聰明人太少」。[*19] 文字、片面的知識、輕信一切的態度，造就了與海椰子和箭毒木等相關的神話。在十九世紀初的歐洲，則有兩種植物讓人們大感震驚：蘇門答臘島的「巨大花朵」和安哥拉「極其醜陋」的植物。[*20] 植物繪師在合適的目擊證人陪伴下所製作的植物插畫，能防止這類甫發現且讓人大感驚奇的植物染上過多神話色彩。

屍花（大王花）的學名是 *Rafflesia arnoldii*，命名由來是為了紀念兩位英國人，他們讓這種蘇門答臘寄生植物開始受到歐洲植物學家的關注：第一位是明古連（Bencoolen，今印尼班古魯市〔Bengkulu City〕）副州長湯瑪士．史丹佛．萊佛士（Thomas Stamford Raffles），第二位則是植物學家約瑟夫．阿諾（Joseph Arnold）。[*21] 不幸的是，我們無從得知與阿諾隨行馬來人僕役的姓名，他「眼神中充滿驚喜地跑向阿諾，並對阿諾說：『先生，請跟我來，有一朵花，非常大，非常美，非常讓人驚喜！』」[*22] 阿諾看到這朵花的幾個月後就去世了，而他在初見到這朵花時的第一個反應就是採下它，然後找了很多有信譽的目擊證人到他身邊一起見證：

「說實話，如果我獨自見到它，如果旁邊沒有目擊者，我想我應該不敢提及這朵花的尺寸有多大，它比我見過或聽說過的所有花朵都還要大上許多。但我身邊有史丹佛．萊佛士爵士與其夫人，還有帕爾斯格雷夫（Palsgrave）先生，一位住在曼納（Manna）且受人尊敬的男士……他們都能夠為事實作證。」*23

蘇門答臘大王花的單朵雄花，這是世界上最大的花，寄生在崖爬藤屬（*Tetrastigma*）具有木質藤本莖的植物上。這幅以罕見的開花植物為主題的插圖，自一八二二年出版以來已廣泛複製流通。詹姆斯．巴西爾（James Basire）根據弗朗茲．鮑爾（Franz Bauer）的插圖為基礎，創作了這幅手工上色的金屬雕版畫作品，而鮑爾的插圖則參考了約瑟夫．阿諾（Joseph Arnold）的水彩寫生原作。

阿諾先為這朵活體花卉繪製了一幅彩色插圖，才將它「保存在烈酒裡，……但由於受託人的疏忽，它的花瓣被昆蟲咬壞了，唯一保留下其原始形狀的部位是雌蕊，它與同樣來自這朵花的兩個大花蕾一起放入烈酒中保存，我也發現它們附著於同樣的根基（譯註：屍花無根，此處指墊基於同一根源。）上：這些花蕾分別都有兩個拳頭那麼大。」*24 這幅畫和阿諾保存下來的材料，後來歸還給邱園的約瑟夫．班克斯（Joseph Banks），而弗朗茲．鮑爾（Franz Bauer）也參考該標本來繪製插圖，並由英國雕版師詹姆斯．巴西爾（James Basire）轉化為一幅彩色版畫和七幅黑白版畫，供羅伯特．布朗（Robert Brown）的出版品使用。*25

非洲西南部的裸子植物千歲蘭（*Welwitschia mirabilis*），完整、連根拔起的雄性植株個體及其習性。沃爾特．胡德．菲奇（Walter Hood Fitch）手工上色的石版畫，參考葡萄牙士兵費南多．達哥斯達．雷奧（Fernando da Costa Leal）為弗萊德里奇．韋爾維奇（Friedrich Welwitsch）繪製的插圖以及湯瑪士．貝恩斯（Thomas Baines）的寫生草稿。下半部圖片裡的兩條平行鉛筆線很明顯是要劃定出一個區域，複製後使用於十九世紀末牛津大學（the University of Oxford）植物學系的教學海報上。

一八六〇年，奧地利植物學家弗萊德里奇．韋爾維奇（Friedrich Welwitsch）報告道，在他穿越安哥拉時，他看見西南部的莫薩梅德斯（Moçâmedes）和庫內內河（Kunene River）河口之間有著「南非熱帶地區裡最美麗、最壯麗的風景」，於此他發現了「所有攜入本國（英國）的植物裡最美麗以及最醜陋的一種」。*26 他評論說，這「令人無法招架，以至於他什麼也做不了，只能跪在灼熱的沙土上凝視著它，甚至還很害怕，怕的是一旦伸手觸摸，就會發現眼前這片景象淪為海市蜃樓。」*27 一八六一年五月，有兩位經驗豐富的非洲探險家，分別是英國藝術家湯瑪士．貝恩斯（Thomas Baines）和南非攝影師詹姆斯．查普曼（James Chapman），他們在納米比亞境內斯瓦科普河（Swakop River）的「荒涼峽谷」中，也發現了同樣的植物，而那時這種植物還沒有名字。*28 貝恩斯的「注意力受到一株巨大的奇異植物所吸引。我無法判斷這在科學界是否是一新物種，畢竟流浪的藝術家既買不起也沒有攜帶必要的參考書。我發現這對我來說是前所未見的植物，便決定在重新回到馬車上之前，盡力畫下最好的草圖、摘下最好的一株來作樣本。」*29

瑞典探險家兼獵人卡爾．約翰．安德森（Karl Johan Andersson）將貝恩斯的植物標本和插圖轉交給威廉．傑克森．胡克（William Jackson Hooker），把它們裝在「一個箱子裡，裡面有一些讓人驚豔的彩色插畫，描繪出納米比亞的這種植物，還有某種植物的毬果和草圖」。胡克聲稱：「我以前從未見過，除了某個人以外也沒有人曾經見過這種植物——那個人就是韋爾維奇博士。」*30 與大王花一樣，韋爾維奇和貝恩斯發現的植物是當地原住民熟悉的物種，因為這兩種植物都有流通的俗名，但十九世紀西方國家的態度就是認為這些當地人既不適合作為見證者也不具知識水準，即便這些原住民每天都和那些植物生活在一起。*31

貝恩斯帶回來的素材，成為正式描述千歲蘭（*Welwitschia mirabilis*）的一部分資料，而胡克的兒子約瑟夫（Joseph）以韋爾維奇的名字為之命名，紀念他「在地處熱帶的非洲不辭辛勞且極為成功的植物學研究」。*32 然而，對於貝恩斯，約瑟夫卻抱怨道：「箱子裡沒有附上任何信件，標本和插畫也沒有附上任何說明……而且並未經乾燥就打包起來……甚至直到第二年秋末才送抵邱園，所以打開時這些植物早就腐爛到無以復加了。」[*33] 胡克在資訊有限的情況下，曾試圖平衡兩個明顯互相矛盾的資料，他在動筆記下文字描述稿時，寫下「貝恩斯先生的植物草圖……與韋爾維奇博士的描述有些不同……然而，貝恩斯先生的草圖比較像是藝術插畫而非科學插圖。」[*34]

二十世紀初，南非植物學家亨利．哈洛德．威爾許．皮爾森（Henry Harold Welch Pearson）發表了一張千歲蘭的照片，照片中千歲蘭的長葉片已呈破裂狀，看起來還有兩片以上的葉子，但兩片葉子是該物種的特徵之一。他還隱晦地批評了貝恩斯，說他「繪製的植物與此沒有太大差別，所以可能會被原諒」，還說沃爾特．菲奇（Walter Fitch）在胡克作品中手工上色的石版畫「毬果的陰影不夠暗，其它部分的顏色則太亮」。[*35]

到十九世紀末，千歲蘭已成為「很多園藝學、植物學甚至通俗文學關注的主題」。[*36] 然而，在一八六二年，安德森寫信給威廉．傑克森．胡克：

我一直認為您已握有其樣本，否則我早在幾年前就會寄出一份給您。當時我曾協助一位姓沃拉斯頓（Wollaston）的先生掘了幾株千歲蘭，我本以為其目的即是要呈給邱園。然我發現那些標本原來是送至開普敦的植物園，我前幾天才在該處看到這些標本被人丟棄於垃圾堆中。似乎無人注意到其存在，這讓我甚感驚訝，畢竟此物就連目光最愚鈍之人也無法無視。它是如此奇特。[*37]

千歲蘭和大王花現在仍是具有獨特生物學價值的物種，但只有千歲蘭被培植在在原生生長範圍以外的地方，列入植物收藏當中。[*38] 千歲蘭遍布於納米布沙漠，大王花巨大而惡臭，這些特點使這它們在其原生棲地中成為觀光旅遊的焦點。

植物繪師以嚴謹的態度描繪這些植物，細心地記錄他們所見的樣貌而不加入個人詮釋，也克盡己責地避免誇飾。然而，他們的插畫作品還是可能會被他人重製，打造出視覺效果強烈的寓言故事，無論那些人的選擇是出於偶然還是刻意為之。例如，多產的法國植物繪師奧古斯特．法蓋特（Auguste Faguet）使用鮑爾（Bauer）大王花插圖中的花朵和花蕾，為大王花建構出一個險惡的棲地環境，同時大幅放大花朵的尺寸，變得幾乎和人類一樣大。

大王花（*Rafflesia arnoldii*）棲息地的想像圖，可能參考了弗朗茲．鮑爾（Franz Bauer）在一八二二年的《林奈學會彙刊》中為花蕾和已綻放的花朵所繪製的插圖，他以羅伯特．布朗（Robert Brown）對該物種的描述為繪圖基礎。此圖發表於路易．菲吉耶（Louis Figuier）《植物世界》。查爾斯．拉普蘭特（Charles Laplante）的木口木刻版畫，參考了奧古斯特．法蓋特（Auguste Faguet）的插畫。

眾目睽睽之下

讓探險家驚嘆不已的植物，例如大王花和千歲蘭，相關的文字紀錄恐怕無法取信於歐洲各國的皇室，「如果沒有大量的圖畫佐證，就無法清楚呈現其樣貌。」*39 阿諾和貝恩斯的寫生草稿和畫作一開始是先發表於專業期刊上，他們會針對這些新發現的植物撰寫詳細的說明。另一種情況是，這類戲劇性的植物插畫可能會以限量發行的訂閱本刊出，著眼於「結合科學研究與非凡美感的主體，在形態或色彩上非常突出，或者有其它特點，讓這些植物顯得極具栽培價值」。*40

塔黃（*Sikkim rhubarb*）是一種巨型草本植物，「是錫金邦（Sikkim）眾多優質高山植物中最引人注目的一種……，它們向上生長至大約九十一公分高，形成極為精緻的圓錐塔狀，苞片上有著稻草色的光澤，呈現半透明的內凹形，並以瓦狀重疊的方式排列，上部邊緣呈粉紅色。」*41 其自然分布範圍橫跨喜馬拉雅山高山地帶，西起阿富汗，中間經過尼泊爾、不丹和西藏，並向東延伸至緬甸。約瑟夫．胡克在一八四七年至五一年間於喜馬拉雅山和印度探險，他曾經見過該物種，從「足足一英里的距離之外見到，地點位於錫金邦的拉亨谷（Lachen Valley），點綴在海拔約一萬四千英尺（四千三百公尺）的黑色懸崖上，難以接近」，他當時「完全無法想像那可能是什麼，直到靠近一點之後才有辦法加以檢視」。*42 從生物學角度來看，塔黃這種大黃屬植物的奇特形態源於花朵周圍的苞片，它的作用就像溫室一樣，可以保護塔黃免受極端溫度和紫外線侵害。*43

描繪塔黃最著名的插圖出版於胡克的《喜馬拉雅植物插圖》（*Illustrations of Himalayan Plants*, 1855）當中，十九世紀時歐洲各地的出版品廣泛轉載該圖。*44 有將近一千張插圖是為印度孟加拉公務部門（Bengal Civil Service）的約翰．佛格森．卡思卡特（John Ferguson Cathcart）所準備的，胡克從中挑選了二十四張，收入這本訂閱刊物當中，以對開彩色平版印刷的形式印製：*45「菲奇先生……利用我保存的標本和分析，重新繪製了所有圖版。且多數插圖的原作由一群本土藝術家完成，可以看出背後的植物學知識僵化、匱乏，而菲奇先生以他捕捉植物自然特徵的超群技藝加以修正。」*46 關於塔黃習性的附圖「取自我（胡克）為整株植物畫的素描，以一比一的原尺寸再現，尺寸為兩張對開紙的大小（即圖版面積的四倍大）」。*47

描繪塔黃、手工上色的石版畫，由沃爾特．胡德．菲奇（Walter Hood Fitch）為約瑟夫．道爾頓．胡克（Joseph Dalton Hooker）出版的《喜馬拉雅植物插圖》製作。對於這幅插圖，胡克說：「附圖取自我為整株植物畫的素描，以一比一的原尺寸再現，尺寸為兩張對開紙的大小（即圖版面積的四倍大）。」*48

W. Fitch del. et lith. Vincent Brooks Imp.

RHEUM NOBILE, H.f. & T.

胡克寫到，出版《喜馬拉雅植物插圖》一書，除了是希望「確保大家聽到卡思卡特（Cathcart）這個名字，就會聯想到印度植物學的進步」之外，也是一個推廣植物學的機會，鼓勵「他（卡思卡特）長期服務的部門裡的成員投身科學，因該部門當中的所有成員都有此能力，且在其職涯中一定都有某個時期有餘裕，讓他們能以業餘愛好者或是學生的身分，致力為某個科學部門做出貢獻」。*49 胡克和他的同事於十九世紀的英國將植物學打造成一門專業學科，在此時期，能有穩定供應的野外植物研究資料及資金至關重要。*50 這些資料可能由身分以年輕男性為主的探險家提供，這些探險家在進行其它任務的同時，會順便採集一些植物回國。植物插畫可以用來吸引這群人的注意，讓他們覺得自己也許能幸運地發現這類新奇的事物。

在北美洲，只出現在加州內華達山脈（Sierra Nevada）西部某些地區的巨型紅杉木林，是美洲原住民很早就認識的物種，而歐洲人則是一直到了十九世紀中葉才第一次見到它們。*51 一八七五年，瑪麗安．諾斯（Marianne North）在描繪紅杉時評論道：「現在全世界都知道它們有多高大了，所以我不需要再贅述。但只有親眼見過它們的人才知道，它們有著厚厚的紅色絨質樹皮，上方羽毛狀的枝葉層帶著淺綠色的陰影，底部的樹根粗腫，而且樹木總高度的三分之一以下居然都沒有樹枝。」*52

時間往回推二十二年，即一八五三年，維奇家族（Veitch's）位於艾克希特（Exeter）和雀兒喜（Chelsea）苗圃的植物採集者威廉．洛伯（William Lobb）當時已經見過這種樹木了，同時他也意識到，該樹種對他的雇主來說極具園藝栽培潛力與經濟價值。*53 同年年底前，約翰．林德利（John Lindley）已正式將這種樹命名為威靈頓巨杉（*Wellingtonia gigantea*）[1]，並聲稱「威靈頓巨杉無疑是一種全新的針葉樹種」，而且「該樹種能為大英帝國帶來多少價值絕非高估」。*54 然而，法國植物學家查爾斯．諾丹（Charles Naudin）質疑該樹種並非全新樹種：「我們憂心的是，洛伯先生口中的初現物種雖然表面上看起來新穎，但可能只是一種竄奪而來的榮耀。」*55 儘管還有爭議存在，但維奇家族很

1 譯注：學名現已更正為 Sequoiadendron giganteum，中文名則為「巨杉」。

快就利用洛伯採集來的材料和「這種奇妙之樹」的聲譽而獲利，將樹苗以每棵兩堅尼的價格售出（在二〇二二年大約相當於一百六十五英鎊）。此外，這位企業家更對描繪該樹種的版畫作品收取七先令又六便士（在二〇二二年大約相當於三十英鎊）的費用，該版畫使用的是北美藝術家約瑟夫．拉帕姆（Joseph Lapham）所繪製的原創插圖。*56 拉帕姆擁有一片壯闊的巨型紅杉樹林，他還為此蓋了一座飯店，讓後來蜂擁而至想一睹自然奇景的遊客能一飽眼福。拉帕姆的樹林現已劃入卡拉維拉斯美洲紅杉州立公園（Calaveras Big Trees State Park）當中。

一棵孤獨的樹矗立在拉帕姆畫作的中景裡，孤立於公園景觀之中。樹下可以看到步行和騎馬的人。前景環繞畫面的是一群美洲原住民，還有一對西方夫婦正在凝視眼前的景色。拉帕姆的畫作讓人能想像出這種紅杉的高大形象，也很快就被重製複印於歐洲出版品當中。例如一八五三年，比利時園藝家路易．貝諾．范胡特（Louis Benoît van Houtte）在他的園藝插畫雜誌《歐洲溫室與庭園花卉》（*Flore des serres et des jardins de l'Europe*）中，使用了藝術家路易．康士坦丁．斯圖邦（Louis-Constantin Stroobant）的彩色平版版畫摺頁廣告，將這棵樹齡高達三千歲以上的樹木直徑（三十一英尺，約九點五公尺）與高度（兩百九十英尺，約八十八公尺）按比例呈現出來，但也讓畫中樹木的外形看起來比現實中的模樣更加對稱。*57 一八五四年，以手工上色的石版畫形式出現的重製品刊登在《柯蒂斯植物學雜誌》（*Curtis's Botanical Magazine*）上，新發行的《比利時園藝評論》（*Belgique horticole*）當中也有一幅巨杉的木口木刻版畫作品。*58 一直到十多年後，還是一直有人在重製這幅插畫。*59

J. M. Lapham, ad. nat. del — *L. Stroobant, Lith. in Horto Van Houtteano.*

WELLINGTONIA GIGANTEA, Lindl.

Originaire de la Californie, découvert par Mr. Wm. LOBB, dans le comté de Calaveras, vers les sources des Rivières Stanislas et St. Antoine. Introduit en Europe par MM. James VEITCH & Fils.

L'exemplaire ici représenté mesurait, d'après Mr. Wm. LOBB, 31 pieds de diamètre à la base et 290 pieds de hauteur: son âge était évalué à 3000 ans environ.

◊左頁圖為一棵北美巨型紅杉，參考約瑟夫．拉帕姆（Joseph Lapham）繪製的原創插圖，由路易．康士坦丁．斯圖邦（Louis-Constantin Stroobant）重製，收錄於園藝雜誌《歐洲溫室與庭園花卉》（*Flore des serres et des jardins de l'Europe*）一八五三年的刊物中，用作彩色摺頁廣告使用。

一八七七年，《花園》（*The Garden*）期刊的編輯以不同的方式來展現威靈頓巨杉的高大形象。他刊出了一幅名為〈在「大樹」的樹樁上跳舞〉（*Dance on a"Big Tree"Stump*）的木版畫，裡面有五對情侶在四名觀眾的陪伴下隨著三重奏的樂聲起舞，這位編輯還評論道：

「有各種做法能重現位於加州塞拉山脈（Sierra Range）某些地點的巨大松木的尺寸，但沒有什麼做法比本周的版畫作品更能清楚說明一切了，它展現了這批松木裡最大的一棵在砍伐以後會顯現的實際情況。大家會記得，這當中有幾棵樹木的直徑接近或真的達到四十英尺（約十二公尺）那麼長。」*60

在一片森林中很難看到單棵樹木的全貌，因此很難描繪單棵樹木的形態。拉帕姆解決這個問題的方式，就是將某棵樹周圍的其他樹木移除，這就像園丁對待優型樹（*specimen tree*）的方式一樣。這棵樹將有機會充分發揮其生長潛力並自由生長，但卻會與它的原生棲地分離。那些複製拉帕姆畫作的人對樹木的棲息地似乎不感興趣，因為他們會根據自己的品味和目的，恣意修改畫作的前景與背景。諾斯參觀卡拉維拉斯樹林時，說她的「第一個觀察對象是一棵樹的巨大魂魄，它身上三分之一的樹皮被剝除，擺在水晶宮（Crystal Palace）裡。梯子還靠在它褪了色的身驅上，它在兩旁一棵棵披著紅色絨質樹皮的活樹之間，看起來格格不入。」*61 與拉帕姆哨兵般的孤樹不同，諾斯的畫作將巨大的紅杉置於其棲息地內，為這些樹林增添了幾分「自然界中的大教堂」形象。*62 雖然她目睹了巨杉及周遭樹林受到砍伐的景象，但她的評論卻著重於景觀中少了紅杉樹林的美學損失，而非現代人可能更關注的生物學關懷：「想到人類、文明人在幾年內浪擲了野人和動物幾個世紀以來都未破壞過的寶藏，實在令人心碎。」*63

圖畫與文字

事後看來，阿爾布雷希特・杜勒（Albrecht Dürer）的水彩畫《草地》（*Das große Rasenstück*, 1503）是最早具備自然主義生態關懷的植物畫作，他所描繪的是一片歐洲的草地，上面有鴨茅、草地早熟禾、蒲公英、車前草、歐蓍草等競相爭奪生存空間。杜勒的作品不僅在選題上引人關注，還迫使觀眾得要仔細審視熟悉的事物。在十九世紀之前，很少有歐洲的博物學家願意如此詳細地記錄自家門口的植物棲地環境，而景觀藝術家則將植物當作符號與工具，藉著植物來吸引觀眾目光並營造氛圍，他們也不是要記錄物種彼此之間關聯的具體細節。*64

一六三七到四四年間，荷蘭藝術家弗蘭斯・揚松・波斯特（Frans Janszoon Post）受荷屬巴西總督的委託，負責記錄殖民地的景觀。波斯特以實地寫生的素描為媒介，被譽為第一位在美洲創作風景畫的歐洲藝術家。他完成了約一百四十幅畫作，大部分是在返回荷蘭後完成的，他的作品也開創了一個市場，形塑歐洲人在十九世紀初以前對巴西風景的印象。然而，他的風景畫以及他對當地人的描繪，都是經過高度浪漫化的圖像。仙人掌和棕櫚樹很明顯是出自相同的草圖，重複出現在經過刻意安排的繪畫構圖當中，有時給人一種以熱帶元素裝飾歐洲田園風景的印象。*65

在波斯特於巴西紀錄景觀之際，荷蘭醫生威倫・皮索（Willem Piso）和德國天文學家吉奧克・馬格拉夫（Georg Markgraf）也在荷屬巴西境內各地進行熱帶醫學、自然史和製圖學研究。皮索將他們的共同研究成果發表於《巴西自然史》（*Historia naturalis brasiliae*, 1648）當中，書中附有大量的動植物木刻版畫做插圖。精美的雕刻扉頁給人一種身處熱帶天堂般豐沛的意象。兩名原住民站在一條熱帶樹木的林蔭道上，將觀者的目光集中在廊道末端有人群起舞的村莊上。在前景中，戴著花環的海神慵懶地躺在貝殼後面，他的左手肘架在一隻海龜上，右手放在一個花瓶上，瓶口溢出的是滿滿的海洋恩賜。有隻食蟻獸舔舐著蚌殼中的螞蟻，一隻樹懶爬上樹，還有一條蛇盤繞在原住民身後的棕櫚樹上。有一棵樹上結滿類似於巴西堅果的果實，並掛有所謂的猴子罐，傳統上用來誘捕猿猴。兩隻類人猿手持滿載熱帶水果的花環，裡面有無花果和腰果。海神身後是一排植物，其中包括鳳梨和巴西的主食，樹薯。一棵帶著花和果實的西番蓮纏繞在樹幹上，而女人則握著一串腰果。藝術家準確地描繪了這些植物某部分的型態，但整體來說這是他想像出來的作品，完全沒有記錄下這些植物自然生長的棲地環境面貌。這是藝術家精心堆砌的作品，一座油墨印製出來的紙花園，就像克里斯多福．斯威策（Christopher Switzer）為約翰．帕金森（John Parkinson）《園藝大要》（*Paradisi in sole*, 1629）創作的扉頁木刻版畫一樣。

巴西人工造林的森林景觀，裡面有許多動植物與人類，這是威倫．皮索（Willem Piso）和吉奧克．馬格拉夫（Georg Markgraf）《巴西自然史》一書的扉頁版畫。雖然這個場景是想像出來的畫面，但作畫者還是詳細地描繪了裡面諸多植物的細節，因此讀者可以辨識出這些物種。這幅風景畫的創作者很可能是以旅人的故事、零碎的草圖和標本為依據，進而構思出這幅作品。

巴西東北部卡廷加（Caatinga）的乾燥森林。五個可能為奴隸或僕役的男性正在照顧馱畜時，兩名歐洲人正在觀賞圖像中央的瓶子樹（*Cavanillesia arborea*）。灌木叢中的仙人掌和鳳梨科植物對多數的歐洲博物學家來說是陌生的棲地環境。卡爾·馮·馬蒂斯（Carl von Martius）《巴西植物誌》（*Flora Brasiliensis*, 1906）書中的石版畫。

◊十九世紀初靠近里約熱內盧的河川附近，在巴西大西洋沿岸森林（Atlantic Forest）當中，有一處原始林與遭砍伐後的林地交界處。畫面中展示了樹根的型態（板根），和纏繞在樹幹上的藤本植物，並刻畫出森林邊緣與開墾地之間明顯的分界。圖中還描繪了砍伐區內一棵因為過於高大而無法砍伐的樹，以及被迫移走樹木並生活在廢墟中的奴隸。卡爾．馮．馬蒂斯《巴西植物誌》裡的石版畫品。

當巴伐利亞博物學家約翰·巴普蒂斯·馮·斯皮克斯（Johann Baptist von Spix）和卡爾·弗里德里希·菲利普·馮·馬蒂斯於一八一七年抵達巴西里約熱內盧時，他們已經很熟悉皮索和馬格拉夫的研究了。他們迫不及待地想要探索周圍的森林，將他們從博物收藏中讀到的相關動植物介紹、插圖和死亡標本，放到棲地環境中理解：

「才剛離開街道和城鎮（里約）的喧囂後，我們就停了下來，彷彿著了魔，停在一片陌生而繁茂的植被之中⋯⋯周圍環繞著高聳而有空氣感的桂皮、闊葉白莖號角樹屬植物（*Cecropia*）、厚冠桃金孃、大花紫葳科植物（*Bignonia*）、醒神籐屬植物（*Paullinia*）柔美的爬藤、伸展開來的西番蓮卷鬚、盛開的小冠花屬植物（*Coronilla*），上頭則屹立著麥考巴棕櫚樹（*Macauba palm*）波浪狀的樹頂，我們想像我們自己被傳送到赫斯珀里得斯（Hesperides）的花園中⋯⋯我們終於到達了高處的露台，城市的泉水就是沿著那裡輸送出去。海灣上空的景色令人心曠神怡，碧綠的島嶼漂浮其中，港口裡桅杆林立，旗幟各異，城市在最宜人的山腳下延伸開來，房屋和尖塔在陽光下閃閃發光，一切都展現在我們眼前。我們凝視著這座偉大歐式城市的神奇景色許久，而這座城市矗立在茂密的熱帶植被中。」*66

斯皮克斯和馬蒂斯對植物的自然棲地寫下了發自肺腑的文字觀察。在馬蒂斯的後期作品中，馬蒂斯與受洪堡德作品影響的藝術家合作，創作了寫實的巴西風景圖像。此外，這些物種豐富的景觀於十九世紀發生的變化也開始被記錄下來。英國植物繪師瑪格麗特·米（Margaret Mee）擅長在巴西亞馬遜森林現場描繪當地的植物，到了二十世紀末，因為這些森林遭到破壞，她的作品也因此吸引了全球的關注。

描繪自然棲地或生長習性對藝術家來說是一項挑戰，因為做法五花八門。很少藝術家有機會到這些植物的棲地旅行，而且還能花很長的時間研究這些畫中主角。如今，世界各地自然棲地的照片舉目可見，人類對自然環境的影響也成為陳詞濫調，幾乎讓我們開始免疫，不再敬畏甚至不再對自然環境感到憂心。然而，對於不熟悉這些地區的旅客而言，那些圖像無法讓他們做好初次邂逅的心理準備，當他們在野外發現熟悉的庭園植物時，仍然會對此感到驚喜。這些地區裡的視覺、聽覺、觸覺、味覺和嗅覺刺激，都能為旅客帶來啟示。想像一下，對於過去的博物學家和藝術家來說，他們對眼前景物的期待主要來自書面和口頭記錄，以及品質參差不齊的印刷插圖，因此當時的他們若有機會，一定更能對這種啟發感同身受。然而，正如洪堡德所強調的那樣，如果我們要了解植物生長的地方，從而了解植物本身的生物學，就必須以精確的測量取代純粹的觀察，最終發展為實驗，這樣我們才能檢驗心中的想法。

EIGHT

Observe And Test

觀察與試驗

「我認為自然界中可能還有大量未被觀察到的資料，如果我們仔細研究由自然所化身的事物有何屬性，且能擺脫偏執和成見，就能獲得許多提示，讓我們知道如何改進，如此一來，對於一個不帶成見的研究者來說，真理自會閃耀發光。」
——《物理研究》（*Physical Disquisition*s, 1745）約翰・田納特（John Tennent）*1

記錄植物的多樣性，並為它們命名、分類，讓我們得以製作出一本本的物種名錄：這是以科學方法研究植物的起點。然而，若要了解植物如何演化與生活，並檢驗我們對其運作模式提出的假說，我們就必須進行實驗。

從十五世紀起，人類在自然界的種種新發現一再挑戰著古老的權威。有些人因應這種挑戰的方式是調整證據，讓證據不會牴觸原有的「正統觀念」；也有人認為自然哲學家必須有條不紊、對事物抱持懷疑態度，並願意揚棄這種權威，法蘭西斯・培根（Francis Bacon）就是其中一例。培根堅持，以實際觀察為基礎所進行的研究，需要根據具體的觀察結果來進行推理，才能得出具普遍性的可能假設。*2

對擁護「新哲學」的培根和一六六〇年創辦英國皇家學會的人士來說，實驗就是「新哲學」的核心，也是他們關注的重點。*3 而舊思想的支持者自然會因此感受到威脅，*4 例如英國牧師羅伯特・紹思（Robert

South），他於一六六七年在西敏寺（Westminster Abbey）如此宣講：

「對於所有有識之士和良善的人來說，看到一群邪惡、膚淺的憤怒之人，主張唯有抱持無神論和蔑視宗教，才能象徵機智、勇敢和真正的謹慎，這不可能不讓人感到義憤填膺……他們譴責所有古代的智慧，嘲弄所有的虔誠，可以說是重新塑造了整個世界的面貌。」*5

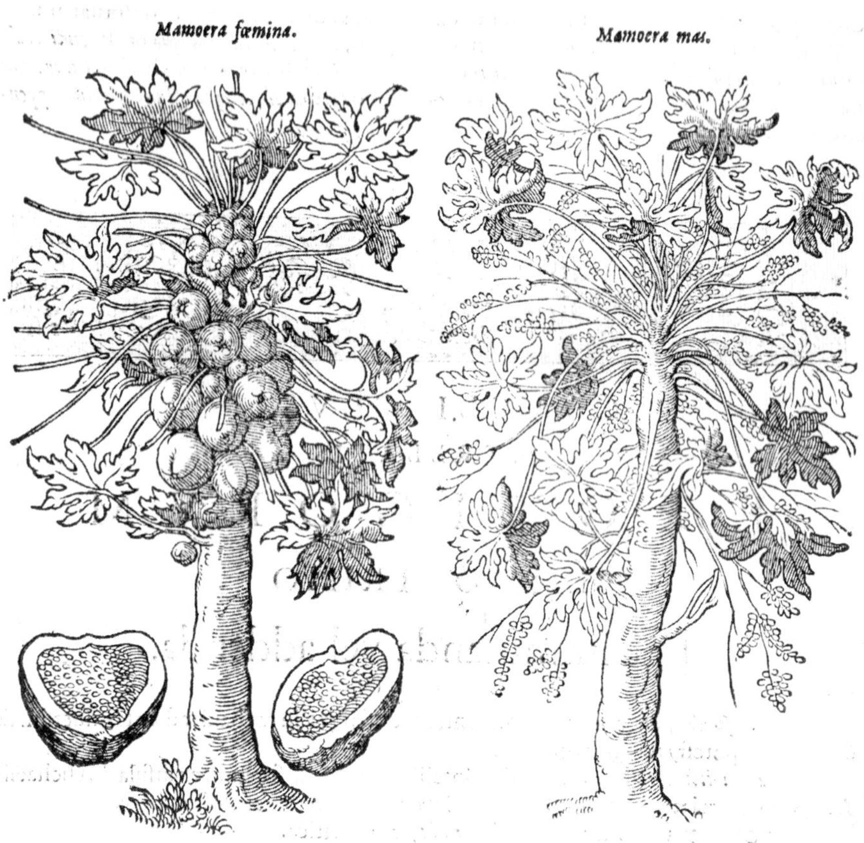

十七世紀描繪美洲熱帶果樹木瓜公株（右）與母株（左）的木刻版畫，出自夏勒．德．里克盧斯（Charles de l'Écluse）的《晚期作品》（*Curae posteriores*, 1611）。該書的繪師對野生的木瓜樹不熟悉，所以將樹幹畫得過粗，不過他有正確地指認出樹的性別。

到了二十世紀中葉，若要對以各種假說作為驅動力的科學進行客觀測試，「可證偽性」（falsifiability）的概念已然成為當時的圭臬：也就是說，某個理論會一直為人所接受，直到源於該理論的假設被推翻為止。而推翻的方式得要經過一連串交互的觀察、假設、實驗、評估和重新測試。*6 植物繪師透過準確的觀察所收集到的資料，能輔助科學假設的生成與檢驗。然而，觀察者絕不能被植物插圖的魅力所蠱惑。正如我們在第一章中提到的，丹皮爾的馬鈴薯即為一例，繪師的觀察若不精確，可能會導致滿懷期望的觀察者陷入植物學的死胡同。

認識植物性別

幾個世紀以來，植物繪師、藝術家和植物學家都一直專注於花朵形態的描繪，而沒有想到花朵與植物生殖功能的關聯。排除已知的例外情況，例如海棗，過去公認的信念是植物不會透過有性生殖（花粉在植株個體之間移動）產生種子，儘管現在看來，有性生殖的線索顯而易見。*7 例如，在十七世紀初的英國，大家只能以間接的方式認識木瓜果樹的特徵：

「這些樹木……屬於同種植物，僅性別相異。因其中一株，即公株，並不生育，只開花，不結果。但母株只結果，不開花。然它們如此相愛，且具有如下性質：若相隔遙遠，且母株周圍無公株，母株便不生育、亦不結果。」*8

此外，「這種水果含有許多大小如小豌豆的核（種子），色黑且發光，沒有約翰．梵烏弗勒能從中學習之處，被棄為無用之物。」*9 這些內容取自夏勒．德．里克盧斯（Charles de l'Écluse）的一篇記述，該記述配有木刻版畫插圖，裡面強調了雄性和雌性植株互相靠近才能產生果實的必要性，但沒有揭示出這種關係的性質。令人驚訝的是，對於傑拉德（Gerard）和里克盧斯這兩個了解實用園藝的人來說，種子的生成居然無關緊要。

一六九四年，曾於十六世紀僱用里昂哈特．福克斯（Leonhart

Fuchs）的德國圖賓根大學（University of Tübingen），該校的自然哲學教授魯道夫．雅各．卡梅拉流士（Rudolph Jacob Camerarius）曾在《論植物的性別》（De sexu plantarum epistola）中發表了實驗證據，反駁了以下的斷言：有性生殖屬於開花植物中的特例。*10 大約在同一時期，英國的尼赫麥亞．格魯（Nehemiah Grew）和湯瑪士．米林頓（Thomas Millington），提出了花粉具有雄性生殖功能的論點。此外，十八世紀初法國植物學家塞巴斯蒂安．瓦揚（Sébastien Vaillant）也支持跟植物性別有關的理論，對林奈的著作和他的性別分類系統（Sexual Classification System）產生了深遠的影響。*11 隨著該世紀的時間推進，植物學家與繪師在分類物種時往往聚焦於花朵的形態和多樣性，而他們使用的分類依據便是林奈不斷更新的分類系統。

儘管數千年來人們一直在觀察花朵周圍的昆蟲，但昆蟲對於花朵的生存扮演何種角色，大家卻沒有太大興趣，即使相關證據不斷累積依然如此。*12 十八世紀中期，擔任北美殖民地北卡羅來納州州長的蘇格蘭人亞瑟．多布斯（Arthur Dobbs）指出，蜜蜂會採集花蜜，並為植物授粉：「如果事實如此，而且我的觀察也屬實，那麼我認為上帝指派蜜蜂促進植物生長一事相當關鍵。」*13 同時，卡爾斯魯厄大學（University of Karlsruhe）自然史教授約瑟夫．高利柏．克爾路德（Joseph Gottlieb Kölreuter）做了實驗，研究植物於同物種內的交配情形，以及跨物種之間的雜交。*14 到了十九世紀，研究植物雜交的德國人卡爾．弗萊德里奇．馮．格特納（Carl Friedrich von Gärtner）整理了眾人對克爾路德研究的態度：「雜交的科學意義很少有人重視，最多僅被視為植物具有性別之分的證據而已，因此這位勤奮而觀察精確的研究者所記錄下的許多重要建議和數據，也極少為人接受。」*15

後來有人接手繼續進行克爾路德的研究，那就是德國博物學家和古典主義者克里斯汀．康拉德．施普倫格爾（Christian Konrad Sprengel）。施普倫格爾於一七九三年出版《大自然的祕密：花朵的形態和受精方式》（*Das entdeckte Geheim nis der Natur im Bau und in der Befruchtung der Blumen*），書中使用了二十五塊黑白線刻圖版，裡面收錄了四百六十一個物種共一千一百一十七幅插圖，全都是他親手繪製的。

每塊刻版上都排滿放大版的花卉、詳細解剖圖甚至昆蟲圖像，排列準則是以最有效率的方式運用空間，而不是將相似的花朵排列在一起，所以最後這些美觀、內容豐富的圖版其實很難用於比較研究上。

施普倫格爾的結論違反了當時盛行的教條，即花粉是在花朵內從花藥（公株）移動到柱頭（母株）上，也就是說，種子是由同一植株的不同部位交配產生的（自花授粉）。事後看來，他提出的證據確立了花卉生物學的基本特徵，包括花是吸引昆蟲的器官；昆蟲得到的獎勵是花蜜；且花朵結構能防止近親繁殖。*16

施普倫格爾或許希望插畫能使他的作品更具吸引力，好讓他的研究成果比他的前輩更受人關注。昆蟲學家對他的書是有些興趣，但植物學家大多會忽略這本書。*17 倫敦林奈學會創始人詹姆斯．愛德華．史密斯（James Edward Smith）是一位植物學家，他注意到這本著作的存在，但不認為有什麼重要之處。史密斯將一種澳洲特有的植物之屬名命名為 Sprengelia（譯註：澳洲東部的一種杜鵑花科開花植物。），藉此紀念施普倫格爾「針對昆蟲幫助植物受精的方式，完成了精妙的研究」。*18

正如瓦揚讓人們開始注意到卡梅拉流士的研究，也催生了林奈的植物性別分類系統，施普倫格爾和克爾路德的研究也解決了達爾文提出的問題。達爾文演化論的基礎，是天然的異花授粉方式能維持物種內的變異，而施普倫格爾的資料為達爾文的學說提供了佐證，證明不同植株個體之間可能出現異花授粉的情況。達爾文將其論點與相關插圖一起發表的《論英國和外國蘭花透過昆蟲受精的各種做法暨雜交的良好成效》（*On the Various Contrivances by Which British and Foreign Orchids Are Fertilized by Insects, and on the Good Effects of Intercrossing*, 1862）當中，他的結論是「大自然以最有力的方式告訴我們，她對永無休止的自花授粉感到厭惡。」*19 授粉研究已在科學領域獲得尊重，施普倫格爾研究的開創性也開始為人們所理解。*20 然而，達爾文雖然欣賞施普倫格爾的研究，卻沒有忽視其缺點：「真可憐！他對於通婚有何優勢毫無概念，似是認定不需解釋昆蟲為何有必要存在這一事實。」*21

◊克里斯汀．康拉德．施普倫格爾（Christian Konrad Sprengel）的《花朵的形態和受精方式》（*Das entdeckte Geheim nis der Natur im Bau und in der Befruchtung der Blumen*, 1793）書本扉頁，其邊框為花朵和昆蟲，包括雙葉蘭（第二、二十八冊）、草地鼠尾草（第十五冊）和歐洲馬兜鈴（第二十一、二十二冊）。金屬版的邊框由威爾海姆．安特（Wilhelm Arndt）雕刻，參考施普倫格爾的插圖，文字則由卡爾．傑克（Carl Jäck）銘刻而成。

達爾文的蘭花

馬達加斯加蘭花「大彗星風蘭」（Angraecum sesquipedale）是演化生物學中最著名的植物之一，因為達爾文僅根據花朵的形狀就預測出它的授粉者。一七九二年，植物學家路易－瑪麗．奧貝爾杜佩蒂特－圖阿爾（Louis-Marie Aubert du Petit-Thouars）因法國大革命而避走他鄉，前往印度洋的法屬島嶼探索，前後遊歷了馬達加斯加、模里西斯和留尼旺島。十年後，他帶著大約六百張植物插畫和數千個植物標本回到法國。他在馬達加斯加收集到的植物當中，有一種附生蘭花，它有一朵大花、白色蠟質花瓣，還有一條長形、淺綠色的花距（spur）。一八二二年，他出版了自己的線畫，並將該植物命名為大彗星風蘭，以凸顯其長達「一英尺半」（約五十公分）的花距。*22 在十九世紀中葉以前，植物學家都只能從佩蒂特－圖阿爾的插圖來了解這種外形搶眼的植物。

到了一八五五年，駐紮在馬達加斯加的英國傳教士威廉．艾力斯（William Ellis）擁有「曾到過熱帶地區的人當中，沒有人比他更熱愛自然」的名聲，他將三株活體大彗星風蘭送回他在英國的老家栽種，並引起當地蘭花種植者的轟動。*23 當其中一株蘭花在一八五七年開花時，艾力斯的妻子莎拉（Sarah）為這朵花畫了「一幅極其巧妙的素描」，並以木口木刻版畫的形式發表在《園丁紀事》（*The Gardeners' Chronicle*）上。*24

在《論英國和外國蘭花》即將出版的幾個月前，達爾文從英國蘭花愛好者詹姆斯．貝特曼（James Bateman）那裡收到了幾朵這種非常稀有的風蘭屬（Angraecum）花卉。達爾文知道蘭花花粉會被包裹成黏性的束狀構造，這種構造稱為花粉塊，它會附著在這朵花的「訪客」身上。此外，他也知道喙長的昆蟲會親近有花距的蘭花，而花距即花蜜所在的位置。他嘗試從風蘭屬花卉中去除花粉塊，但他得把一根又長又窄的管子硬塞進花距裡頭才得以成功。這些觀察使他提出了一個問題並做出了預測：

「長度如此不成比例的蜜腺（花距）……能有什麼功用？我認為，

我們往後會發現，此種植物的受精必定是憑藉喙部長度如此長的媒介昆蟲，用來觸及僅包含在下方收窄的末梢內的花蜜。然而，令人驚訝的是，竟然真的有昆蟲能夠觸及花蜜所在的位置：那就是我們英國的天蛾，它們有長度與其身體等長的管狀喙。但在馬達加斯加，我相信一定也有某些飛蛾的長型管狀喙能夠伸長，且長度介於十到十一英寸之間（兩百五十四至兩百八十公釐）。」*25

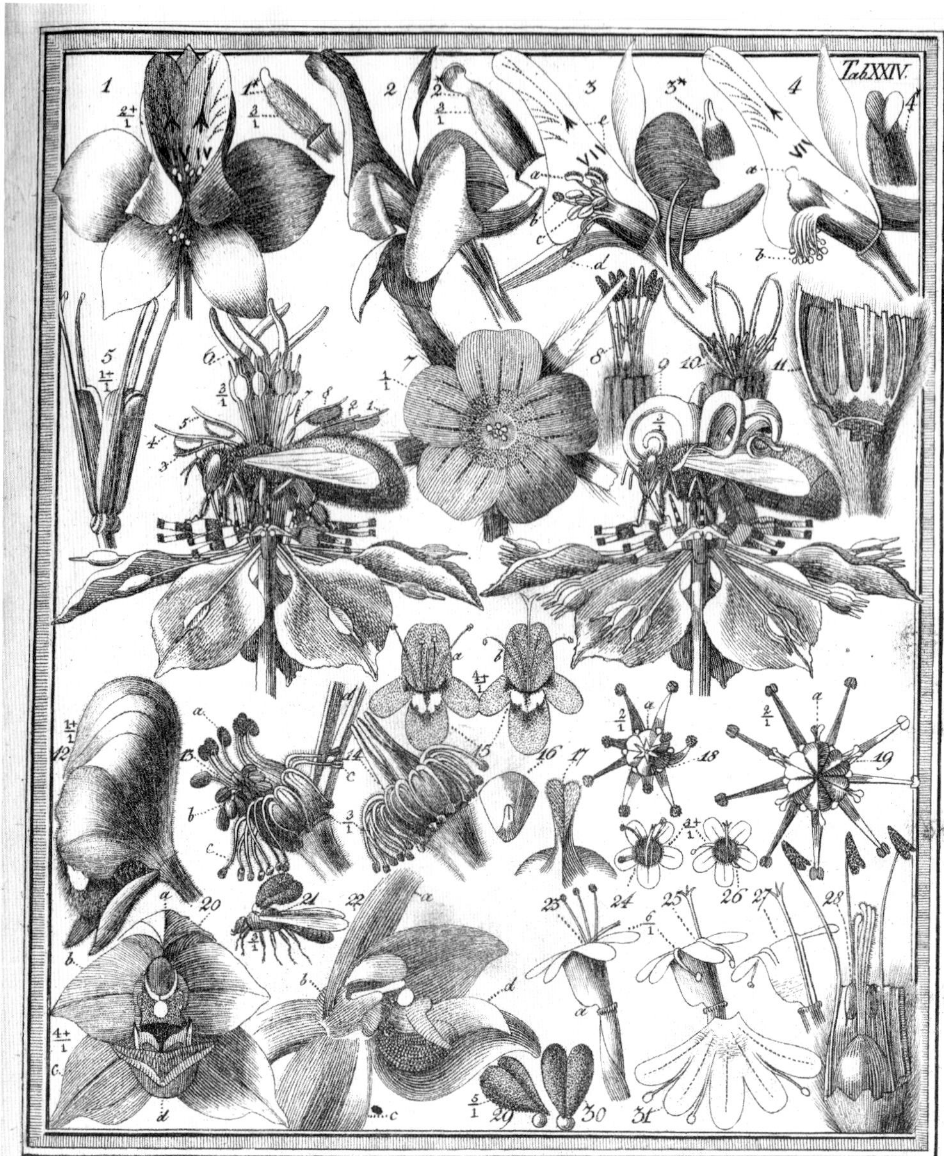

左頁圖是七種不同花卉的放大解剖圖，包括深紅色的火燒蘭（第二十、二十二冊）及其附著在授粉媒介上的花粉塊（第二十一、二十九到三十冊），來自克里斯汀．康拉德．施普倫格爾的《大自然的祕密》（*Das entdeckte Geheimnis der Natur*, 1793）。由 A 沃格穆（A. Wohlgemuth）雕版，參考施普倫格爾的原創插圖。

馬達加斯加當時還沒有發現這種有管狀喙的蛾，但達爾文預測牠一定存在。此外，他還斷言，「如果如此巨大的飛蛾在馬達加斯加滅絕，那麼大彗星風蘭一定也會滅絕。」*26

達爾文的這番評論有如火上加油，因為他在一八五九年出版的《物種源始》原本就引發了一些爭論。他來自蘇格蘭的同行喬治．坎貝爾（George Campbell），也就是第八代亞蓋爾公爵（Duke of Argyll），針對達爾文的評論撰寫了《法則的治理》（*The Reign of Law*, 1867），他不認同達爾文的蘭花假說，而是支持超自然的詮釋方式。*27 另外，奧福雷．羅素．華萊士（Alfred Russel Wallace）也在未和達爾文合作的情況下，自行提出了以天選為基礎的演化論，當時他開始為他的朋友辯護，反擊亞蓋爾公爵提出的攻擊，並尖酸刻薄地抨擊那些成日待在書房裡的博物學家們：

「這位崇高的作者為這一大群人的感受和思想發聲，這些人對一般科學的進步，特別是自然歷史的進步抱有濃厚的興趣，但自己從未詳細研究過自然，也不了解這些形態上密切相關的物種，探討它們相互之間的關係……這些知識都屬必要，如此才能、充分理解達爾文先生偉大著作中的事實和推理。」*28

事實上，華萊士對達爾文的假說深具信心，甚至在他的辯護中囊括了一幅由英國插畫家湯瑪斯．威廉．伍德（Thomas William Wood）創作的石版畫，內容是一隻假想的天蛾在馬達加斯加的某片森林中為大彗星風蘭授粉。*29 一九〇三年，有人在馬達加斯加發現一種天蛾，舌頭長達兩百二十五公釐（近九英寸），正如達爾文預言的那樣。它被正式且恰如其分地命名為長喙天蛾（*Xanthopan morganii praedicta*）[1]。*30

1 譯註：亞種名 praedicta 代表「預測」，以此紀念達爾文的預言成功。

從科學的角度而言，天蛾的發現支持了達爾文的假說，而他也如此陳述道：「在大彗星蘭的蜜腺和某些飛蛾的長喙之間，似乎存在著一場為了增加長度而進行的競賽」，這讓我們了解生物體之間會共同演化這一重要概念，理解變異（variation）和物種形成（speciation）的模式如何推進。*31 到了二十世紀已有人證實天蛾確實有為大慧星蘭授粉，這凸顯了科學方法和達爾文的演化論對於理解動植物多樣性有何等助益。*32

條條大路

隨著達爾文的思想深植人心，花朵不再只被視為用來命名和分類植物的美麗器官，而是扮演非常重要的角色，讓我們能理解開花植物的多樣性如何產生、演化並維繫下去。施普倫格爾和達爾文證明了昆蟲對於花粉傳播工作扮演關鍵角色，但還有其它東西也可以在眾植物族群（population）之間運送花粉嗎？*33 如果是這樣，那麼花朵的特徵可以用來預測這些傳粉者的身分嗎？同一種植物產生的所有花朵都相同嗎，又如果不同的話，這些不同的花朵在植株上會如何分布？遊走於實驗室和圖書館之間的研究人員，可以透過研讀精確的植物插圖，來開始探尋此類問題的答案。

一代又一代的植物繪師記錄了世界植物的多樣性，從赤道到兩極，從海底到山頂，再從沙漠到熱帶森林。因此，出於多種不同目的而記錄下植物外觀的舊圖像，在用於研究時有了新的意義，而繪師的觀察力是否精準，自然也會因此受到評判。插畫從此有了新的詮釋方式：它們變成記錄變異模式的資料，並以證據的形式受到嚴格審視，而背後的目的，是要解釋畫中所捕捉的形象為何經歷那樣的演化過程。舉例而言，可以從「花形與功能可能密切相關」的假設著手，據此來研究花卉插圖。然而，此類問題不能只依賴插圖這種質性資料，我們還需要檢視量化數據，也要進行計算與測量。

手工上色的石版畫，描繪了威廉．艾力斯（William Ellis）在英國赫特福德郡（Hertfordshire）的家中種植的大彗星風蘭（Angraecum sesquipedale）。沃爾特．胡德．菲奇（Walter Hood Fitch）為《柯蒂斯植物學雜誌》（*Curtis's Botanical Magazine,* 1859）創作的圖版，便是以這種花為主題，尺寸達「七英寸寬（十八公分），花距也有一英尺長（三十公分）」，該圖以大彗星風蘭的原尺寸呈現，並配上縮小許多的黑白素描，展現出此花在栽種地的生長樣貌。

兩種北美猴面花的手工上色雕版畫，左圖為由昆蟲授粉的麝香猴面花，花朵呈黃色；右圖為鳥類授粉的猩紅猴面花，花朵為紅色。十九世紀初，大衛．道格拉斯（David Douglas）將這兩個物種引入英國花園。威廉．傑克森．胡克評論道，猩紅色的猴面花「無疑是最美麗的花卉⋯⋯ 儘管它的美麗因猩紅色花冠裂片的下彎型態而稍有減弱。」*34 這項特徵與授粉機制有關，而胡克當時並不知道這一點。

里克盧斯的《晚期作品》（*Curae posteriores*, 1611）當中以木刻版畫所描繪的木瓜樹，以及傑拉德《植物通史》（*The Herball*, 1633）中複製的木瓜樹，兩者都具有歐洲風景中常見的樹木外觀——繪師依賴的往往是第二手的資訊。不過，他們都有將這些果樹外觀的重要特色準確地表現出來：公株木瓜樹的花朵排列在細長的莖上，母株木瓜樹的果實則是緊密叢生。到十七世紀末，親眼觀察過木瓜樹的藝術家們，在插畫中準確地描繪出木瓜樹的外觀細節，並開始加入花朵的細節。隨著知識逐漸累積，眾人也開始發現有些木瓜樹在同一個體上兼有雄花和雌花。由於這樣的個體在果實生產上較為穩定，所以現今大多數的木瓜園種植的都是這種雌雄同株的木瓜樹。

傑拉德借鑒里克盧斯的經驗，為公株和母株木瓜樹取了不同的名字：Mamoera mas 代表「雄性植物」，Mamoera foemina 代表「雌性植物」。*35 根據當今的資訊判斷，里克盧斯對木瓜樹性別的判定是正確的。然而，在公、母株植物分別有不同名稱的某些情況中，有時性別會被錯配，例如，大麻母株由於外型較粗壯，而被稱為 Cannabis mas（mas 意為雄性），而較纖弱的公株則被稱為 Cannabis foemina（foemina 意為雌性）。另外也有其它情況是，繪師精準地描繪了公株和母株植物之間的差異，但沒有給它們獨立的名稱，例如歐洲黑瀉根。

為生命加點調味

植物插畫的類型學方法著眼於花朵的特徵，因花朵可用來區分不同物種，這對於比較花卉很有用，可能可以推導出花卉生物學（floral biology）領域裡可供檢驗的假設。然而，類型學插圖淡化了同一物種在不同植株之間的差異，進而模糊了種內變異產生的較小幅度的特徵差異。此外，種內遺傳變異對於探討植物演化和育種來說也是重要的基礎資料。

我們在人類、家中寵物甚至一些其它的哺乳類動物和鳥類身上，可能都可以看出個體性，但我們往往很難辨別出植物的個體差異。然而，若仔細檢視來自不同地區的不同藝術家針對同一物種所創作的植物插圖，可能就會顯示出個體差異何在，例如外形、生長高度或毛的疏密程度等等。這些差異與繪師的個人風格無關，基因、環境或基因在特定環境中的表現方式，才是造成這類差異的可能原因。以山薺為例，它是歐亞地區十字花科植物的一員，其原生地範圍從大西洋延伸到中亞地區。這種生長於開闊地區、會在早春開花的植物，其不同植株個體之間存在很大的差異，包含它們的生長高度、葉片形狀、毛的疏密、花和果實大小等特徵，都有許多不同之處。一八六〇年代的實驗發現，將山薺栽種於同一園圃時，至少有五十三種不同的獨特特徵可以被保留下來，且在播種以後，它們產生的後代依然會保有相同特徵。*37 也就是說，這些變異具有能代代相傳的遺傳基礎。

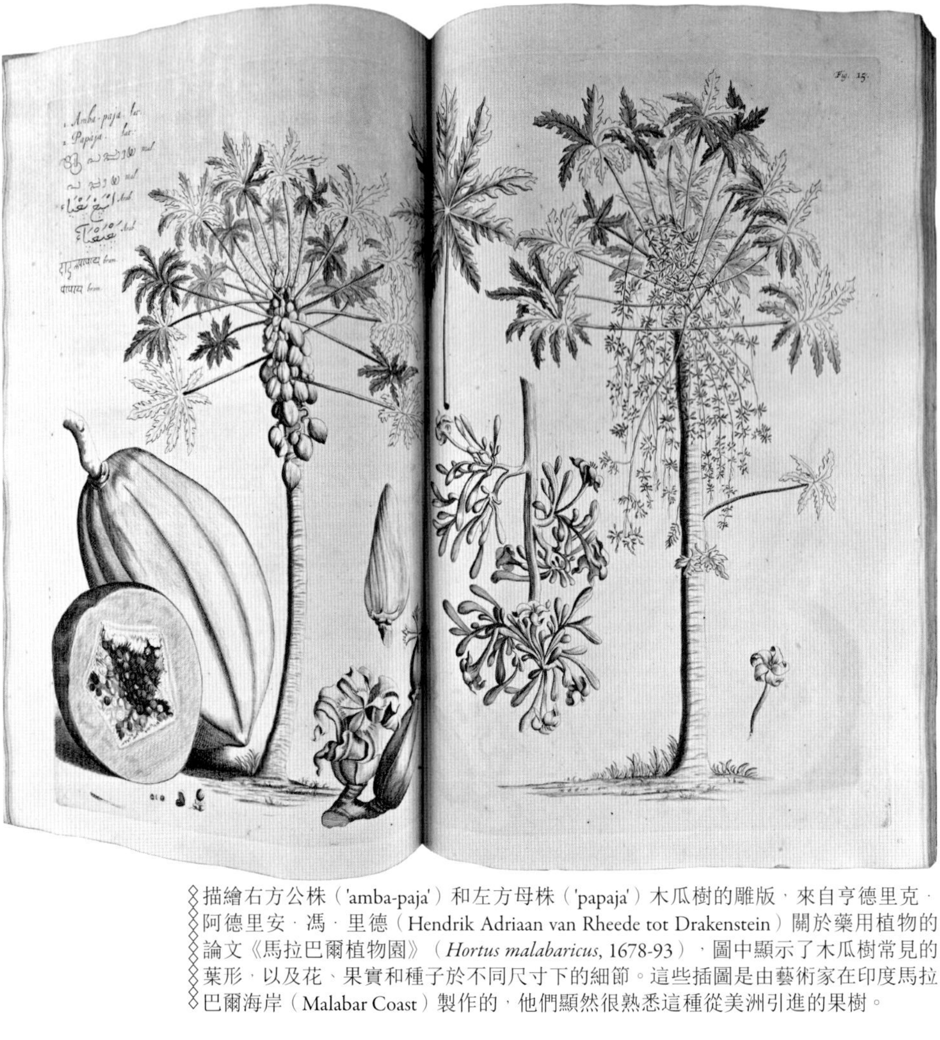

描繪右方公株（'amba-paja'）和左方母株（'papaja'）木瓜樹的雕版，來自亨德里克．阿德里安．馮．里德（Hendrik Adriaan van Rheede tot Drakenstein）關於藥用植物的論文《馬拉巴爾植物園》（*Hortus malabaricus*, 1678-93），圖中顯示了木瓜樹常見的葉形，以及花、果實和種子於不同尺寸下的細節。這些插圖是由藝術家在印度馬拉巴爾海岸（Malabar Coast）製作的，他們顯然很熟悉這種從美洲引進的果樹。

手繪的冬青銅版畫，來自菲利普．米勒（Philip Miller）的《園丁詞典中最美麗、最實用、最不常見的植物圖表》（*Figures of the Most Beautiful, Useful, and Uncommon Plants Described in the Gardeners Dictionary*, 1755-60）。理查．蘭柯克（Richard Lancake）的插圖由湯瑪斯．傑佛瑞（Thomas Jefferys）雕版，圖中有一小枝結果的枝條，上面長出的是兩性花。冬青有分公株和母株。當米勒說這些樹「若只開雄花……則不會生產水果；若開的是雌雄同體的兩性花，則會產生漿果」，當時他可能認為雌花中的退化雄蕊仍具有生殖功能。*36

葉子是植物體上變異頻發的器官之一。同一植物在不同生長階段可能會產生不同類型的葉子，稱為異形葉（heterophylly）。常春藤具裝飾性的掌狀裂葉，具有心形基部，和五個三角形的裂片，出現在沿著地面爬行或攀附於樹木和牆壁的幼莖上。當莖成熟並開花後，它們通常會開始長出具有楔形基部的，且不分裂的葉片。*38 異形葉也可能與環境有關。一如毛茛（*Ranunculus aquatilis*）這類的白花水生毛茛，它們和花毛茛（*Ranunculus acris*）這類的黃花陸生毛茛同屬，且這些水生毛茛會依據環境不同，產生二型葉：掌狀裂葉型態的水上葉，和多回絲狀分裂的沉水葉。生長於泥地和淺水的水生毛茛僅具有水上葉，來自急流或深水的品種則僅具有沉水葉，而生長於中層水的品種則可能同時具有水上葉和沉水葉。

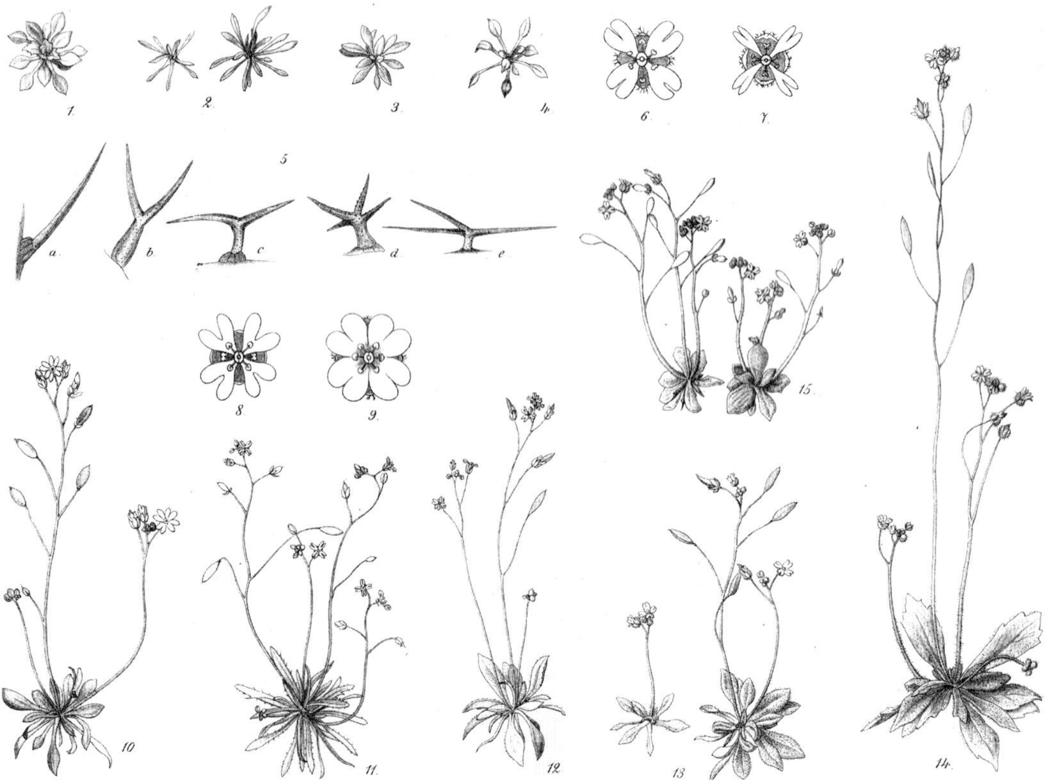

上幅石版畫顯示了山薺在其歐洲分布地帶內常見的變異特徵，包含基葉蓮座狀（編號 1-4）、毛（編號 5a-e）、花朵（編號 6-9）以及開花和結果時的習性（編號 10-15）。因為變異繁多，有些人建議應該將葶藶分成許多在形態定義上更為明確的物種。卡爾．弗萊德里奇．施密特（Carl Friedrich Schmidt）根據菲利克斯．羅森（Felix Rosen）的繪畫和照片製作了這幅版畫。

不同棲地常見的多種水生毛茛，右頁圖中可見其形態、水上葉，以及沉水葉、花與果實的變化。來自路德維希．萊興巴哈（Ludwig Reichenbach）的《德國和瑞士花卉圖像》（*Icones florae Germanicae et Helveticae*, 1838-9），此一手工上色石版畫由一位身分不詳的藝術家完成。

β. heterophyllus HOFFM.
subtruncatus.

β. heterophyllus subtruncatus pleiopetalus

β. heterophyllus HOFFM.
subpeltatus.

pantotrix Brot.
capillaceus THUIL.

terrestris
homophyllus

花店賣的尤加利葉是許多種不同澳洲桉樹的嫩枝。作為一名對澳洲東南部本土樹木多樣性感興趣的植物學家，英裔澳洲人約瑟夫·亨利·梅登（Joseph Henry Maiden）想了解樹木種群在其各個原生棲地會出現何種變異。他意識到這種變異模式不僅在植物學上讓人很感興趣，對澳洲林業從業人員來說也可能具有經濟價值。梅登最著名的作品是《新南威爾斯森林植物》（*The Forest Flora of New South Wales*, 1902-25）七冊本和的《桉樹屬批判性修訂》（*A Critical Revision of the Genus Eucalyptus*, 1903-33）八冊本。這兩套書富含插圖，畫作由英裔澳洲植物繪師瑪格麗特·莉蓮·佛洛克頓（Margaret Lilian Flockton）繪製，她是雪梨皇家植物園（Royal Botanic Gardens）聘用的第一位植物繪師，為這兩套書製作了滿版的黑白平版畫。*39 佛洛克頓在她的圖版上展示了同種與不同種的桉樹之間，其葉片、花朵和果實的多樣性。

在十九世紀的歐洲，果樹會招來藝術家，他們前去為富有的花果園主人繪圖，並製作昂貴的書籍。黑醋栗和醋栗等其它水果也成為繪本或園藝期刊的主角，例如法國博物學家克勞德－安東尼·托里（Claude-Antoine Thory）的《醋栗自然史》（*Monographie; ou, Histoire Naturelle du Genre Groseillier*, 1829）。*40 然而，大多數選擇種植醋栗的人都買不起如此奢侈的產品。到了一八三〇年代，由於醋栗果實有各種風味、成熟期和尺寸，僅在英國就有七百多個名稱各異的栽培品種。*41 此外，「這種水果的尺寸穩定增長」：野生醋栗重約八公克（三分之一盎司），但到了一七八六年，其重量翻倍成長，在一八五二年甚至有紀錄記載，有些果實重達五十八公克（二又三分之一盎司）。*42 這些轉變是受到英格蘭北部的工人階級「醋栗俱樂部」影響，他們彼此間會互相競爭。*43 俱樂部成員主要是新興工業中棉紡廠、礦場和陶器廠的工人，他們爭奪的是幾先令的獎金，或者水壺、陶器或餐具等獎品。每年的參賽者、獲勝者和獎品都會記錄在沒有附圖的《醋栗種植者名錄》（*Gooseberry Growers' Register*）當中。例如，一八五六年，有將近三百個品種、總數達七千五百顆的醋栗，在一百八十多項比賽中亮相，其中最受歡迎的品種是紅果的「倫敦」（London）。*44 到了一九二〇年代，因為北美醋栗病原體的入侵，加上第一次世界大戰對社會也造成影響，醋栗種植比賽因而停辦。

時至今日，關於十九世紀的某些醋栗及許多水果品種，我們唯一擁有的它們曾經存在過的證據，就是植物插畫。

瑪格麗特．莉蓮．佛洛克頓（Margaret Lilian Flockton）為約瑟夫．亨利．梅登（Joseph Henry Maiden）的《桉樹屬批判性修訂》（*A Critical Revision of the Genus Eucalyptus*, 1914）製作了三種不同品種桉樹的平版畫。編號一到二是澳洲東南部的桉樹，三到四是菲律賓彩虹桉；五到十三則是澳洲東部的紅桉樹。佛洛克頓複雜、極具視覺吸引力的版畫顯示出許多細微的形狀變異特徵，包含幼葉和成熟葉子、花蕾和果實等的形狀。

以細點腐蝕法和點刻雕版呈現的六個蘋果品種，包含「條紋荷蘭黃蘋果」（Striped Holland Pippin）、「金盞花蘋果」（Marygold）、「蘇倫沃斯雷內特蘋果」（Sullenworth Rennet）、「聖傑曼蘋果」（Saint Germain）、「瓦特金斯的大餃子蘋果」（Watkin's Large Dumpling）和「肯特之美蘋果」（Beauty of Kent），取自喬治．布魯克蕭（George Brookshaw）的《波摩納大英百科全書》（*Pomona Britannica*, 1804-12）。

然而，對於大多數已經滅絕且甚至沒有留下插圖紀錄的的變種，這些清單只是條列出一些令人回味的名稱，並反映出有興趣種水果的人會有哪些顧慮。時至今日，這些插圖已經變成一種時空膠囊，讓我們有機會看到曾被認為值得栽培、傳播和永垂不朽的變種。

重建稀有植物的形象

（重新）排列零散的素材，並重建出整株植物的結構，繪師只能仰賴有限證據，利用他們的知識和經驗來完成任務。熟練的繪師了解植物器官自然變異的模式和限制，器官彼此之間的關係，根據片段資訊來對整個結構的外觀做出有所本的預測。然而，有些特徵無法從殘存下來的碎片中重建——最明顯的例子就是顏色。除了植物科學之外，另一些使用碎片化資料且讓人耳熟能詳的案例，包含用陶器碎片重建邁諾安花瓶、用頭骨重建理查三世的臉，或用化石來創造恐龍的外觀和恐龍居住地的生態立體模型。在植物科學中，碎片化的資料常見於三種情況：民族植物學物件、植物標本室、化石。

自古以來，藥用植物、根系、樹皮、葉子和果實的交易及運輸從不間斷，而消費者往往對這些植物了解甚少，即使對戰略必備藥物的來源也一知半解（如奎寧樹皮）。這種情況一直持續到今天都是如此。例如，民族植物學家面對著在市場上收集來的常見藥用的植物根部，其實很難將它置入本地和全球的既有知識體系當中，無法查核其活體植物為何，也無從得知交易和種植方式。

想想有毒、營養豐富且具有藥用價值的大黃——這種來自「窩瓦河彼岸」的植物，在孩童間流傳著和屁股有關的玩笑話[2]。*45 大黃的葉

2 譯注：大黃有瀉藥功效，後文亦有提及。

子直接從土裡長出來，粗壯的粉紅色莖會用來製作甜點和釀造葡萄酒，但大片的綠葉有毒。在地底下，葉子從圍繞根莖頂部的芽中長出，具有溫和的瀉藥功效。傳統上，大黃根莖會註明出口地點並引進至歐洲，儘管所有產品最初都來自中國。從陸路運輸來看，俄羅斯大黃來自俄中邊境，而土耳其大黃則來自地中海東部；以海路運輸來看，東印度大黃來自東南亞的港口。

現代大黃的早期木刻版畫，作者將大家熟悉的乾燥植物部位與其活體植株連結在一起。左圖為約翰．傑拉德（John Gerard）《植物通史》中的木刻版畫〈大黃花開〉（*Rhabarbarum florens*, 1597），上面完全沒有任何與大黃家族相關的特徵。中圖為約翰．帕金森（John Parkinson）一《園藝大要》（*Paradisi inole*, 1629）當中的木刻版畫〈古代大黃的真實樣貌〉（*Rha verum antiquorum*），展示了該植物家族的幾個重要特徵。從生物學角度來看，其描繪的地上和地下部間的關聯性尚稱寫實，但對花朵生長的位置則以較為膚淺的方式描繪。右圖來自傑拉德一六三三年版的《植物通史》，該版本的繪師粗暴地重繪了帕金森創作的圖像，反轉原圖，還抹去了〈古代大黃的真實樣貌〉裡大部分的植物特徵，並以隱晦的方式將植株的地上與地下部位分離。

這種古老、具有重要醫學意義的植物有這麼多不同來源的資料可以參考，但當時的相關知識只圍繞著它乾燥後的地下莖，所以人們自然會想更加了解這種植物，以及如何加以栽種。此外，在歐洲種植「真正的」大黃也可以帶來鉅額的經濟回報。一五九七年，約翰・傑拉德（John Gerard）在其著作中出版了看上去像捲心菜的〈大黃花開〉（*Rhabarbarum florens*）木刻版畫。這幅開花的大黃版畫取自皮耶特羅・安德列亞・馬提奧利（Pietro Andrea Mattioli）一五六五年版的〈佩達紐斯・迪奧斯科里德斯六部著作評析〉（*Commentarii in sex libros Pedacii Dioscoridis*），但到了一六三三年，傑拉德的編輯湯瑪斯・強森（Thomas Johnson）將這張圖片誤為〈古代大黃的真實樣貌〉（*Rha verum antiquorum*）而駁回，*46 反而出版了模仿自帕金森年《園藝大要》（*Paradisi inole*, 1629）中的粗糙複製品。*47 帕金森將傑拉德 1597 年出版的《植物通史》中一幅乾燥大黃地下莖的木版畫，與一幅明顯是自然寫生的插圖共同呈現。基部的葉子、花莖上的葉子，以及根莖頂部的芽，都描繪得十分寫實，讓該植物可以歸入大黃屬（Rheum），但根和花則具有強烈的非寫實風格。然而，帕金森只為商用大黃的根莖和自家花園裡的一種植物，建立了這種視覺上的聯繫。

許多植物插圖都是參考其活體標本或素描繪製而成，但植物標本也可借用來當作描繪新物種的參考。法國植物學家奧古斯丁・法蘭索瓦・塞撒・普羅旺斯聖伊萊爾（Augustin François César Prouvençal de SaintHilaire）於一八一六至二二年間在巴西東南部和南部旅行，他收集了數以萬計的植物標本，然後將其帶回法國。*49 他的餘生都致力於這些藏品的創作上。法國植物繪師皮耶爾尚法蘭索瓦特潘（Pierre Jean François Turpin）和厄拉利德利（Eulalie Delile）使用了其中的一百九十多個標本，來為聖伊萊爾《巴西南方植物誌》（*Flora brasiliae meridionalis*, 1825-32）三冊本製作插圖，並將其轉化為精美的雕版。*50 每塊線刻版上通常都會畫出整株植物，對於較大型的植物則還會描繪其枝枒，以及花和果實等器官解剖後的細節。繪師並沒有試圖畫出植物在現實生活中的樣貌，但他們也不是只畫下植物標本而已。他們運用自己的技能和經驗，在他們認為合理的範圍內賦予圖像立體結構。研究人員曾估計，在地球上還未命名的所有開花植物當中，人類已收集了大約半數，但在世界各地的植物標本中，有的至今仍然未經命名，有的則被錯誤鑑定。*51 除非能再次在野外發現這些物種，否則科學家和他們的合作繪師將別無選擇，只能使用乾燥的標本作為參照，藉此描述和繪製這些物種的樣貌。

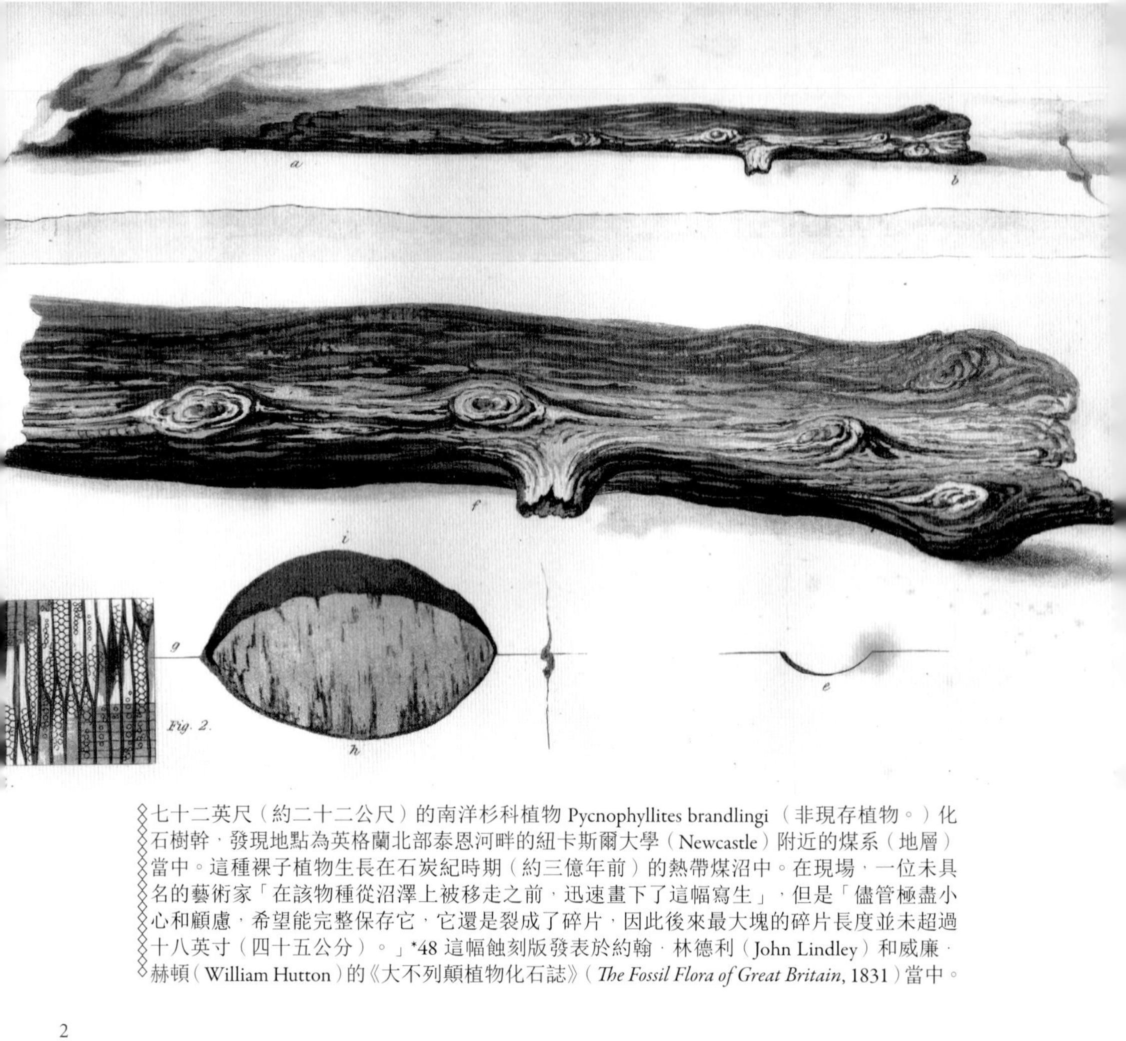

七十二英尺（約二十二公尺）的南洋杉科植物 Pycnophyllites brandlingi（非現存植物。）化石樹幹，發現地點為英格蘭北部泰恩河畔的紐卡斯爾大學（Newcastle）附近的煤系（地層）當中。這種裸子植物生長在石炭紀時期（約三億年前）的熱帶煤沼中。在現場，一位未具名的藝術家「在該物種從沼澤上被移走之前，迅速畫下了這幅寫生」，但是「儘管極盡小心和顧慮，希望能完整保存它，它還是裂成了碎片，因此後來最大塊的碎片長度並未超過十八英寸（四十五公分）。」*48 這幅蝕刻版發表於約翰．林德利（John Lindley）和威廉．赫頓（William Hutton）的《大不列顛植物化石誌》（*The Fossil Flora of Great Britain*, 1831）當中。

右頁圖為一八八八年描繪中國樹種粉團（Actinotinus sinensis）的插畫，附在相關文字說明旁邊。原始畫作及其石版畫由瑪蒂達．史密斯（Matilda Smith）在邱園完成，參考奧古斯丁．亨利（Augustine Henry）聘用的採集者在中國發現的植物標本。該插畫中並未顯示出任何東西曾經「巧妙嵌入」該標本的痕跡—丹尼爾．奧利佛（Daniel Oliver）曾因誤信假標本而命名了新物種，他將責任歸咎於標本的錯誤。

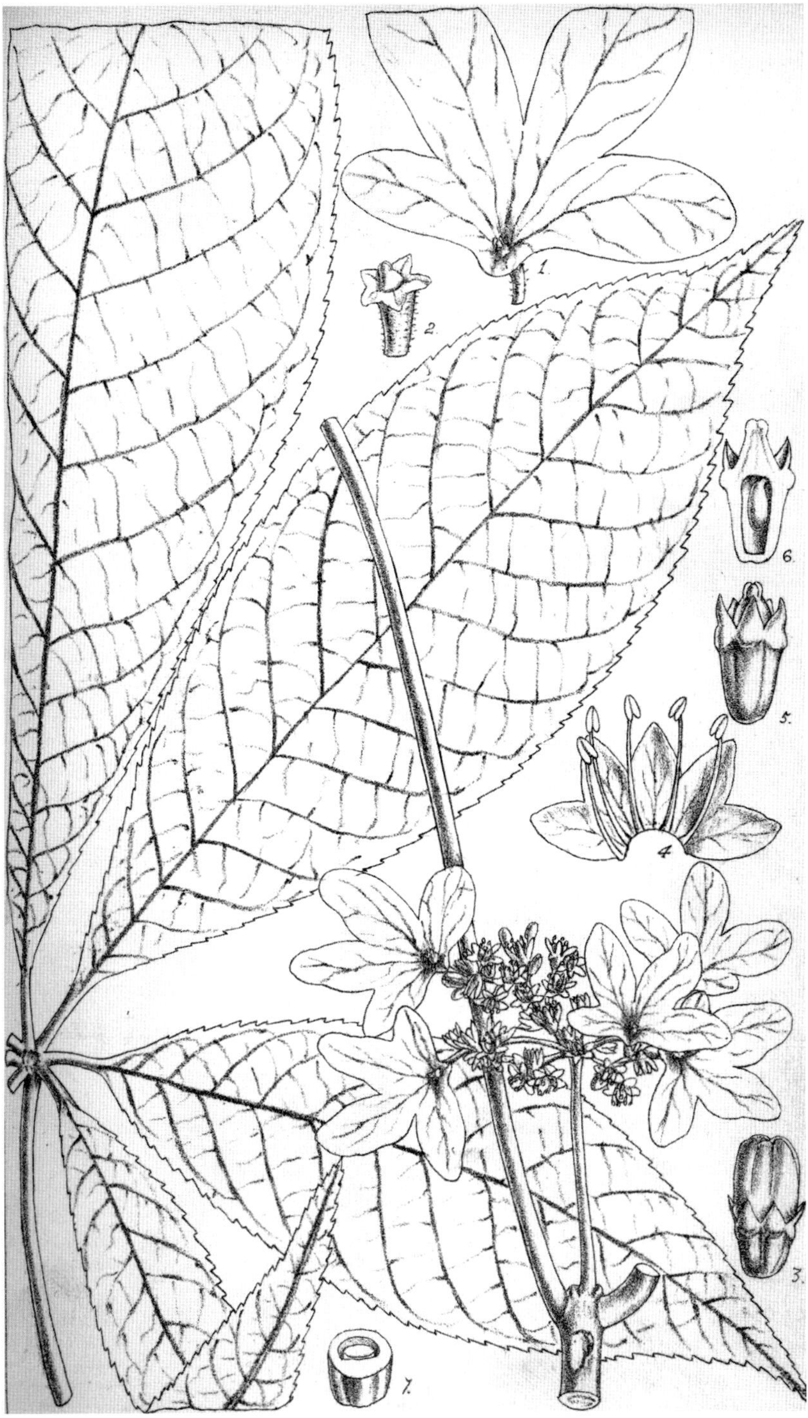
1.
2.
6.
5.
4.
3.
7.

古植物學（Palaeobotany）也就是對植物化石的研究為植物繪師帶來了一些特定的難題，例如材料片斷、破碎，且與植物標本不同的是，這些碎片之間的連結可能無法得知。*52 夾存於沉積物中的植物碎片，其根、莖、葉、花或果實最終可能會化為各自獨立的化石。英國博物學家艾德蒙．泰瑞爾．亞提斯（Edmund Tyrell Artis）受僱於威廉．溫特沃斯—菲茨威廉（William Wentworth-Fitzwilliam），即第四代菲茨威廉伯爵，他是十九世紀初英國最富有的人之一。

一八一六至二一年間，亞提斯為伯爵的約克郡礦山進行了地下勘探，並在過程中為他建立起一組私人植物化石收藏，裡面包含一千多個標本。*53 其中一些標本描繪於二十四塊黑白點刻雕版上，並刊載於他一八二五年出版、一八三八年再版的《上古植物學》（*Antediluvian Phytology*）當中。*54 這些優異的古植物插圖準確地勾勒出那些標本在被挖掘出來時的原貌，亞提斯並沒有打算重現這些植物化石原本活生生的樣貌可能為何。亞提斯是英國神學家暨地質學家威廉巴克蘭（William Buckland）的門生，他拒絕遵循當時的標準做法，並未以聖經脈絡解釋他的化石發現，因此與巴克蘭發生了爭執。*55 十九世紀中葉，亨利喬治波恩（Henry George Bohn）重新出版這些刻版，以手工上色的方式出版，這有點讓人聯想到當今流行的那種為黑白照片加上虛構色彩的趨勢。*56

重建總是伴隨著錯誤詮釋的風險。一八八八年，英國植物學家丹尼爾奧利佛（Daniel Oliver）根據愛爾蘭植物愛好者暨漢學家奧古斯丁亨利（Augustine Henry）在中國中部的湖北省採集的標本，正式將一種新的中國樹種命名為粉團（*Actinotinus sinensis*）。在英國皇家植物園邱園裡頭，繪師瑪蒂爾達史密斯（Matilda Smith）畫下了這個新物種並製作了平版畫。奧利佛自信欣喜地聲稱，「這無疑是對中國植物誌的重要補充裡最引人注目的一項，這要歸功於他（亨利）堅持不懈的精力。」*58 然而在隔年，奧利佛被迫撤回此說，因為事後證明，該標本是偽造的，是「亨利博士的一位中國採集者在戲弄我們」。它由巧妙插入七葉樹（*Aesculus sinensis*）頂芽的莢迷屬（*Viburnum*）植物的花序組成。*59 奧利佛命名新物種的決定，不能歸咎於亨利的匿名採集者。他和史密斯檢視標本時都不夠仔細，也許他們都太過相信亨利的植物學判斷、誠信和聲譽了。

科學領域的重建仰賴植物繪師的誠信和專業，但他們的知識有其侷限。重建出來的結果只是假說，可以接受討論、修改甚至摒棄。可能有時候，最初的作品是黑白的，而上了色以後，這些圖像會變得更具吸引力，讓彩色版圖像變得比原始畫作更具說服力。因此，讀者必須意識到這種重建的侷限性，要記住它們只是假設，不要被它們的視覺形象所迷惑。

掌握幾何學

落葉橡樹憑藉其粗壯的樹幹、下方的巨枝和重複出現的健壯枝條，讓人能在英國冬景中一眼就認出它來。往前近看落葉橡樹時，可以觀察到其它特徵，包含樹皮的分裂和垂直裂隙、樹枝尖端成簇生長的芽，以及芽鱗的排列方式等。春天時，隨著花蕾綻放，可以見到更多不同特徵。查看葉子的輪廓、基部、葉尖、葉緣以及它們在莖上的排列方式，便能辨識出橡樹兩側對稱的葉子。再更靠近一些，覆蓋每片葉子的表皮細胞排列得像地磚一樣。而在樹幹深處，木質細胞的排列則反映出樹木隨季節生長和老化的模式。儘管幾個世紀以來，溫度、水量、日照和疾病，以及橡樹與昆蟲之間的生物交互作用都有變動，種種事物都在樹紋上留下痕跡，但我們仍能辨識出橡樹。這些賦予橡樹「完形」（gestalt）或「活力」的圖樣可能很難用文字來表達，然而一位技巧熟練的植物繪師可能只消幾條線就能捕捉下來，就像漫畫家描繪人物時的簡筆畫法一般。

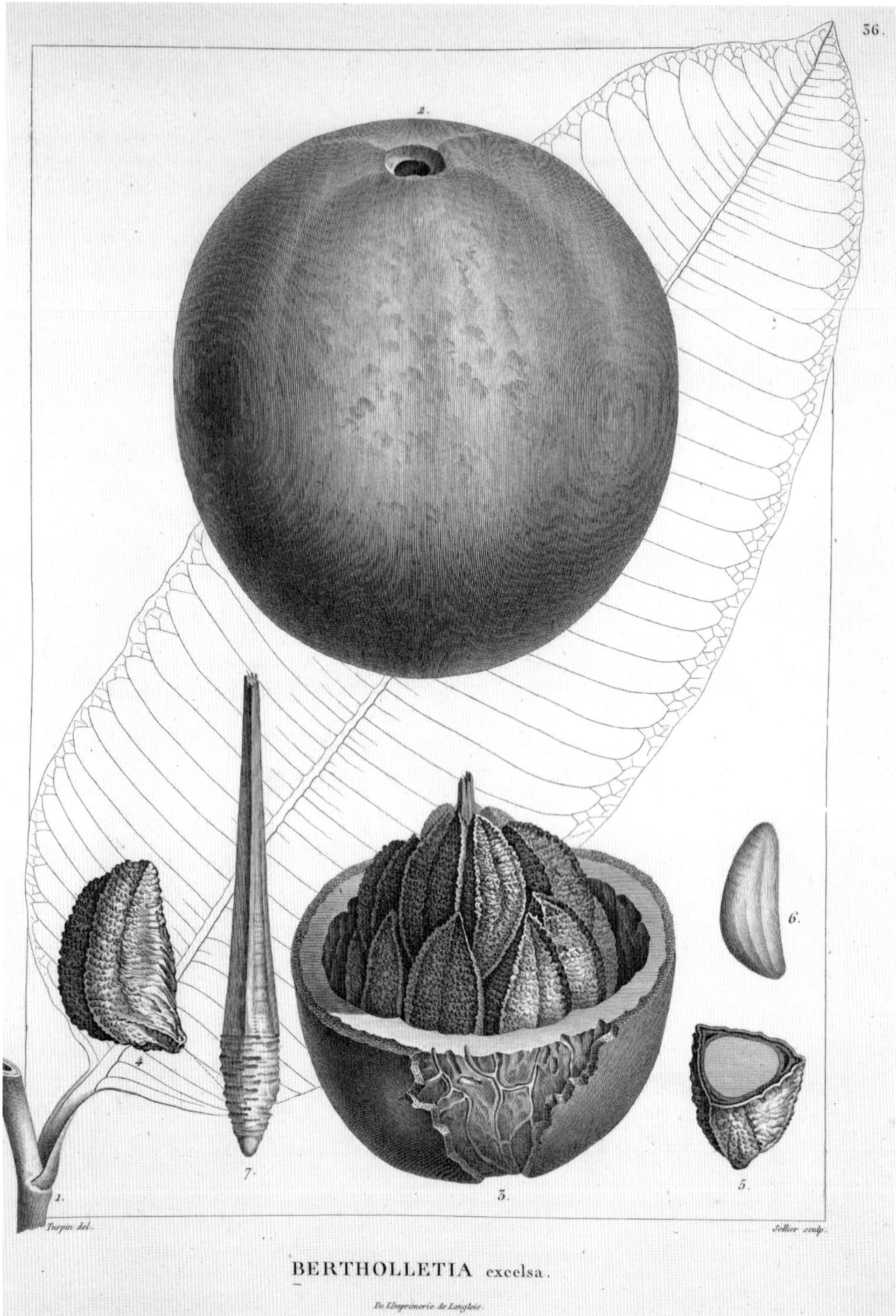

銅版雕刻的巴西栗之砲彈狀果實，看起來「像孩子的頭一樣大」，果實的背景是巴西栗的一片葉子，圖片出自亞歷山大．馮．洪堡德的《春分植物》（*Plantes équinoxiales*, 1808）。*57 這是由皮耶爾．尚．法蘭索瓦．特潘（Pierre Jean François Turpin）繪製的插圖，經法蘭索瓦—諾艾勒．賽利耶（François-Noël Sellier）雕刻，圖中展示了果實內部種子的立體排列方式。由於洪堡德沒有在現場觀察到巴西栗開花的樣子，因此沒有畫出它的花朵。

幾百年來，植物繪師一直在描繪地球上各個植物之間的異同模式，以及植物內部構造的模樣。這些圖樣啟發歌德（Goethe）寫下有關植物器官起源的文字，促使法國科學家路易－法蘭索瓦（Louis-François）和奧古斯特布拉菲（Auguste Bravais）研究起結晶學（crystallography），也讓德國藝術家卡爾．布洛斯菲爾德（Karl Blossfeldt）拍攝出宛如雕塑般的黑白植物攝影。*60 植物繪師將立體結構和各結構之間的關係轉移到平面圖紙上，這樣的轉化能力是他們的核心技能。事實上，要判斷一幅植物插圖的科學價值，以及相應得出的繪師觀察技巧與能力，其中一就是檢視繪師是否有準確描繪出植物在其棲地所展現的自然生長模式。

幾世紀以來一直備受討論的一種自然生長模式，是螺旋形或有螺旋形視覺效果的樣貌，即所謂的葉序（phyllotaxis）。*61 例如在橡樹中，大約每兩整圈的莖以內就有一個由五片葉子組成的重複螺旋；在一年生向日葵的頭部，有著順時針和逆時針交叉的小花螺旋；在雲杉的毬果和鳳梨的果實中，有三組相交的螺旋會圍繞著圓柱體。*62 這類螺旋當中，很多都以特定的數學規律作為核心原理，例如斐波那契數列關係（0、1、1、2、3、5、8、 13、21……），該數列很早就為古印度數學家所知，後來以十三世紀義大利比薩的數學家李奧納多斐波那契（Leonardo Fibonacci）為名，數列中的每個數字都是前兩個數字的加總值。此外，將此數列中的一個數字除以後面的數字，便會產生另一個數列： 1、 0.500、0.666、0.600、0.625、0.615……這個比值會收斂至稱為 phi（ ϕ ）、「黃金數」、「黃金比例」或「黃金平均值」的無理數。當眾人在人類和自然世界中尋得這個數字時，常常會衍生出錯誤的神祕聯想。以生物學角度來講，該數字代表重複出現的相鄰單元之間，最佳的間距為何。

生機論（vitalism）認為，生物與非生物受到不同原理支配，然若仔細檢視植物插畫，該理論便無法為人接受。爬梳幾世紀以來的植物插圖，便能輕易發現地球上不同的植物之間不斷出現類似的生長模式。這些自然而生且週而復始的模式，透過簡單的數學規則一再現身。科學家面臨的挑戰是在這些規則和圖像之美以外，利用物理、化學和遺傳原理來提出可供檢測的機械論假說，進而解釋這些模式如何出現在活體植物中。*63

過去兩世紀以來的植物實驗科學一直挑戰著傳統植物繪師的能耐，因為他們使用鉛筆、墨水和顏料為媒材，來紀錄靜態且宏觀的圖像。到了二十世紀，霸占野外棲地、植物標本室和實驗室的主要工具變成底片和數位攝影。在捕捉植物樣貌一途上，攝影這種「真實」且無偏頗的手法，也漸漸讓人清楚地意識到它其實涉及光影操縱、後製編輯和資料呈現等技巧——這些正是植物繪師數百年來都在運用的技能。

當今數位技術的主要用途之一，是拍攝縮時影像。達爾文晚年開始對植物的「動作」產生興趣。為了製作縮時影像，他讓助手在玻璃板上仔細追蹤葉子和莖的移動軌跡。*64 對比現今研究細胞、器官中基因結構與基因表現的細胞和發育生物學家，他們使用的是經染色的化學物質，以此追蹤細胞內特定遺傳和化學活動的運動模式。利用連接電腦的儀器所收集下來的縮時攝影圖像，能即時顯示細胞中的特定基因會在何時何地關閉，以及化合物如何在器官內部和不同器官之間運輸。傳統的植物繪師難以精準描繪這些美麗而迷人的圖像，然而，但即便到了今日，植物繪師的技能對於傳達複雜的科學思想和資訊仍然至關重要。

右頁圖為手工上色的銅版雕刻，主題為笠松的雌性毬果，及其鱗片和種子的細部放大圖。圖片來自愛默．柏克．蘭伯特（Aylmer Bourke Lambert）的《松屬植物》（*A Description of the Genus Pinus*, 1803）。費迪南．鮑爾（Ferdinand Bauer）的插圖由湯瑪斯．華納（Thomas Warner）雕版，顯示出毬果鱗片上的三種螺旋排列（順時針、逆時針和垂直）。

a
b
c
d
e
e
f
G

NINE

Sweat And Tears

汗水與淚水

「一滴一毫，積累久之，乃為學問之良師。然此途漸衰，格致之道終淪為虛言空談。時人多樂於安坐堂上，聆講而得理，不欲於四時之際，跋涉原野，探求草木之真形。」
——《博物誌》（*Natural History*, c.70 ce），老普林尼（Pliny the Elder）*1

「植物盲」（plant blindness）是一種文化或說是一種深植人心的傾向，讓人類忽視景觀中的植物，或者忽略植物在我們生活中的重要性。*2 教育可以讓我們學會欣賞植物，不過生活中充斥著和百合花、玫瑰花和向日葵等有關的陳詞濫調，可能會讓我們失去對植物的敏感度。因此，即便某些圖像從植物學的角度來看很是新穎，它們也會以市場上盛行的浮誇方式加以包裝，就像追求壯觀的軍備競賽一樣——動物學式的比較方式、最高級的說法和人類中心的形容詞都大為盛行，比如「怪異」、「怪物」或「神祕」，希望能吸引興趣缺缺又善變的觀眾目光。在十九世紀，不只一位北美植物學教師提出警告：「藝術家會搶走博物學家的光芒」，並力勸眾人視覺吸引力絕對不能蓋過正確性：「美麗的圖畫必須做到不下於那些純粹圖示的準確性。」*3

許多人不願學習植物學，因為他們認為植物學牽涉到廣泛、複雜、學究般的術語，以及一長串的植物名稱，這種成見進一步強化了不願學習的態度。但事實不見得是如此，且植物學的基本用語可能也不會比其它領域的術語更難掌握。法國哲學家、記者兼學校校長恩尼斯．貝爾索（Ernest Bersot）如此抱怨：「我曾多次嘗試想成為一名植物學家，但每次都失敗了。」*4 對他來說，原因很明確：「植物學是最多假象的科學之一。因為花很迷人，所以大家會想像植物學也很迷人，但我們很快就會清醒過來了。這是為什麼？……因為科學家一直都只為他們自己做盤算，沒有考量到我們。」*5 瑞士哲學家尚—雅克．盧梭（Jean-Jacques Rousseau）也持類似觀點：「當一個女人，或看起來像女人的男人向你詢問花園裡某種植物或花卉的名稱，你卻只能用一長串拉丁文來回答對方，沒有什麼比這件事更迂腐或荒謬了……光是這樣就足以設下門檻，讓那些淺薄之徒卻步。」*6 然而，植物學教育多半既不仰賴文字，也非屬正式教育之列，而是以視覺為主的非正式教育——大家會談論植物、觀察和種植活體植物，或者研究並製作準確的植物圖像。

植物教育中的圖像，能鼓勵學生學習如何觀察、解讀植物結構並培養批判性。更廣義地說，圖像也是展現植物學學識的方式之一。十八世紀的大學教師會在一小群又一小群的學生之間，傳閱植物插畫的原作或出版品，特別是遇到不適合種在溫室內的異國植物，或者在教學季節以外才會開花的植物，此時教師們更會選擇以圖畫來教學。自十九世紀初開始，低價、快速的圖像複製過程使渴望獲得植物學資訊的讀者能有機會接觸到植物插圖。十九世紀末，照片取代了木刻版畫，是流行刊物製作低價插圖的首選。此外，隨著植物學知識的受眾擴大，公共講堂也成為娛樂，商業掛畫、模型和幻燈片開始為教師和出版商開闢了許多供教學使用的新途徑。然而，在正式的實務教學和田野研究上，教師們仍然鼓勵學生採用植物插畫的原則來記錄觀察結果，這種教育理念是要透過實際的繪圖訓練，搭配開放的思維，從而督促學生注意細節、解讀觀察結果，還有最重要的——提出問題。

右頁圖為費迪南．鮑爾（Ferdinand Bauer）的歐洲橄欖水彩畫，這可能是約翰．西伯索普（John Sibthorp）在一七八〇年代末於牛津大學進行植物學講座時使用的水彩畫：「我們的橄欖樹雖然會開花，但很少結果，為了讓你們有更完整的認識，我要展示它們的果實給你們看。」*7 這是於牛津創作的水彩畫，以鮑爾和西伯索普在地中海東部繪製的鉛筆素描為基礎，兩人在一七八六至八七年間前往該地旅行。

王公貴族的會客室

邁入十九世紀之際，啟蒙運動中流傳的思想被轉化為具體的消費品，形塑了當時英國的知識和經濟生活。此外，十八世紀最後二十五年發生了一連串的革命，但革命造成的後果也被拿破崙對歐洲大陸的野心所掩蓋，並未受到注意。

在這樣的背景下，一位財富自由的英國人羅伯特．約翰．桉爾頓（Robert John Thornton），人稱「植物學和醫學領域的江湖庸醫」，逐漸認為他的祖國正在歐洲列強中失去植物學領域的威望。*9 他是英國林奈植物學先驅湯瑪斯．馬丁（Thomas Martyn）的門生，並在劍橋大學培養出對藥用植物學的興趣。*10 然而，林奈將上帝的造物排列成「存在之鏈」的概念也迎合了桉爾頓的政治觀點，以及他對「人類在自然世界中的地位」所懷抱的信念。

桉爾頓構思了一套分冊出版的大型叢書，使用了七十塊圖版，意圖解釋林奈的分類系統，重建英國植物學的霸主地位，並將植物繪師的技能保留下來。他的《卡爾．馮．林奈的性別系統新插圖》（*A New Illustration of the Sexual System of Carolus von Linnaeus*）套書於一七九九年開始印製成書，最後一部《花之殿堂》（*The Temple of Flora*）於 一八〇七年出版。桉爾頓的願望是在「國家植物學著作」當中，「將正確的植物學知識，與畫作般的示意圖結合在一起」。*11 儘管桉爾頓聲稱每個人都應該學習植物學，但他的著作並不是針對「包心菜農所寫，他的目標讀者是最上層那些⋯⋯喜愛花園並追求完美藝術品的人士」。*12

右頁圖為手工上色的教學用版畫，描繪花卉的解剖圖，圖中包含睡菜（上圖）和紅莓苔子的花粉粒，來自奧古斯特．巴奇（August Batsch）的《花卉解析》（*Analyses florum*, 1790）。這是巴奇自己創作的插圖，由德國繪師約翰．史蒂芬．卡皮歐克斯（Johann Stephan Capieux）進行雕版。

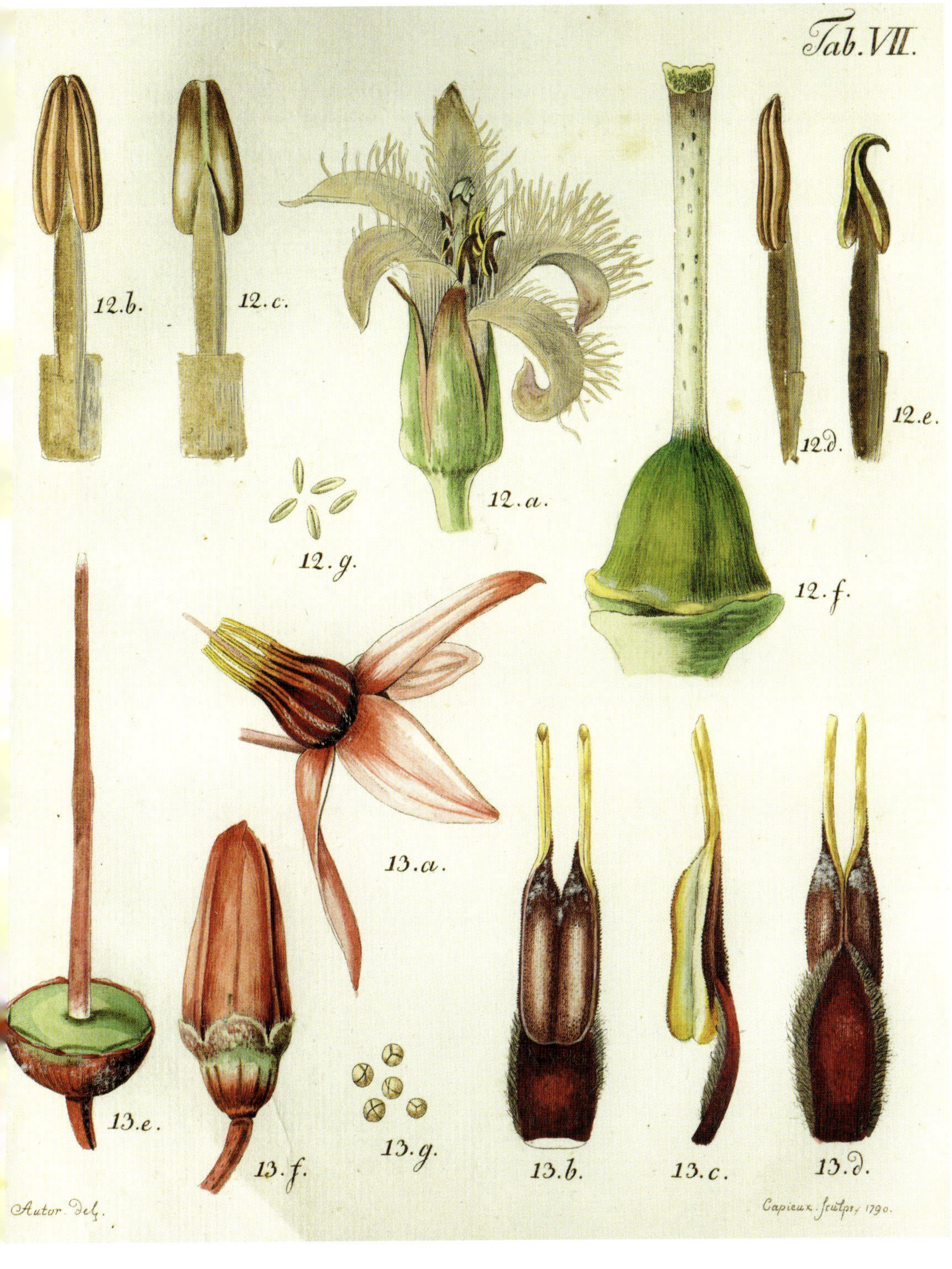
Tab. VII.
12.b.
12.c.
12.a.
12.d.
12.e.
12.g.
12.f.
13.a.
13.e.
13.f.
13.g.
13.b.
13.c.
13.d.
Autor. del.
Capieux. sculps. 1790.

Engraved, Printed and Published by W. & A.K. Johnston, Edinburgh.

右頁圖中這本植物學教學手冊是丹尼爾．瑪爾潘（Daniel M'Alpine）的《植物圖集》（*The Botanical Atlas*, 1883），內容是為了大學生所設計，書中展示了報春花、各種杜鵑花和樅枝歐石南的結構，並且「在附圖中提供了完整的說明，讓他們能正確地觀察植物。」*8 報春花的種群中有兩種不同形的花朵，此現象由爾斯．達爾文（Charles Darwin）發表於《同種植物上不同形的花朵》（*The Different Forms of Flowers on Plants of the Same Species*, 1877）中，當時引發了眾人關注。才過短短六年，《植物圖集》便在書中清楚地呈現出報春花種群中的此番現象。

《花之殿堂》的每個部分都包含彩色、風景畫般的插圖，且有相關的印刷活字作輔助說明。讀者一眼就能認出《花之殿堂》使用的版畫。它們以虛構的風景襯托主體，搭配大膽且通常都很華麗的植物畫像，並以略似從下方仰望的角度描繪——就像在觀賞掛在牆上的肖像畫一樣。廣告中以梭爾頓特有的誇張手法強調「所有英國最傑出的藝術家」都參與了這套作品的創作。*13 一眾雕版師分別採用了不同的技法，包括美柔汀法、點刻法和細點腐蝕法，他們都是該項工藝的佼佼者，但梭爾頓雇用的五名植物繪師，除了席登漢．蒂斯特．愛德華茲（Sydenham Teast Edwards）之外，基本上都未以植物畫而聞名。梭爾頓最喜歡的藝術家是肖像、動物及風景畫家菲利普．萊納格（Philip Reinagle），以及曾撰寫一部關於花卉繪畫的小型著作的彼得．查爾斯．亨德森（Peter Charles Henderson）。*14 受聘於梭爾頓的藝術家所使用的樣本，可能是倫敦附近的花園裡種植的活體植物。此外，由於《花之殿堂》印版的印刷和著色歷時近十年，所以每個複印本的內容可能都不盡相同。

梭爾頓的夢想規模，大過於他錢包的深度。一八一一到一三年間，他做了不明智的判斷，試圖要籌集資金以繼續他的計劃，而他的決定便是經營一套經英國議會授權的「皇家植物彩券」（Royal Botanical Lottery）。他發行了兩萬張票面價值兩幾尼（在二〇二二年約相當於九十英鎊）的彩券，獎品是與該專案相關的所有原作素材，包括原作油畫和印刷用的刻版。然而梭爾頓的賭注失敗了，他失去了所有用來打造《花之殿堂》的素材，也用盡他剩餘的財產——他玩完了。他將自己的困境歸咎於被戰爭拖垮的英國經濟，但他沒有意識到的是，藝術品味和植物科學正在改變，而且當時的人也認為他沒有能力履行他誇口的承諾。*15

這是「朱纓花」，屬於豆科美洲合歡屬（*Calliandra*），廣泛分布於墨西哥熱帶地區，並往南延伸至瓜地馬拉和宏都拉斯。這些花可能是由蝙蝠授粉（雖然畫作暗示有鳥類參與其中），在傍晚時分綻放。這幅作品可能是該物種首次印刷出版的彩色插圖。使用細點腐蝕法、點刻法和線雕法，由約瑟夫．康士坦丁．施泰德（Joseph Constantine Stadler）於一七九九年十二月一日發表，並參考菲利普．萊納格（Philip Reinagle）的油畫原作，出版於羅伯特．約翰．梭爾頓（Robert John Thornton）的《花之殿堂》（*The Temple of Flora*, 1807）。

梭爾頓的作品在他在世時已引起激烈批判。一位評論家寫道：「梭爾頓醫師正在繼續進行他『偉大的國家計畫』，這是他自大的說詞……十七批印刷本已經擺在眾人面前，但據信大家其實大失所望。這本書顯然不是為普通讀者製作的，它是為王公貴族的招待所與會客室而設計的。」*16 另一位評論家則強調：

「大家的耐心很快就會耗盡。至於我們自己，我們已經一滴耐心都不剩了。從來沒有如此華麗的承諾，兌現得如此微薄……事實上，他的作品只不過是『由碎片和補丁』組成，用粗糙的包裝線笨拙地縫合在一起。這不是什麼國家榮譽，反而可以理所當然地被視為國家之恥。」*17

事後看來，《花之殿堂》既不是科學著作，也不是教育用書——它只是用來炫耀的工具。梭爾頓對植物的特殊選擇，在林奈的系統中不具代表性，而且在「（十九世紀初的）此刻，該系統在科學界已無立足之地，只能列入那些過氣事物的紀錄中。」*18 梭爾頓在風景中插入植物圖像，這種做法有時可解讀成要呈現物種生活的生態環境，呼應了亞歷山大．馮．洪堡德（Alexander von Humboldt）發展出的概念，但更為貼切的說法是，梭爾頓的手法意在喚起觀眾對這些植物的特定情感——這些情感也體現在他華麗曲折的文字中。*19 因此，這些畫作缺乏客觀性，也達不到十九世紀初自然史插圖的高標準，那個時期多的是傑出的植物繪師。*20 此外，《花之殿堂》也未能傳授林奈的植物學見解，不僅花朵的重要部分被遮擋住，而且也無法吸引廣泛的讀者群，因為學生和老師的口袋沒那麼深。*21

《花之殿堂》在啟蒙時期的植物學領域裡是一個奇異的死胡同。然而，儘管文字平淡無奇，這些畫作在二十世紀中葉卻勾起了大眾的興趣，原始印版也在當今的拍賣會上拍出了極高的價格。*22 某位評論人成功預言了後世對原作的想法：「這些圖版的製作精美細緻，將使梭爾頓博士的虛榮和無能流傳不朽。」*23

視而不見

梭爾頓的作品雖然沒什麼人能讀到，但卻展示出一位作家和一群繪師如何使用植物圖像來操縱他們想傳達的資訊。然而，在教育場合中使用植物插畫的標準，是繪師要有能力以公正的方式觀看，並且準確記錄他所觀察到的事物。受到圖像吸引進而關注某個主題的廣大公眾，就像持懷疑態度的科學家一樣，他們必須確信繪師是可靠的見證人，且能準確地繪製圖像。當威廉．伯切爾（William Burchell）出版他在十九世紀初的南非旅行見聞時，他煞費苦心地強調「這些圖畫都未經他人之手……才能讓插圖更為準確，筆者在（木）版本體上直接繪製所有的圖案……懂得欣賞藝術的人，定會佩服雕版師的細心和專業能力。」[*24] 戴霍爾（Deyrolle）是巴黎自然史領域的經銷商，創辦人的孫子艾米爾．戴霍爾（Émile Deyrolle）簡潔地指出：「用眼睛看的教育方式最不耗費腦力，但只有在這些要銘刻於孩子腦中的想法嚴謹精確時，才能得到良好的教育效果。」[*25] 此外，植物插畫的讀者也該學會「怎麼看」，而不是被圖片的魅力所迷惑。

若要訓練觀察的眼力，十九世紀的英國植物學家暨科學推廣者菲比．蘭克斯特（Phoebe Lankester）強調了長期專注「觀看」的好處：「博物學家埋首於這個美麗世界的奇妙和珍稀事物，他的眼睛變得敏銳也善於觀察，他憑藉的是持之以恆的習慣，所以一眼就能看出花朵各部分的排列方式為何。」[*26] 從前此後，植物學的教育者都不斷重提戴霍爾和蘭克斯特兩人觀點中的重要內涵：圖畫可創造「清晰而銳利的觀點」，消除「鬆散、模糊不清的概念」。[*27]

一七七一至七四年間，盧梭和他的表妹瑪德琳—凱瑟琳．德勒塞爾（Madeleine-Catherine Delessert）與外甥女瑪德瓏（Madelon）在一系列來往的書信中談到植物學。[*28] 盧梭強調，「在讓他們說出他們看到的東西如何稱呼之前（根據林奈的原則稱之），我們得先教他們如何觀看。」[*29] 加拿大生物學家威廉．法蘭西斯．葛農（William Francis Ganong）在史密斯學院（Smith College）擔任植物學教授，那是一所位於麻薩諸塞州的女子通識學院，在他為期三十六年的職涯初期，他認為：

「繪畫能力……是學生科學教育中的重要元素。然而，要徹底發揮繪畫的價值，重點不在於製作出具有正確透視、完稿精美的圖畫，而是要能以圖解的方式，讓觀者能正確地理解主體的真正結構。」*30

維吉尼亞的北美金縷梅，出自查爾斯．斯普拉格．薩金特（Charles Sprague Sargent）的《北美森林》（*The Silva of North America*, 1893）。以長滿葉片的嫩枝為背景，前方則是帶著花朵的小段枝條，還有前一年成熟的果實。圍繞主體的是花朵和果實的解剖圖和放大的細部圖，以及顯示花朵各部分相對位置的剖面圖。這幅黑白雕版畫由菲力柏特．皮卡特（Philibert Picart）和尤金．皮卡特（Eugène Picart）共同完成，由法國插畫家奧福雷．里奧克勒（Alfred Riocreux）在巴黎監製，以美國植物繪師查爾斯．愛德華．法松（Charles Edward Faxon）的鉛筆畫為基礎。

此外，葛農說「繪畫行為本身就會讓大眾注意到原本受人忽視的特徵。」*31 葛農闡述了教師們熟悉的顧慮：「聰明的學生可能只需透過口頭回答，就能給人一種『他已經完整觀察過某個物體』的印象。」*32

葛農建議在第一堂課中，要先強迫學生學習觀看的科學，「給他們一個合適的觀察物，並告訴他們要先仔細研究它，接著再畫下來，且這個階段先不提供學生任何幫助」，這時「大多數的學生……會絕望地回答說他們不會畫畫」。*33 他不情願地承認，「和完全不畫任何圖畫相比，從好的來源臨摹圖畫，反而能創造比較好的圖像記錄。」*34 葛農推薦的臨摹標的之一，是查爾斯．斯普拉格．薩金特（Charles Sprague Sargent）成書的十四冊對開本《北美森林》（*The Silva of North America*, 1891-1902），他推薦書中的黑白插圖，其繪師查爾斯．愛德華．法松（Charles Edward Faxon）和雕版師們的技術都極為精湛，讓每幅美觀、寫實的植物畫都成功捕捉了植物在現實中給人的「感覺」。此外，如果更仔細地觀察這些影像，一層層的細節便會浮現。若拿來與活體樣本或保存下來的標本相比，便可看到相似的細節，這表示藝術家、雕版師和作者之間合作無間。

文字和圖片

林奈的《植物哲學》（*Philosophia botanica*, 1751）中闡述了他的植物學法則，聲稱分類和命名法是植物學的基礎，「知道這件事的人就是植物學家，其他人都不是」——在他的分類系統淪為過時工具的許久以後，這番話仍是植物學界的基調。*35 然而，縱觀今日已重製的植物歷史插圖數量，便會得到這樣的印象：植物學與圖像研究綁在一起。不過，如果研究當時的植物學書籍，就會發現一個比較不明確的結論，那就是圖像其實是雙面刃。圖像可能可以引發關注，但也可能會因為不夠嚴謹與客觀而受到排除。*36

林奈與植物圖畫的關係，也反映出這種矛盾的心理。他十分欣賞德國植物繪師喬治．迪厄尼修斯．艾雷特（Georg Dionysius Ehret）的作品。艾雷特為林奈的《克里福莊園》（*Hortus Clifortianus*, 1737）繪製插圖時，年約三十多歲，該書描繪的植物來自哈特坎普莊園（Hartecamp），主人是阿姆斯特丹銀行家兼荷蘭東印度公司董事喬治．克里福（George Clifford）。林奈希望植物學家學習的是物種的典型特徵，而不是那些因自然變異或人為選擇而顯現的特徵。*37 因此，在這種所謂的類型學方法中，他認為專業度高的術語最適合用來描述典型特徵，量尺和鉛筆只有謹慎使用時才能輔助。*38

富貴草（Richweed）是唇形科的成員，圖片取自林奈的《克里福莊園》（*Hortus Clifortianus*, 1737）。黑白版畫由荷蘭雕版師揚．旺德拉爾（Jan Wandelaar）完成，參考喬治．迪厄尼修斯．艾雷特（Georg Dionysius Ehret）的插圖，並按照林奈的法則排版，即「所有部分都應以其自然位置和大小來記錄之，果實中最微小的部分亦同。」*39

英國園藝和植物學作家珍．威爾斯．韋伯．勞登（Jane Wells Webb Loudon）在《給女士的植物學》（*Botany for Ladies*, 1842）引言裡，再次提及學習林奈植物學時常見的怨言：

「除了（約翰）林德利先生的《女士植物學》（*Ladies' Botany*）以外，*40 它們對我來說都是闔上的書。且即便如此，對於我欲得知的內容，該書提供的說明遠遠不足，雖然其中也包含了許多我無法理解的內容。對於那些知識隨著年齡增長、也隨著力量一起提升的男士來說，他們很難想像初學者的無知困境，所以連他們的初級書目也像用拉丁文寫的古老伊頓文法書一樣，需要一位大師來解釋才能理解。」*41

勞登書中的插畫是彩色金屬雕版畫，由威廉．瓦特（William Watts）完成，參考莎拉．安妮．德雷克（Sarah Anne Drake）的插圖，而德雷克與約翰．林德利有諸多合作。諷刺的是，很多人認為林德利也是重新定義十九世紀初植物學知識焦點的人，這些人的目的就是要將女性刻意排除在外。*42

湯瑪斯．馬丁（Thomas Martyn）在介紹他於十八世紀末翻譯的盧梭植物學書信時，強調了在面對冗長的植物學文字時，圖像作為教學輔助工具的價值：「好的圖畫或植物圖示也將提供相當大的幫助……確實不缺這類工具，但不幸的是，這些書非常昂貴，除了富人之外，其他人都負擔不起。」*43

馬丁眼中「富人」的讀物清單，看起來就像不對外開放的植物學圖書館的書目，其中包括了以下書籍：巴西里烏斯．貝斯勒（Basilius Besler）的《伊斯特特尼斯花園》（*Hortus Eystettenis*, 1613）、湯瑪斯的父親約翰．馬丁（John Martyn）的《稀有植物史》（*Historia plantarum rariorum*, 1728-37）、馬克．蓋茨比（Mark Catesby）的《卡羅萊納、佛羅里達和巴哈馬群島的自然歷史》（*Natural History of Carolina, Florida and the Bahama Islands*, 1729-47）、伊麗莎白．布萊克威爾（Elizabeth Blackwell）的《奇趣藥草》（*A Curious Herbal*, 1737-9）*46、艾雷特（Ehret）的《稀有植物與蝴蝶》（*Plantae et papiliones rariores*, 1748-59）、傑奧格．

歐德（Georg Oeder）的《丹麥植物誌》（*Flora Danica*, 1761-1883）和尼古拉斯．約瑟夫．馮．雅金（Nikolaus Joseph von Jacquin）的《奧地利植物誌》（*Flora Austriacae*, 1773-8）。若退而求其次，「對於那些無法取得較為精彩的作品、居住地離公共圖書館很遠的人」，馬丁推薦了以下書目的插圖：約翰．傑拉德（John Gerard）的《植物通史》（*The Herball*, 1633）和羅伯特．莫里森（Robert Morison）的《牛津植物通史》（*Plantarum historiae universalis oxoniensis*, 1680, 1699）。*47 然而，馬丁出版的《植物學語彙》（*The Language of Botany*, 1793），是一本針對學生和受過正規訓練的植物學家所寫的植物學之術語集，在該書中並未放入任何圖像來輔助他的讀者。*48 在經過逾一世紀以後，劍橋大學另一位植物學教授約翰．史帝文斯．亨斯洛（John Stevens Henslow）出版了《植物用語詞典》（*A Dictionary of Botanical Terms*, 1857）。亨斯洛是達爾文的導師，他喜好「植物學中的硬性詞彙」一事眾所周知，其著作正如扉頁所宣稱的那樣，包含了「近兩百幅（木刻）版畫」，圖像「雖然很小……但是通常足以傳達必要的訊息」，該書的目的是要說明三千多個植物學術語的定義。*49

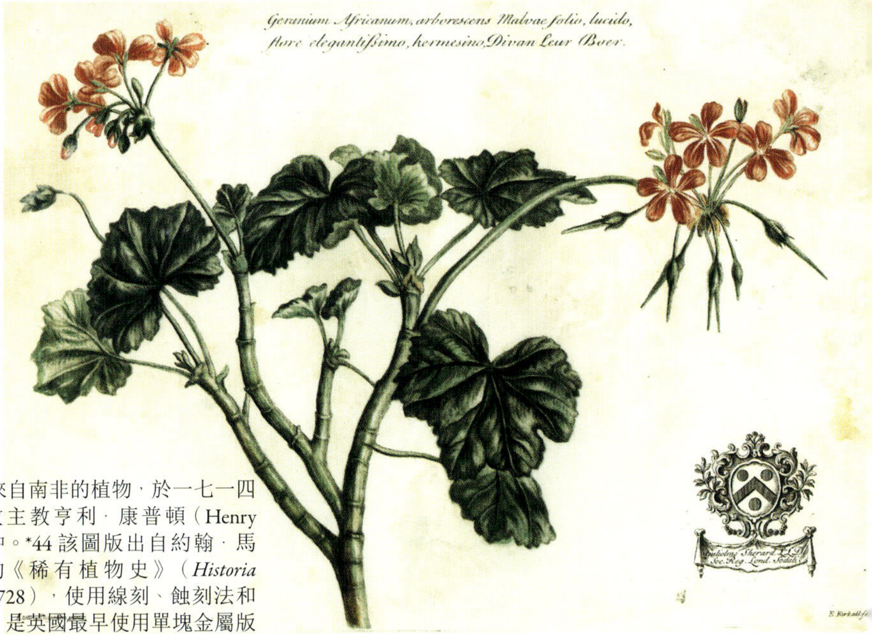

猩紅天竺葵是一種來自南非的植物，於一七一四年首次栽培於倫敦主教亨利．康普頓（Henry Compton）的花園中。*44 該圖版出自約翰．馬丁（John Martyn）的《稀有植物史》（*Historia plantarum rariorum*, 1728），使用線刻、蝕刻法和美柔汀法製作圖版，是英國最早使用單塊金屬版進行彩色印刷的例子之一。*45 該雕版由英國雕版師以利沙．科考（Elisha Kirkall）製作，參考荷蘭植物繪師雅各．范荷森（Jacob van Huysum）的插圖，並獲得十八世紀初植物學界贊助人威廉．謝拉德（William Sherard）的資助。

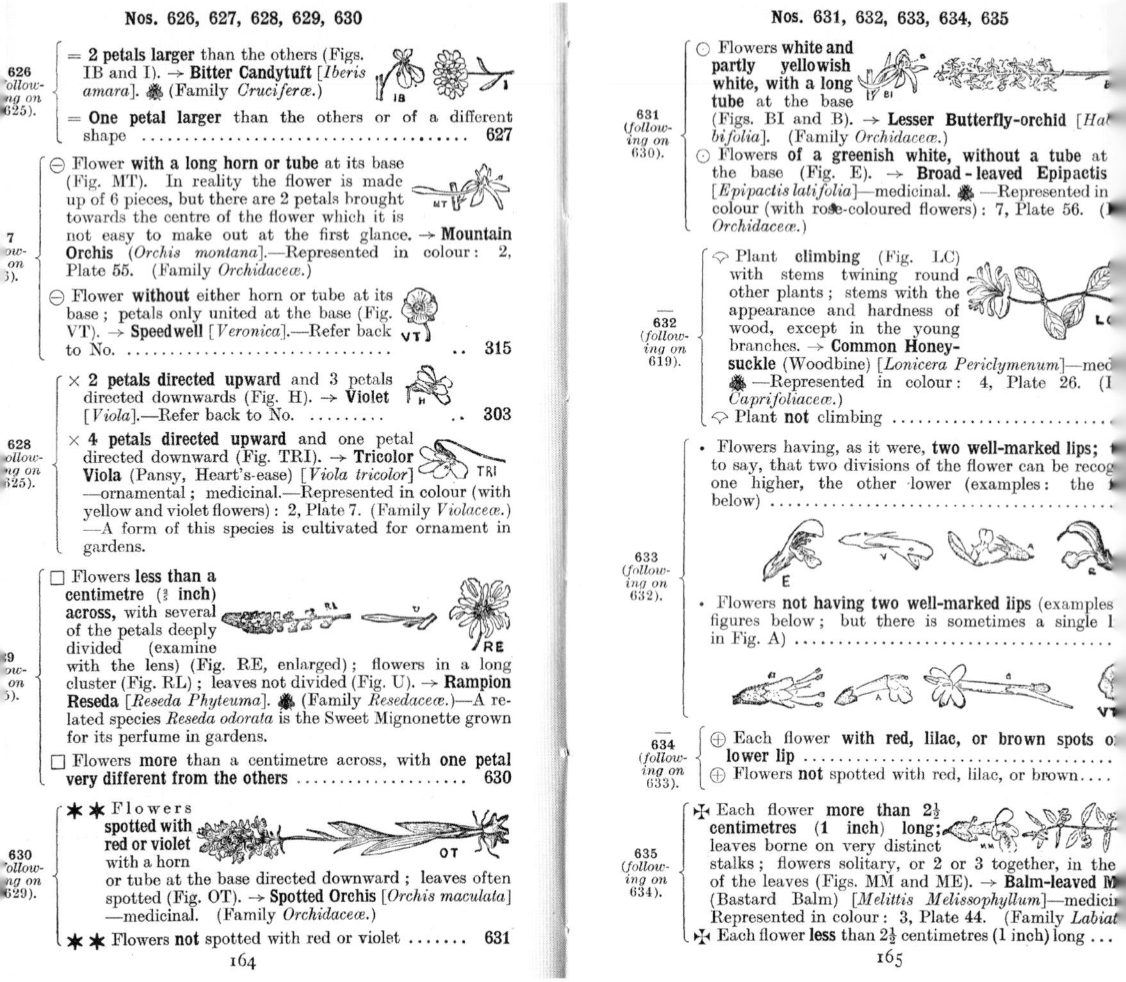
Nos. 626, 627, 628, 629, 630

626 (following on 625).
= 2 petals larger than the others (Figs. IB and I). → **Bitter Candytuft** [*Iberis amara*]. ❀ (Family *Cruciferæ.*)
= **One petal larger** than the others or of a different shape 627

627 (following on 626).
⊖ Flower **with a long horn or tube** at its base (Fig. MT). In reality the flower is made up of 6 pieces, but there are 2 petals brought towards the centre of the flower which it is not easy to make out at the first glance. → **Mountain Orchis** (*Orchis montana*].—Represented in colour: 2, Plate 55. (Family *Orchidaceæ.*)
⊖ Flower **without** either horn or tube at its base; petals only united at the base (Fig. VT). → **Speedwell** [*Veronica*].—Refer back to No. 315

628 (following on 625).
× **2 petals directed upward** and 3 petals directed downwards (Fig. H). → **Violet** [*Viola*].—Refer back to No. 303
× **4 petals directed upward** and one petal directed downward (Fig. TRI). → **Tricolor Viola** (Pansy, Heart's-ease) [*Viola tricolor*] —ornamental; medicinal.—Represented in colour (with yellow and violet flowers): 2, Plate 7. (Family *Violaceæ.*) —A form of this species is cultivated for ornament in gardens.

629 (following on 625).
□ Flowers **less than a centimetre** ($\frac{3}{8}$ **inch) across,** with several of the petals deeply divided (examine with the lens) (Fig. RE, enlarged); flowers in a long cluster (Fig. RL); leaves not divided (Fig. U). → **Rampion Reseda** [*Reseda Phyteuma*]. ❀ (Family *Resedaceæ.*)—A related species *Reseda odorata* is the Sweet Mignonette grown for its perfume in gardens.
□ Flowers **more** than a centimetre across, with **one petal very different from the others** 630

630 (following on 629).
✱✱ Flowers **spotted with red or violet** with a horn or tube at the base directed downward; leaves often spotted (Fig. OT). → **Spotted Orchis** [*Orchis maculata*] —medicinal. (Family *Orchidaceæ.*)
✱✱ Flowers **not** spotted with red or violet 631

164

Nos. 631, 632, 633, 634, 635

631 (following on 630).
⊙ Flowers **white and partly yellowish white, with a long tube** at the base (Figs. BI and B). → **Lesser Butterfly-orchid** [*Ha... bifolia*]. (Family *Orchidaceæ.*)
⊙ Flowers **of a greenish white, without a tube** at the base (Fig. E). → **Broad-leaved Epipactis** [*Epipactis latifolia*]—medicinal. ❀ —Represented in colour (with rose-coloured flowers): 7, Plate 56. (... *Orchidaceæ.*)

632 (following on 619).
♤ Plant **climbing** (Fig. LC) with stems twining round other plants; stems with the appearance and hardness of wood, except in the young branches. → **Common Honeysuckle** (Woodbine) [*Lonicera Periclymenum*]—med... ❀ —Represented in colour: 4, Plate 26. (... *Caprifoliaceæ.*)
♤ Plant **not** climbing ....

633 (following on 632).
• Flowers having, as it were, **two well-marked lips;** ... to say, that two divisions of the flower can be recog... one higher, the other lower (examples: the ... below) ....
• Flowers **not having two well-marked lips** (examples ... figures below; but there is sometimes a single ... in Fig. A) ....

634 (following on 633).
⊕ Each flower **with red, lilac, or brown spots** o... **lower lip** ....
⊕ Flowers **not** spotted with red, lilac, or brown....

635 (following on 634).
✠ Each flower **more than $2\frac{1}{2}$ centimetres (1 inch) long;** leaves borne on very distinct stalks; flowers solitary, or 2 or 3 together, in the ... of the leaves (Figs. MM and ME). → **Balm-leaved M...** (Bastard Balm) [*Melittis Melissophyllum*]—medici... Represented in colour: 3, Plate 44. (Family *Labiat...*
✠ Each flower **less** than $2\frac{1}{2}$ centimetres (1 inch) long ...

165

加斯頓．邦尼爾（Gaston Bonnier）的《這是什麼花？》（*Name This Flower*, 1917）是一本歐洲植物識別指南，使用簡單的黑白素描來使描述性文字更清晰易懂。這些素描與右面的彩色版畫相輔相成，裡面描繪的是植物初學者較易找到的常見物種。

Plate 56.

ORCHIDACEÆ

(*Continued*).

1. **Spider Orchid** [*Ophrys sphegodes*].

2. **Drone Orchid** (Late Spider Orchid). — [*Ophrys fuciflora*].

3. **Bee Orchid** [*Ophrys apifera*].

4. **Fly Orchid** [*Ophrys muscifera*].

5. **Egg-shaped Listera** (Twayblade). — *Listera ovata*].

6. **Bird's-nest Neottia.** — *Neottia Nidus-avis.*

7. **Broad-leaved Epipactis** [*Epipactis latifolia*] — medicinal.

Plate 57.

NAIADACEÆ.

1. **Floating Pondweed** [*Potamogeton natans*]. —

ARACEÆ.

2. **Spotted Arum** (Lords-and-ladies, Cuckoo-pint). — [*Arum maculatum*]. — medicinal. Leaves and flowers. 2 *bis*, Fruits.

TYPHACEÆ.

3. **Broad-leaved Reed-mace** (Bulrush). — [*Typha latifolia*].

JUNCACEÆ.

4. **Spreading Rush** (Rush). — [*Juncus effusus*]. — industrial.

5. **Field Wood-rush** (Chimney-sweeps, Good Friday Grass). — [*Luzula campestris*].

289

巴黎索邦大學植物學教授加斯頓．尤金．瑪麗．邦尼爾（Gaston Eugène Marie Bonnier）是《法國、瑞士和比利時的彩色植物誌全集》（*Flore complète illustrée en couleurs de France, Suisse et Belgique*, 1911-34）的作者，該書共十二冊。邦尼爾同意貝爾索（Bersot）對某些植物學家的批判：那些認為研究植物需經過詳細、正規的植物學教育的人，通常就是會譴責在基礎植物學文本中使用圖像的植物學家。邦尼爾發表了一種辨識法國植物的方法，其中包含「五千兩百八十九個圖示，可以代表所有物種的特徵，無需使用術語來描寫」。*50 也就是說，他善用了圖文並用所帶來的加乘效果。

十九世紀中葉，歐洲多數地區的植物學教學方式受到眾人譏諷，因為重點幾乎都只放在典型花卉的分類研究上。然而，當時德國出現了一種新興的植物研究方法，提供學生能研究所有植物的工具和知識，從藻類到苔蘚和蕨類植物，再到針葉樹和開花植物，甚至真菌也包含在內。這種教學方式不再以分類為核心，而是涵蓋了比較解剖學、形態學和生理學，並鼓勵學生自己觀察和發現，而不是接受老師給的權威知識。英國植物學家席德尼．霍華．凡艾斯（Sydney Howard Vines）翻譯了當時重要的德語教科書，向英國讀者介紹了這些新穎的教學方法。凡艾斯和費德里克．歐本．鮑爾（Frederick Orpen Bower）推出的《植物學實用教程》（*A Course of Practical Instruction in Botany*, 1885-7）成為受歡迎的教材：「刻意製作了沒有詳細插圖的書籍，因為插圖很可能會讓讀者降低自主研究的敏銳度，他們會仰賴別人的觀察，失去親自尋找答案的體驗。」*51

讓植物學大受歡迎

在維多利亞時期，隨著英國在世界舞台上確立自己的地位，成為最重要的工、商業與帝國強權，年輕的男性開始從受過牛津、劍橋訓練的科學紳士手中奪取科學文化的領導地位。在這些年輕人當中，有許多人接受的不是傳統大學的教育，他們自詡為演化的博物學家。*52 此外，科學在逐步城市化的中產階級與工人階級之間開始蔚為風潮，因為他們開始有了閒暇、金錢與知識來學習科學，這些都是他們父母輩與祖父母輩未能擁有的事物。一八五一年的萬國工業博覽會創造並激發了人們對科學知識的熱情。*53 工人組織、宗教團體和自然歷史學會等各種單位，以及神職人員、所謂推動科學普及的人士甚至還有一些演化論的博物學家，大家都為這種新興風潮推波助瀾。*54 馬丁寫道，這種植物學知識「對我那些希望將博物學知識當作娛樂的美麗女性同胞，和沒有學問的男性同胞來說，還算得上有用」，但以這種方式學習的人，卻被勸阻不要涉足專業人士的活動。*55

女性對植物學的普及做出了極大的貢獻，因為由女性撰寫並繪圖的植物學書籍較易入手。*56 英國植物繪師伊莉莎白．唐寧（Elizabeth Twining）是唐寧茶葉公司極富慈善心的女繼承人，她為雙冊皇家對開本《植物的自然秩序插圖集：搭配分群與描述》（*Illustrations of the Natural Orders of Plants with Groups and Descriptions*, 1849-55）繪製了插圖，書中共有一百六十幅手工上色的石版畫。她「希望這些插圖可與簡單的描述文字互相搭配，且盡可能使用非技術性的語彙，這可能可以讓享受植物學的人獲得更多樂趣。」*57 唐寧寫作的方式依循「審視全能造物主完成的輝煌作品之傳統，藉此感知它們卓越的美和無盡的多樣性。」*58 她推廣植物學的意圖明確，但她呈現給讀者的完全不是高傲的文字或插圖。色彩繽紛、排列密集的花束，輔以黑白的植物構造解剖圖，這些都與詳盡且資訊量豐富的文字相輔相成。唐寧畫中的植物樣本可能來自倫敦周圍的花園，其中也包含邱園。然而，她所描繪的花束裡包含了一年中各個不同時節所開的花，且種類來自全球各地，這在生物學上是無法達成的事。這本昂貴的對開本發行量有限，但於一八六八年以四開本重印，採用平價的彩色印版印製。

要讓植物學變得普及，有個重點是要提供大眾高品質、低成本的工具，讓他們能自行辨識自己找到的植物。*59 理想上，受歡迎的區域植物指南應該要以彩色插圖描繪所有相關物種，讀者才能信心滿滿地識別這些植物。此外，這類指南應該是簡潔的單行本，而且價格壓得夠低，讓即使是偶然對此感興趣的人也願意購買。

一八五八年，英國植物學家喬治．邊沁（George Bentham）的第一版《英國植物手冊》（*Handbook of the British Flora*）付梓出版。它有七個版次和多次再版，儘管存在爭議，但也成為不列顛群島的標準植物誌。直到一九五二年，被人親暱地合稱為「CTW」的亞瑟．克拉彭（Arthur Clapham）、湯瑪斯．圖廷（Thomas Tutin）和愛德蒙．瓦堡（Edmund Warburg）出版了《不列顛群島植物誌》（*Flora of the British Isles*），在那之後《英國植物手冊》的地位才被推翻。*60 邊沁《英國植物手冊》的第一版雖然印刷排列地很密集且沒有插圖，卻比過往任何一部植物科學入門書都還來得好。在該書廣為流傳的漫長歲月裡，出現在第一版中的主張始終如一：「陳述植物學知識的技巧，就像想像的作品所具有的美感一樣，都會隨著作者的風格和才氣而有不同」。*61 所謂時勢造英雄，邊沁的《英國植物手冊》坐穩近一世紀的成功寶座，讓認真的業餘植物學家對此書愛不釋手，這有部分也歸功於沃爾特．胡德．菲奇（Walter Hood Fitch）繪製的黑白線刻插圖，圖畫刊載於一八六三到六五年雙冊本的第二版中。一九五七至六五年間，西碧．羅斯（Sybil Roles）出版了四輯小尺幅的黑白線刻畫作，與「CTW」的植物誌相輔相成。喜好這類讀物的讀者也會參考史黛拉．羅斯—克雷格（Stella Ross-Craig）的《英國植物畫》（*Drawings of British Plants*, 1948-74）八冊本 *62，從書中的黑白線條石版畫來了解更多細部資訊。當羅斯—克雷格的第一冊插圖輯出版時，英國皇家植物園邱園園長愛德華．詹姆斯．索爾斯伯里（Edward James Salisbury）強調，植物繪師面臨的挑戰在於「要傳達所謂的物種個體性，因為這類畫作往往只著眼於科學面的正確細節，經常忽視物種的個體性。」*63

彼得．塞爾（Peter Sell）和吉娜．穆雷爾（Gina Murrell）的五冊《大不列顛與愛爾蘭植物誌》（*Flora of Great Britain and Ireland*, 1996-2018）是英國二十世紀初的標準版植物誌，書中強調良好的文本可以「在你閱讀時便能看到植物圖像在你腦海中展開，並盡可能涵蓋所有變異」。*64 這些植物誌使用黑白線條插圖的方式有經過刻意鋪排，圖的數量也不多，只用來呈現難以透過文字闡明的細部比較，而不是要將大不列顛和愛爾蘭的每個物種都畫下來。

早期的書籍價格高昂，且需要對植物學有很高深的理解才能閱讀。

其中除了羅斯—克雷格的作品之外，其它書作中的黑白插圖皆屬次要內容，或者只有在需要特別釐清文字時才使用。到了一九六五年，隨著威廉．基布爾．馬丁（William Keble Martin）的《彩色版簡明英國植物誌》（*The Concise British Flora in Colour*）出版，這種情況開始有所改變。牧師基布爾．馬丁自一八九九年底便開始走遍英國，為植物畫下素描和圖畫。*65 當《彩色版簡明英國植物誌》出版時，他已經創作了逾一千四百幅的水彩畫。這本書得以風靡一時，是因為背後有著這麼一位備受尊敬的作者，加上一間敢於冒險的出版社，願意以實惠的價格出版品質優良的彩色刊物。到一九八○年，該書已售出超過一百五十萬冊。*66 如今，書商的書架上擺滿了有關英國（和其它地區）的植物圖片指南（現今圖片通常以照片的形式呈現），但很少有書能複製基布爾．馬丁著作的成功或實用性。

植物掛畫

到了十九世紀末，有一派有力的觀點逐漸成形，認為傳統植物學只是用於研究達爾文演化論的基礎，或者利用物理和化學的發展來探索細胞的內部結構和運作，並滿足醫學、農業和工業科學的需要。*67 傳統的植物學被視為「自然史學」中遭人蔑視的範疇，更適合由大學以外的機構來實踐，一如博物館、植物園還有學術團體等。

自古以來，活體植物一直都在植物教學中扮演視覺輔助物的角色，可以補足文字說明，無論這些植物是在野外還是園圃中皆然。*68 當學生在綜合理解肉眼看不見的複雜、專業資訊時，活體植物可以和保存完好的標本和植物插圖相輔相成，輔助理解。*69 在某些情況下，這些插圖的時效很短，例如老師用粉筆在黑板上畫畫或用彩色筆在實體的投影片上畫圖，又或者示範者在實作課中隨手拿一張紙所畫下的素描。*70 因此，視覺教材並不是主要的觀察標的，圖片好看也只是額外的好處，因為視覺教材主要是以實用為目的，用來培養學生如何觀察和解讀大自然中的事物。*71

Aristolochiaceæ

左頁圖展現了馬兜鈴科的物種多樣性：1. 歐洲馬兜鈴（*Aristolochia clematitis*）。2. 寬葉馬兜鈴（*A. macrophylla*）。3. 巨花馬兜鈴（*A. gigantea*）。4. 歐細辛（*Asarum europaeum*）。5. 馬兜鈴的蒴果。6. 東南亞絨毛線果兜鈴（*Thottea tomentosa*）的木質部分。此圖為手工上色的石版畫，參考伊莉莎白・唐寧（Elizabeth Twining）的原作插圖，發表於唐寧的《植物的自然秩序插圖集》（*Illustrations of the Natural Orders of Plants*）當中。

一八二〇至四一年間，威廉・傑克森・胡克擔任格拉斯哥大學的植物學教授，他後來也成為邱園的園長。他很快就了解到，為了補貼他微薄的教學薪資，他必須吸引學生來上他的課。他的其中一個做法就是利用自己的藝術天分製作掛畫，讓演講廳的所有學生都能輕易地看到他的作品，從而為英國大學的植物學教育立下了標竿。*72

等到複製大型彩色平版畫的技術能開始推進掛畫的商業生產模式以後，實用與美觀便得以合而為一。這些掛畫由植物繪師、研究人員和製造商通力合作，滿足了對高品質植物學教材的需求。*73 此外，掛畫的製造商還認為，「寫實、可靠的科學掛圖在課堂上可以取代植物本身，他們可以傳授的知識遠大於口頭教學。」*74

一八五七年，約翰・亨斯洛（John Henslow）發行了一系列共九張的掛畫，標題為《亨斯洛教授的植物圖表：基礎植物學專用教材》（*Prof. Henslow's Botanical Diagrams designed to be used as aids for the teaching of fundamental botany in schools*）。*75 由沃爾特・菲奇（Walter Fitch）製作平版畫，以亨斯洛和他女兒安・亨斯洛・巴納德（Anne Henslow Barnard）的畫作為依據。在另一頭的愛丁堡，身為大學植物學教授和皇家植物園皇家守護者（Regius Keeper）的艾薩克・貝利・巴爾福（Isaac Bayley Balfour）以巧妙的方式使用視覺教材，從此改變了蘇格蘭的植物學教學模式。*76

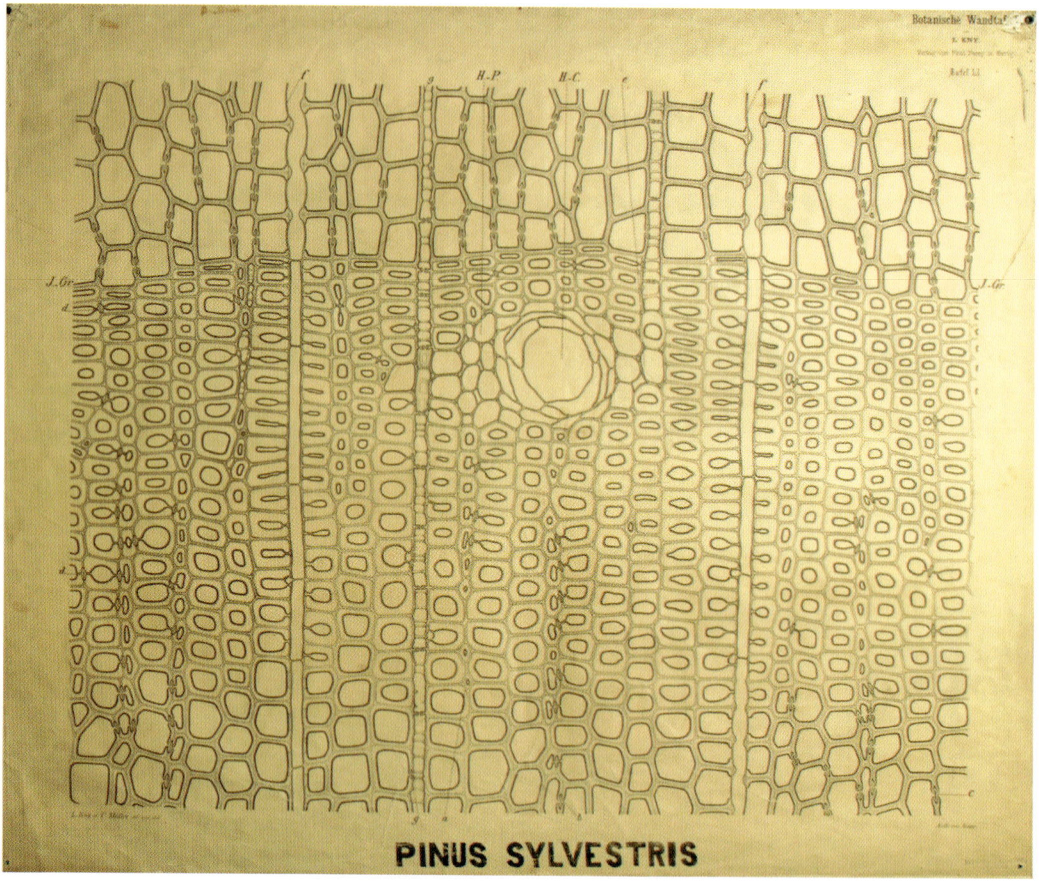

圖為利奧波德．尼（Leopold Kny）的掛畫，畫中顯示了一塊歐洲赤松於兩圈年輪交界處的放大橫切面。范勞窩（Von Laue）製作的石版畫，參考尼和 C．穆勒（C. Müller）的繪畫，並於一八〇〇年代晚期以《植物掛圖》（*Botanische Wandtafeln*）系列作品的形式發表於柏林。

右頁圖是竇德－波特（Dodel-Port）夫婦阿諾（Arnold）和卡洛琳娜（Carolina）繪製的北美寄生植物「菟絲子」（*rope dodder*）的掛畫，呈現出該植物與其宿主之間詳細的解剖關係圖，及其花朵與果實的放大圖像。這幅彩色平版畫參考多達（Dodarts）家族成員的自然寫生畫，由 J．F．施萊伯（J. F. Schreiber）在德國艾斯令根（Esslingen）出版，是一八〇〇年代晚期的《植物解剖與生理圖集》（*Anatomisch physiologische Atlas der Botanik*）系列作品之一。

Dodel-Port. Atlas.
XXX.
Fig. 1
Fig. 2
Fig. 3
Fig. 4
Fig. 5
Fig. 6
Fig. 7
Arn. a Carol. Dodel-Port ad nat. del.
Cuscuta glomerata, Choisy.
J. E. SCHREIBER, ESSLINGEN, Impr.

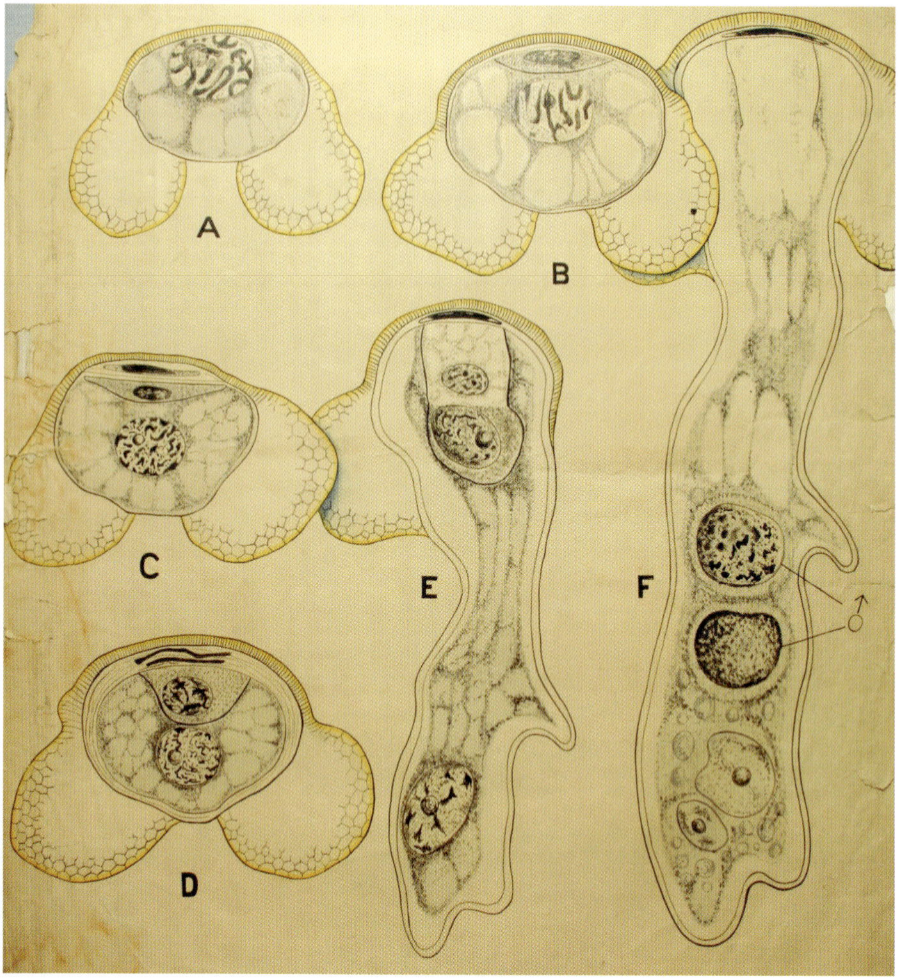

這是一幅客製化掛圖的主角是科西嘉松，描繪了其放大版的花粉粒在萌發過程中細胞分裂的順序，是二十世紀初為牛津大學植物學系製作的掛畫。由一位身分未知的藝術家使用鋼筆和墨水在紙上作畫，並以灰階顏料手工上色。

到了十九世紀末，歐洲大陸發行了很多大受消費者歡迎的植物掛畫，還附上有教學筆記的解說書籍。*77 其中最有名的案例是以德國植物學家卡爾．伊格納茲．利奧波德．尼（Carl Ignaz Leopold Kny）名義出版的一百二十幅《植物掛圖》系列，內容以解剖學、形態學和系統分類學為主，於一八七四年至一九一一年之間發行。*78 這系列掛畫的繪師包括尼自己本身、植物暨真菌學家路易．雷內．伊天那．圖拉納（Louis René Étienne Tulasne）、繪師奥福雷．里奥克勒．（Alfred Riocreux）、植物學家讓—巴蒂斯特．愛德華．波內（Jean-Baptiste Édouard Bornet）以及植物暨真菌學家海因利希．安東．德．巴里（Heinrich Anton de Bary）。在一八七八至九三年間，瑞士植物學家阿諾．竇德—波特（Arnold Dodel-Port）和他的妻子卡洛琳娜（Carolina）以他們的插圖為基礎，發布了一系列四十二張的掛畫，題為《植物解剖與生理圖集》。這些掛畫裡的植物種類，是諮詢過歐洲推動植物學教育和研究的人以後才選定的。因此，同一幅掛畫可以用於各個級別的植物學教學，從小學到大學皆適用。教師和學生可以從中提取和解讀自己需要的特定資訊。

如果商業掛畫不敷使用，機構可以自行從出版品或原作複製插圖，來製作客製化的掛畫。然而，此類掛畫因為是特別訂製的，所以使用年限可能有限。這些作品的受眾很少，主題可能也會根據研究結果的改變而迅速變化。相比之下，商業掛畫反而能展現植物學的基礎原則。

這些商業掛畫製作完成逾一世紀以後，由於內容準確性高，其繪師和平版畫技師對細節亦十分重視，所以它們仍是寶貴的教材，可用於教授大略的植物形態特徵和植物解剖學。此外，它們的排版原本就是要用於吸引學生的注意，這賦予了掛畫特殊的美學吸引力。不同於梭爾頓在《花之殿堂》中的插圖，那些留傳至今的掛畫不僅是成功的教具，而且還剛好具備了美學價值[1]。

1譯注：前面提到，兼備正確知識與視覺美感正是梭爾頓期望達成的目的，但他的計畫以失敗告終。

立體植物模型

植物繪師將立體植物轉化為平面的圖像，巧妙地運用陰影、透視，或許還有「品味」，讓平面圖像看起來很立體。事實證明，要向大量觀眾傳授微小且通常是微觀結構的知識時，大型掛畫是有效的工具。然而，研究人員、學生和教師會面臨的挑戰是，要能理解立體結構中各個部分的排列方式，即植物各部分在空間中的相對位置。

在十九世紀末，「不需擔心季節變化、專門用來說明課程內容」的模型，為這個問題提供了一個教學上的解決方案：「由於模型或多或少都會放大比例來製作，所以可幫助學生識別所有精細甚至最微小的器官，並理解花朵結構的顯著特徵，可與活體植物互相參照比較。此外，很多模型都可以拆解開來，呈現出剖面構造圖。」*79 另外，立體模型讓教師和學生有機會從多個不同角度檢視植物結構，而不是只能以植物繪師選擇的視角來觀察，因為繪師的選擇往往並重美感與科學用途。

美國植物學家喬治．林肯．古德（George Lincoln Goodale）為了輔助他哈佛大學的課程，特別訂製了一批玻璃雕塑，這也許是世界上最著名的一批立體植物教具。一八八六年至一九三六年間，波西米亞玻璃藝術家父子利奧波德（Leopold）和魯道夫．布拉許卡（Rudolf Blaschka）製作了四千三百多個栩栩如生的模型，每個模型都「貼切地描繪了植物的自然樣貌」。*80 相較之下，在十九世紀末與二十世紀初，有些機構則選擇購買奧祖工坊（Maison Auzoux）、布倫德爾公司（Brendel Company）和艾米爾．戴霍爾工坊（Maison Émile Deyrolle）大量生產的模型，將它們運用在歐洲、美洲、澳洲和紐西蘭的植物學教學計畫中。*81

法國醫師兼博物學家路易．托馬斯．傑霍姆．奧祖（Louis Thomas Jérôme Auzoux）在聖歐班—代克羅斯維爾（Saint-Aubin-d'Écrosville）建立了他的模型工廠奧祖工坊（Maison Auzoux），用來生產「可以拆成小零件的解剖模型」（anatomie clastique）。*82 一八六六年，羅伯特．布倫德爾（Robert Brendel）在布雷斯勞（Breslau，現為波蘭弗羅茨瓦夫

〔Wrocław〕）成立了布倫德爾公司（Brendel Company）。布倫德爾去世後，公司由其子萊因霍德（Reinhold）接管，廠房也搬到了柏林附近。*83 這些堅固耐用的模型，由技藝高超的工匠以他們手邊現有的材料製作，包含混凝紙漿、木材、石膏、明膠、藤條、金屬絲和古塔膠，接著以手工塗裝、組合，並塗上保護漆和亮光漆。此外，工匠們會與植物學家合作，確保模型上與植物學相關的內容準確，通常還會附上詳細的教學筆記。美洲和歐洲的代理商當時銷售的模型多達數百種。*84

在二戰前銷售的數千幅植物掛畫與模型當中，只有一小部分幸運地保留下來。通常，這當中的某些教具會留下能看出使用者世代的證據，也比那些認為它們不合時宜、或發現有其它視覺工具可以向學生解釋植物結構的人，「活」得都還更久。

布倫德爾公司製作的立體模型，包括秋季番紅花的花朵和根部，以及歐洲柏大戟的花序。十九世紀末以混凝紙製作、手工上色的模型，可以拆成多個零件以展示內部結構。

現代科技、慈善理念，加上負責管理植物插畫收藏的人所抱持的熱忱，讓幾個世紀以來累積的植物插畫內容得以送到有興趣的讀者手裡。這份科學文化遺產與過去五十年大多以數位攝影技術來紀錄的數億張植物影像相輔相成。然而，如果插圖和照片要保有科學價值，就必須能應付科技演變、退化、消逝而造成資料遺失的狀況，否則得來不易的圖像恐怕只會淪為裝飾用途。

圖像在當今的植物科學中至關重要，雖然與五個世紀前的重要度無法比擬。隨著植物學的關注範疇不斷擴大，插圖和複製技術也持續地擴展延伸，無論是使用素描鉛筆或水彩的植物繪師，或是使用像素來作畫的科學攝影師，他們都面臨了類似的問題：其一是「編輯」自然事物，其二為數據、資訊與知識之間的關係，再者還有提出證據和獲得信任的道德規範。

教育讓我們學會觀看，繪圖則迫使我們觀察和記錄，以熟悉的方式解讀不熟悉的事物。然而，如果插圖要為作者和讀者提供客觀的研究和教育目的，我們就得學會閱讀插圖。從插圖中獲得的知識可能會挑戰公認正確的想法，同時拓展我們的想像。插圖也能傳播有關植物種植、收割和使用的實用資訊。此外，支持植物學基礎觀點的證據對解決當今全球面對的問題至關重要，而這些證據也能透過插圖清楚地呈現出來。

References 注釋

[作者序]

1 John Gerard, *The Herball; or, Generaql Historie of Plantes* (London, 1633), p. 1608.

[植物與版面]

1 John Ruskin, *Proserpina: Studies of Wayside Flowers, While the Air Was Yet Pure among the Alps, and in the Scotland and England Which My Father Knew* [1875–86] (Orpington and London, 1897), p. 77.

2 James E. Dandy, *The Sloane Herbarium: An Annotated List of the Horti Sicci Composing It: With Biographical Accounts of the Principal Contributors* (London, 1958), pp. 183–7.

3 Stephen A. Harris, Serena K. Marner and Carolyn Proença, 'William Dampier's Brazilian Botanical Observations in 1699', *Journal of the History of Collections*, xxix (2017), pp. 227–35.

4 Leonard Plukenet, *Amaltheum botanicum* (London, 1705), Appendix.

5 Suelma Ribeiro-Silva, Sandra Knapp and Carolyn Proença, 'On the Identity and Typification of *Solanum brasilianum* Dunal (Solanaceae)' , *Phytokeys*, lxxvi (2017), pp. 23–9.

6 Antoine Pascal, *L'aquarelle, ou Les Fleurs peintes d' après la méthode de M. Redouté* (Paris, 1837), p. 2 (my translation).

7 Walter H. Fitch, 'Botanical Drawing. No. i', *Gardeners' Chronicle and Agricultural Gazette*, xxix (1869), p. 7; Jan Lewis, 'Fitch, Walter Hood (1817–1892)', *Oxford Dictionary of National Biography*, www.oxforddnb.com, 2004.

8 Thomas D. Kaufmann, *Arcimboldo: Visual Jokes, Natural History, and Still-Life Painting* (Chicago, il, 2010).

9 Alan G. Morton, *History of Botanical Science: An Account of the Development of Botany from Ancient Times to the Present Day (London, 1981); Brian W. Ogilvie, The Science of Describing: Natural History in Renaissance Europe* (Chicago, il, and London, 2006); Zheng Jinsheng, 'Observational Drawing and Fine Art in Chinese Materia Medica Illustration', in *Imagining Chinese Medicine*, ed. Vivienne Lo and Penelope Barrett (Leiden, 2018), pp. 151–60.

10 Marie-Pierre Genest, 'Les Plantes chinoises en France au xviiie siècle: Médiation et transmission', *Journal d'agriculture traditionnelle et de botanique appliquée*, xxxix/1 (1997), pp. 27–47; Georges Métailié, 'A propos de quatre manuscrits chinois de dessins de plantes', *Arts Asiatiques*, liii (1998), pp. 32–8; Lianming Wang, 'From La Flèche to Beijing: The Transcultural Moment of Jesuit Garden Spaces', in *EurAsian Matters*, ed. Anna Grasskamp and Monica Juneja (Cham, 2018), pp. 101–23; Wu Huiyi and Zheng Cheng, 'Transmission of Renaissance Herbal Images to China: The Beitang Copy of Mattioli's Commentaries on Dioscorides and its Annotations', *Archives of Natural History*, xlvii/2 (2020), pp. 236–53. For India, see J. R. Sealy, 'The Roxburgh *Flora Indica* Drawings at Kew', *Kew Bulletin*, xi (1956), pp. 297–348; Ray Desmond, T*he European Discovery of the Indian Flora* (Oxford, 1992); Henry J. Noltie, *Raffles' Ark Redrawn: Natural History Drawings from the Collections of Sir Thomas Stamford Raffles* (London, 2009); Martyn Rix, 'Botanical Illustration in China and India', *American Scientist*, c/4 (July 2013), pp. 300–307; I. M. Turner, 'Thomas Hardwicke (1756–1835): Botanical Drawings and Manuscripts from the Hardwicke Bequest in the British Library', *Archives of Natural History*, xlii/2 (October 2015), pp. 236–44.

11 Richard Spruce, *Hepat Richard Spruce, Hepaticae of the Amazon and of the Andes of Peru and Ecuador* (London, 1885).

12 Paul W. Richards, 'Two Letters from Spruce to Braithwaite about the Illustrations to Hepaticae *Amazonica et Andinae*', in *Richard Spruce* (1817–1893): *Botanist and Explorer*, ed. M.R.D. Seaward and S.M.D. Fitzgerald (Kew, 1996), pp. 152–5.
13 Quoted in Stephen Freer, *Linnaeus' Philosophia Botanica* (Oxford, 2005), p. 283. Simplistic dichotomies of terms abound when considering the depiction of plants, such as science versus art, art versus illustration, illustrator versus artist, professional versus amateur, and scientist versus naturalist. 'Scientist' or 'botanist' will be used in preference to 'naturalist' irrespective of the period in which the individual worked. 'Illustrator' will be used in preference to 'artist' when referring to botanical illustrators. No value judgement is to be inferred from these terminological decisions.
14 Arthur H. Church, 'Brunfels and Fuchs', *Journal of Botany*, lvii (1919), p. 237.
15 Ron J. Cleevely, 'Sowerby, James De Carle (1787–1871)', *Oxford Dictionary of National Biography*, www.oxforddnb.com, 2006; quotation from William Buckland, 'Presidential Award of the Wollaston Fund to Mr James De Carle Sowerby', *Proceedings of the Geological Society of London*, iii (1840), p. 209.
16 William H. Harvey, *Phycologia Australica; or, a History of Australian Seaweeds . . .*, vol. i, Containing Plants i–lx (London, 1858), advertisement, p. 7.
17 Keith West, *How to Draw Plants: The Technique of Botanical Illustration* (London, 1983), p. 9.
18 Hans W. Lack, *A Garden Eden: Masterpieces* of Botanical Illustration (Cologne and London, 2001), p. 15.
19 Diane Bridson and Leonard Forman, *The Herbarium Handbook* (Kew, 1992).
20 William J. Burchell, *Travels in the Interior of Southern Africa*, vol. ii (London, 1824), p. 214.
21 Hans W. Lack, 'Eine unbekannte Wiener Bilderhandschrift: Der Codex Amphibiorum', *Annalen des Naturhistorischen Museums in Wien. Serie B für Botanik und Zoologie*, civ (2002), pp. 463–78.
22 William Roxburgh, *Plants of the Coast of Coromandel: Selected from Drawings and Descriptions Presented to the Hon. Court of Directors of the East India Company*,vol. iii (London, 1819), pp. 29–30.
23 Franz Bauer and John Lindley, *Illustrations of Orchidaceous Plants* (London, 1830–38), Preface.
24 Roxburgh, *Plants of the Coast of Coromandel*, vol. i (London, 1795), p. v.
25 Roxburgh, *Plants of the Coast of Coromandel*, vol. iii (London, 1819), pl. 234.
26 Leonard Fuchs, De historia stirpium commentarii insignes (Basel, 1542), a6vf [a8].
27 Anon., *A Series of Progressive Lessons, Intended to Elucidate the Art of Flower Painting in Watercolours* (London, 1824), Preface.
28 Frederick Edward Hulme, *Flower Painting in Water Colours* (London, Paris and New York, c. 1880), p. 3.
29 John C. Loudon, 'Domestic Notices: England', *Gardener's Magazine*, vii (1831), p. 95.
30 Anna M. Roos, *Martin Lister and His Remarkable Daughters: The Art of Science in the Seventeenth Century* (Oxford, 2019).
31 Marilyn Ogilvie, Joy Harvey and Margaret Rossiter, *The Biographical Dictionary of Women in Science*: l–z (New York, 2003), pp. 1278–9.
32 Nora F. McMillan, 'Mrs Edward Bury (née Priscilla Susan Falkner), Botanical Artist', *Journal of the Society for the ibliography of Natural History*, v/1 (1968), pp. 71–5; Ann B. Shteir, *Cultivating Women, Cultivating Science: Flora's Daughters and Botany in England*, 1760 to 1860 (Baltimore, md, 1996).
33 The plants and animals growing in a specific geographic area are its flora or fauna, while a book about these plants or animals is a Flora or Fauna, respectively. Ernest C. Nelson and David J. Elliott, eds, *The Curious Mister Catesby: A 'Truly Ingenious'Naturalist Explores New Worlds* (Athens, ga, 2015); Henrietta McBurney, Illuminating Natural History: The Art and Science of Mark Catesby (New Haven, ct, 2021).
34 Hans W. Lack, *The Bauers: Joseph, Franz and Ferdinand: Masters of Botanical Illustration* (Munich, London and New York, 2015).
35 Alain Dierkens, *André Lawalrée and Jean-Marie Duvosquel, Pierre-Joseph Redouté*, 1759–1840: La Famille, l'Oeuvre (Saint-Hubert, Belgium, 1996).
36 Baden Henry Baden-Powell, *Hand-Book of the Manufactures and Arts of the Punjab* (Lahore, 1872), p. 855.
37 Church, 'Brunfels and Fuchs', pp. 239–40.
38 Lack, *The Bauers*.
39 Sydney Parkinson, *A Journal of a Voyage to the South Seas, in His Majesty's Ship, the Endeavour* (London, 1773); Denis J. Carr,

Sydney Parkinson: Artist of Cook's Endeavour Voyage (London, 1983).
40 Roderick J. Barman, 'The Forgotten Journey: Georg Heinrich Langsdorff and the Russian Imperial Scientific Expedition to Brazil, 1821–1829', *Terrae Incognitae*, iii/1 (1971), pp. 67–96.
41 Kim Todd, *Chrysalis: Maria Sibylla Merian and the Secrets of Metamorphosis* (New York and London, 2007).
42 Pedro Corrêa do Lago and Bia Corrêa do Lago, *Frans Post (1612–1680): Catalogue Raisonné* (Milan, 2007); Rebecca Parker Brienen, 'Who Owns Frans Post? Collecting Frans Post's Brazilian Landscapes', in *The Legacy of Dutch Brazil, ed. Michiel van Groesen* (New York, 2014), pp. 229–47.
43 Wilfrid Blunt and William T. Stearn, *The Art of Botanical Illustration* (London, 1994), pp. 101–2.
44 William D. Hawthorne, S. Cable and C.A.M. Marshall, 'Empirical Trials of Plant Field Guides', *Conservation Biology*, xxviii/3 (June 2014), pp. 654–62.
45 Hermia N. Clokie, *An Account of the Herbaria of the Department of Botany in the University of Oxford* (Oxford, 1964), pp. 43–4.
46 Botanical watercolours by Mary Maria Fielding, 1830–33, and Mary Fielding's black-and-white pen-and-ink drawings (gb 161 mss. Eng. d.3354–9 and ms Sherard 389–95; Sherardian Library of Plant Taxonomy, Bodleian Libraries, University of Oxford).
47 Modern examples of practical botanical illustration manuals include Gretel W. Dalbey-Quenet, *Illustrating in Black and White* (London, 2000); Margaret Stevens, *An Introduction to Drawing Flowers: Form, Technique, Colour, Light, Composition* (Newton Abbot, 2002); Bente Starcke King, *Botanical Art Techniques: Painting and Drawing Flowers and Plants* (Newton Abbot, 2004); Siriol Sherlock, *Botanical Illustration: Painting with Watercolours* (London, 2007); Valerie Oxley, *Botanical Illustration* (Marlborough, 2008); Işik Güner, *Botanical Illustration from Life: A Visual Guide to Observing, Drawing and Painting Plants* (Tunbridge Wells, 2019).
48 Fitch, 'Botanical Drawing', pp. 7, 51, 110, 165, 221, 305, 389, 499.
49 Ibid, p. 7.
50 Anonymous, 'A Practical Essay on the Art of Flower Painting . . .', *Critical Review; or, Annals of Literature*, xxiv (1811), p. 110.
51 Fitch, 'Botanical Drawing', p. 7.
52 Ibid, p. 7.
53 Kärin Nickelsen, 'The Challenge of Colour: Eighteenth-Century Botanists and the Hand-Colouring of Illustrations', *Annals of Science*, lxiii/1 (January 2006), pp. 3–23.
54 R. D. Harley, *Artists' Pigments, c. 1600–1835: A Study in English Documentary Sources* (London, 2001); Richard Mulholland et al., 'Identifying Eighteenth Century Pigments at the Bodleian Library Using *In Situ* Raman Spectroscopy, xrf and Hyperspectral Imaging', *Heritage Science*, v (2017), article 43.
55 Lucien Febvre and Henri-Jean Martin, *The Coming of the Book: The Impact of Printing, 1450–1800* (London, 1997); Ted Bishop, *Ink: Culture, Wonder, and Our Relationship with the Written Word* (Toronto, 2017); Mark Kurlansky, *Paper: Paging through History* (New York and London, 2017).
56 Tsuen-Hsuin Tsien, *Science and Civilisation in China: Chemistry and Chemical Technology*, vol. v, part 1: Paper and Printing (Cambridge, 1985).
57 Jinsheng, 'Observational Drawing'.
58 Elizabeth Hsu, '*Qing Hao (Herba Artemisiae Annuae)* in the Chinese *Materia Medica*', in *Plants, Health, and Healing: On the Interface of Medical Anthropology and Ethnobotany*, ed. Elisabeth Hsu and Stephen Harris (Oxford, 2010), pp. 83–130.
59 Bamber Gascoigne, *How to Identify Prints: A Complete Guide to Manual and Mechanical Processes from Woodcut to Inkjet* (London, 2004).
60 John R. Jackson, 'On Box and Other Woods Used for Engraving', *The Leisure Hour: A Family Journal of Instruction and Recreation*, mccii (1875), pp. 27–9.
61 Agnes Arber, *Herbals, Their Origin and Evolution: A Chapter in the History of Botany 1470–1670* (Cambridge, 1986), p. 21. Kandel used woodcuts from Brunfels's *Herbarum vivae eicones* (1530–36) and Leonhard Fuchs's *De historia stirpium commentarii insignes* (1542) as models.
62 Hieronymus Bock, *KreÜter Buch* (Strasbourg, 1546), pp. 33, 36.

63 Arber, Herbals, pp. 92–7; Frank J. Anderson, *An Illustrated History of the Herbals* (New York, 1977), pp. 163–72.

64 Sachiko Kusukawa, *Picturing the Book of Nature: Image, Text, and Argument in Sixteenth-Century Human Anatomy and Medical Botany* (Chicago, il, and London, 2012), data derived from Table 2.2 (p. 53).

65 S. Blair Hedges, 'Wormholes Record Species History in Space and Time', *Biology Letters*, ix/1 (February 2013), 20120926; Bruce T. Moran, 'Preserving the Cutting Edge: Traveling Woodblocks, Material Networks, and Visualizing Plants in Early Modern Europe', in *The Structures of Practical Knowledge*, ed. Matteo Valleriani (Berlin, 2017), pp. 393–419.

66 Gascoigne, *How to Identify Prints*.

67 Wilfrid Blunt and Sandra Raphael, *The Illustrated Herbal* (London, 1994), pp. 172–3; Valeria Pagani, 'The Dispersal of Lafreri's Inheritance, 1581–89. ii Pietro De Nobili', *Print Quarterly*, xxv (2008), pp. 363–93.

68 Federico Tognoni, 'Nature Described: Fabio Colonna and Natural History Illustration', *Nuncius*, xx/2 (January 2005), pp. 347–70.

69 Anon., *Monthly Magazine; or, British Register*, xvii (1804), p. 346.

70 Arber, *Herbals*, pp. 245–6.

71 Thomas Gilks, *The Art of Wood Engraving: A Practical Handbook* (London, 1875); William James Linton, *Wood-Engraving: A Manual of Instruction* (Cambridge, 1884).

72 Bauer and Lindley, *Orchidaceous Plants*, Preface.

73 Henry John Rhodes, *The Art of Lithography: A Complete Practical Manual of Planographic Printing* (London, 1924).

74 David E. Allen, B*ooks and N*aturalists (London, 2010).

75 Roderick Cave, *Impressions of Nature: A History of Nature Printing* (London, 2010); Blunt and Stearn, Botanical Illustration, pp. 156–8.

76 Cave, I*mpressions of Nature*.

77 Blunt and Stearn, *Botanical Illustration*, pp. 156–8.

78 Tognoni, 'Nature Described'; Stephen A. Harris,'Illustrations in the Morison Herbarium', *Oxford Plant Systematics*, xxii (2016), pp. 10–11.

79 A. D. Dzhangaliev, 'The Wild Apple Tree of Kazakhstan', *Horticultural Reviews*, xxix (2003), pp. 65–303.

80 William Aiton, *Hortus Kewensis; or, A Catalogue of the Plants Cultivated in the Royal Botanic Garden at Kew*, vol. ii: *Monandria – Heptandria* (London, 1789), p. 434.

81 Nicholas Hind and James Kay, 'A Nature Print of *Petasites japonicus subsp. giganteus', Curtis's Botanical Magazine*, xxiii/4 (November 2006), pp. 325–41.

82 William H. Harvey, *Phycologia Britannica; or, a History of British Sea-weeds, vol. iii: Rhodospermeae; or Red Sea-weeds: Part ii (Cryptonemiaceae and Ceramiaceae)* (London, 1846), pl. clxxxi.

83 Brian Dolan, 'Pedagogy through Print: James Sowerby, John Mawe and the Problem of Colour in Early Nineteenth-Century Natural History Illustration', *British Journal of the History of Science*, xxxi/3 (September 1998), pp. 275–304.

84 Estimated from costs reported by Hans Walter Lack with David J. Mabberley, T*he Flora Graeca Story: Sibthorp, Bauer, and Hawkins in the Levant* (Oxford, 1999), p. 214.

85 Bamber Gascoigne, *Milestones in Colour Printing, 1457–1859* (Cambridge, 1997).

86 Blanche Henrey, *British Botanical and HorticulturalLiterature before 1800*, vol. ii: The Eighteenth Century: History (Oxford, 1975), pp. 267–8.

87 Crispijn de Passe, *Hortus floridus: A Garden of Flovvers, Wherein Very Lively Is Contained a Trve and Perfect Discription of Al the Flovvers Contained in These Fovre Followinge Books* (Utrecht, 1615), title page.

88 Ibid., '*Winter Quarter*'.

89 Ibid., tab. d.10. Early seventeenth-century language associated with plant morphology had yet to be tandardized. Consequently, terms are best understood through comparison with the associated illustration. The 'laggs' (staves) in the white dog's-tooth violet are the stamen filaments (the anthers have been lost), while 'clapper' and 'steale' appear to refer to the ovary and style of the flower, respectively.

90 Peter Henderson, *James Sowerby: The Enlightenment's Natural Historian* (Kew, 2015).

91 Nickelsen, 'The Challenge of Colour'; Brent Elliott,'The Artwork of *Curtis's Botanical Magazine*', *Curtis's Botanical Magazine*, xvii/1 (February 2000), pp. 35–41; Kusukawa, *Picturing the Book of Nature*, pp. 69–81.

92 Kusukawa, *Picturing the Book of Nature*, p. 75.

93 Michael Twyman, A *History of Chromolithography: Printed Colour for All* (London, 2013).

94 Stephen A. Harris, 'The Trower Collection: Botanical Watercolours of an Edwardian Lady', *Journal of the History of Collections*, xxii/1 (May 2010), pp. 115–28.

95 Ray Desmond, *A Celebration of Flowers: Two Hundred Years of Curtis's Botanical Magazine* (London, 1987), pp. 86, 188–91.

96 David J. Mabberley, *Arthur Harry Church: The Anatomy of Flowers* (London, 2000); Stephen A. Harris, 'The Trower Collection: Botanical Watercolours of an Edwardian Lady', *Journal of the History of Collections*, xxii/1 (May 2010), p. 123.

97 E. J. Kraus, 'Book Review: *A Flower Book for the Pocket. By MacGregor Skene*', *Botanical Gazette*, xcvii/1 (September 1935), p. 189.

98 George Paston, *Mrs Delany (Mary Granville): A Memoir, 1700–1788* (London, 1900), p. 230. See also Mark Laird and Alicia Weisberg-Roberts, *Mrs Delany and Her Circle* (New Haven, ct, 2009).

[主題和趨勢]

1 W.H.S. Jones, Pliny. *Natural History. Books 24–27* (London, 1956), book 25, p. 8.

2 R. D. Harley, *Artists' Pigments, c. 1600–1835: A Study in English Documentary Sources* (London, 2001).

3 William A. Locy, 'The Earliest Printed Illustrations of Natural History', *Scientific Monthly*, xiii/3 (September 1921), pp. 238–58.

4 Edward L. Greene, *Landmarks of Botanical History: A Study of Certain Epochs in the Development of the Science of Botany*. Part 1 – Prior to 1562 ad (Washington, dc, 1909), p. 167.

5 Hieronymus Bock, *New Kreütter Bůch* (Strasbourg, 1539), Preface.

6 Linda Farrar, *Gardens and Gardeners of the Ancient World: History, Myth and Archaeology* (Oxford, 2016), pp. 1–35; Alix Wilkinson, *The Garden in Ancient Egypt* (London, 1998).

7 Joyce Tyldesley, *Hatchepsut: The Female Pharaoh* (London, 1998).

8 Edouard Naville, *The Temple of Deir el Bahari (Band 3): End of Northern Half and Southern Half of the Middle Platform* (London, 1898), pp. 11–22, plates lxix–lxxxvi.

9 Frederick Ernest Weiss, 'Notes on the "Botanical Chamber" in the Temple of Thutmosis iii at Karnak', *Journal of Royal Horticultural Society*, lxvi (1941), pp. 51–4; Nathalie Beaux, *Le Cabinet de curiosités de Thoutmosis iii: Plantes et animaux du jardin botanique de Karnak* (Louvain, 1990); Dimitri Laboury, 'Archaeological and Textual Evidence for the Function of the "Botanical Garden" of Karnak in the Initiation Ritual', in *Sacred Space and Sacred Function in Ancient Thebes*, ed. Peter F. Dorman and Betsy M. Bryan (Chicago, il, 2007), pp. 27–34.

10 Lincoln Taiz and Lee Taiz, *Flora Unveiled: The Discovery and Denial of Sex in Plants* (Oxford, 2017), pp. 85–137; Farrar, *Gardens and Gardeners*, pp. 36–70.

11 August Henry Pruessner, 'Date Culture in Ancient Babylonia', *American Journal of Semitic Languages and Literatures*, xxxvi (1920), pp. 213–32.

12 Edward B. Tylor, 'The Winged Figures of the Assyrian and Other Ancient Monuments', *Proceedings of the Society of Biblical Archaeology*, xii (1890), pp. 383–93.

13 Barbara Nevling Porter, 'Sacred Trees, Date Palms, and the Royal Persona of Ashurnasirpal ii', *Journal of Near Eastern Studies*, lii/2 (April 1993), pp. 129–39.

14 Taiz and Taiz, *Flora Unveiled*.

15 Minta Collins, *Medieval Herbals: The Illustrative Traditions* (London, 2000).

16 Agnes Arber, Herbals, T*heir Origin and Evolution: A Chapter in the History of Botany*, 1470–1670 (Cambridge, 1986); Collins, Medieval Herbals.

17 Thomas A. Sprague, 'The Herbal of Otto Brunfels', *Botanical Journal of the Linnean Society*, xlviii/320 (December 1928), pp. 79–124.

18 Alain Touwaide, 'Botany and Humanism in the Renaissance: Background, Interaction, Contradictions', in T*he Art of Natural History: Illustrated Treatises and Botanical Paintings, 1400–1850*, ed. Therese O'Malley and Amy R. W. Meyers (New Haven, ct,

and London, 2008), pp. 33–61; Brent Elliott, 'The World of the Renaissance Herbal', Renaissance Studies, xxv/1 (February 2011), pp. 24–41; Sachiko Kusukawa, P*icturing the Book of Nature: Image, Text, and Argument in Sixteenth-Century Human Anatomy and Medical Botany* (Chicago, il, and London, 2012).

19 Tommaso Agostino Ricchini, *Index librorum prohibitorum* (Rome, 1758), p. 6.

20 Wilfrid Blunt, *The Art of Botanical Illustration* (London, 1950), p. 47.

21 Otto Brunfels, *Herbarum vivae eicones* (Strasbourg, 1530), pp. 151, 217.

22 Sprague, 'The Herbal of Otto Brunfels'; Arber, *Herbals*; Kusukawa, *Picturing the Book of Nature*.

23 Brunfels, *Herbarum*, pp. 36, 120. In the case of the latter, with Weiditz's original watercolour at https://www.burgerbib.ch/de/bestaende/privatarchive/einzelstuecke/platter-herbarium/pflanzenindex (Bd. X, S. 13: Bellis & Senecio [Aquarell]).

24 Thomas A. Sprague and E. Nelmes, 'The Herbal of Leonhart Fuchs', *Botanical Journal of the Linnean Society*, xlviii/325 (October 1931), pp. 545–642; Frederick G. Meyer, Emily Emmart Trueblood and John L. Heller, The Great Herbal of Leonhart Fuchs: De historia stirpium commentarii insignes, 1542 (2 vols; Stanford, ca, 1999).

25 Kusukawa, *Picturing the Book of Nature*.

26 Quoted in Rudolph von Roth, *Urkunden zur Geschichte der Universität Tübingen aus den Jahren 1476 bis 1550* (Tübingen, 1877), p. 312 (translation from Klaus Dobat, 'Leonhart Fuchs: Physician and Pioneer of Modern Botany', in Leonhart Fuchs, *The New Herbal of 1543: New Kreüterbuch*, Cologne, 2001, p. 13).

27 William Woodville, *Medical Botany*, vol. i (London, 1790), pp. 37–8, pl. 13.

28 Brunfels, *Herbarum*, p. 21.

29 Leonard Fuchs, *De historia stirpivm commentarii insignes* (Basle, 1542), p. 140.

30 Ibid., p. 393.

31 Ibid., p. 469.

32 Based on Fuchs's own hand-coloured copy of the German-language edition of 1543, the branches have been identified as yellow archangel (left; *Lamium galeobdolon*), red deadnettle (middle; *L. maculatum*) and white deadnettle (left; *L. album*); see Dobat, 'Leonhart Fuchs'.

33 Arthur H. Church, 'Brunfels and Fuchs', *Journal of Botany*, lvii (1919), p. 237.

34 M. J. Bunting, D. Briggs and M. Block, '*The Cambridge British Flora* (1914–1920)', Watsonia, xx (1995), pp. 195–204.

35 Charles E. Moss, *The Cambridge British Flora*, vol. iii, *Portulaceae to Fumariaceae: Text* (Cambridge, 1920), Alfred Wilmott's obituary for Edward Walter Hunnybun.

36 A. R., '*The Cambridge British Flora*', Nature, cvi (1920), pp. 337–8; Bunting, Briggs and Block, '*The Cambridge British Flora*'.

37 Fuchs, *De historia*, p. 69; Church, 'Brunfels and Fuchs', p. 242.

38 Stephen A. Harris, 'Introduction of Oxford Ragwort, *Senecio squalidus* (Asteraceae), to the United Kingdom', *Watsonia*, xxiv (2002), pp. 31–43.

39 Meyer, Trueblood and Heller, T*he Great Herbal*; Bruce T. Moran, 'Preserving the Cutting Edge: Traveling Woodblocks, Material Networks, and Visualizing Plants in Early Modern Europe', in *The Structures of Practical Knowledge*, ed. Matteo Valleriani (Berlin, 2017), pp. 393–419; Jessie Wei-Hsuan Chen, 'A Woodblock's Career: Transferring Visual Botanical Knowledge in the Early Modern Low Countries', *Nuncius*, xxxv/1 (April 2020), pp. 20–63.

40 Church, 'Brunfels and Fuchs', p. 235.

41 Carl Friedrich Philipp von Martius, 'Herbarium Florae Brasiliensis', *Flora*, xx (1837), p. 10.

42 Fuad Atala, 'A História da "Flora Fluminensis" de Frei Vellozo', *Vellozia*, i (1961), pp. 36–44;J.P.P Carauta, 'The Text of Vellozo's *Flora fluminensis* and itsEffective Date of Publication' , *Taxon*, xxii/2–3 (May 1973), pp. 281–4.

43 William J. Hooker, 'Martius on the Botany of Brazil', Hooker's *Journal of Botany*, iv (1842), p. 7.

44 Martius, 'Herbarium florae Brasiliensis', p. 9; Hooker,'Martius on the Botany of Brazil', p. 7.

45 Church, 'Brunfels and Fuchs', p. 244.

46 Florike Egmond, *Eye for Detail: Images of Plants and Animals in Art and Science, 1500–1650* (London, 2017).

47 Collins, *Medieval Herbals*.

48 Rudolf Schmid, 'A Blatant Case of Plagiarism: S. S. Negi's "Handbook of Fir and Spruce Trees of the World" ', *Taxon*, xlvi/1

(February 1997), pp. 159–62.
49 Stephen Freer, *Linnaeus' Philosophia Botanica* (Oxford, 2005), p. 17.
50 Henrietta McBurney, *Illuminating Natural History: The Art and Science of Mark Catesby* (New Haven, ct, 2021).
51 Mark Catesby, *The Natural History of Carolina, Florida, and the Bahama Islands*, vol. ii (London, 1771), plate 120.
52 Ibid.
53 For a global overview of botanical illustration, see Wilfrid Blunt and William T. Stearn, *The Art of Botanical Illustration* (London, 1994).
54 Kusukawa, *Picturing the Book of Nature*, pp. 125–36.
55 Sachiko Kusukawa, 'Leonhart Fuchs on the Importance of Pictures', *Journal of the History of Ideas*, lviii/3 (July 1997), pp. 403–27.
56 Blunt and Stearn, *Botanical Illustration*, pp. 73–4.
57 Sprague and Nelmes, 'The Herbal of Leonhart Fuchs', p. 546.
58 John Knott, 'Aconite . . . : Its Place in History, in Mythology, in Criminology; in Botany, in Therapeutics, and in Toxicology', *Dublin Journal of Medical Science*, cxxiii (1907), pp. 300–8.
59 Carolus Linnaeus, Flora Lapponica (Amsterdam, 1737), p. 178; Anton Störck, Libellus, *quo demonstratur: Stramonium, Hyosciamum, Aconitum non solum tuto posse exhiberi usu interno hominibus* . . .(Vienna, 1762), pp. 69–118.
60 Hans Walter Lack with David J. Mabberley, *The Flora Graeca Story: Sibthorp, Bauer, and Hawkins in the Levant* (Oxford, 1999); Jim Endersby, *Imperial Nature: Joseph Hooker and the Practices of Victorian Science* (Chicago, il, 2010).
61 Robert Wight, *Icones plantarum Indiae Orientalis: or, Figures of Indian Plants*, vol. i (Madras, 1840), p. ii.
62 M. L. Rodrigues Areia, Maria Arminda Miranda and T. Hartmann, *Memória da Amazónia: Alexandre Rodrigues Ferreira e a Viagem philosophica pelas capitanias do Grão-Pará, Rio Negro, Mato Grosso e Cuyabá, 1783–1792* (Coimbra, 1991); Osvaldo Rodrigues da Cunha, *O naturalista Alexandre Rodrigues Ferreira: Uma análise comparativa de sua Viagem filosófica* (1783–1793) (Belém, 1991).
63 William Joel Simon, *Scientific Expeditions in the Portuguese Overseas Territories, 1783–1808: The Role of Lisbon in the Intellectual Scientific Community of the Late Eighteenth Century* (Lisbon, 1983); Ronald Raminelli, 'Ciência e colonização: Viagem filosófica de Alexandre Rodrigues Ferreira', Revista Tempo, vi (1998), pp. 157–82.
64 Virgílio Correa Filho, *Alexandre Rodrigues Ferreira: Vida e obra do grande naturalista brasileiro* (São Paulo, 1939); Emil August Göldi, *Alexandre Rodrigues Ferreira* (Brasília, 1982).
65 Lack and Mabberley, *The Flora Graeca Story*.
66 Ibid., p. 42.
67 Ibid., p. 177.
68 Ibid., p. 194.
69 Ibid., p. 176.
70 Ibid., p. 213.
71 Ibid.
72 Ibid., p. 215. Technically, the case was brought against Payne and Foss (distributors of the book) by the British Museum, but the case was defended by Sibthorp's executors.
73 Ibid.
74 Michele Tenore, 'Annotazioni alla Flora Greca', *Rendiconto delle adunanze e de lavori dell' Accademia delle Scienze Sézione della Società Reale Borbonica di Napoli*, i (1842), p. 82 (my translation).
75 Lack and Mabberley, *The Flora Graeca Story*, p. 35. 76 Stephen A. Harris, *The Magnificent Flora Graeca: How the Mediterranean Came to the English Garden* (Oxford, 2007).
77 Church, 'Brunfels and Fuchs', pp. 243–4. The latter part of this criticism appears specifically directed at the work of the self-taught illustrator Edward Walter Hunnybun for Charles Moss's *The Cambridge British Flora* (1914, 1920).
78 Larry J. Schaaf, *Out of the Shadows: Herschel, Talbot, and the Invention of Photography* (New Haven, ct, and London, 1992).

[科學與插畫]

1 Henry Power, *Experimental Philosophy, in Three Books* (London, 1664), p. 51.

2 John Prest, *The Garden of Eden: The Botanic Garden and the Re-Creation of Paradise* (New Haven, ct, and London, 1981).

3 Dorinda Outram, *The Enlightenment* (Cambridge, 2013).

4 Elizabeth Twining, *Illustrations of the Natural Orders of Plants with Groups and Descriptions*, vol. i (London, 1868), p. vii.

5 So-called Neptune balls are the fibrous balls produced by the action of waves and currents on the submerged marine aquatic flowering plant Neptune grass (*Posidonia oceanica*).

6 Lorraine Daston and Katharine Park, *Wonders and the Order of Nature, 1150–1750* (New York, 2001).

7 Oliver Impey and Arthur MacGregor, *The Origins of Museums: The Cabinet of Curiosities in Sixteenth- and Seventeenth-Century Europe* (Oxford, 1985).

8 Daston and Park, *Wonders*, p. 123.

9 John Gerard, *The Herball; or, General Historie of Plantes* (London, 1633), p. 135.

10 Charles John Samuel Thompson, *The Mystic Mandrake* (London, 1934).

11 Alice F. Tryon, 'The Vegetable Lamb of Tartary', *American Fern Journal*, xlvii/1 (1957), pp. 1–7; John H. Appleby, 'The Royal Society and the Tartar Lamb', *Notes and Records: The Royal Society Journal of the History of Science*, li/1 (January 1997), pp. 23–34.

12 Henry Lyons, *The Royal Society, 1660–1940: A History of its Administration Under its Charters* (Cambridge, 1944), p. 211; Daston and Park, *Wonders*; Adrian Tinniswood, T*he Royal Society and the Invention of Modern Science* (London, 2019).

13 Quoted in Daston and Park, *Wonders*, p. 325.

14 'Letter 2534 – Charles Kingsley to Charles Darwin (18 November 1859)', Darwin Correspondence Project, www.darwinproject.ac.uk, 28 September 2022.

15 Brian W. Ogilvie, T*he Science of Describing: Natural History in Renaissance Europe* (Chicago, il, and London, 2006).

16 Alan G. Morton, *History of Botanical Science: An Account of the Development of Botany from Ancient Times to the Present Day* (London, 1981); Jim Al-Khalili, *Pathfinders: The Golden Age of Arabic Science* (London, 2010).

17 Ogilvie, *The Science of Describing.*

18 Morton, *History of Botanical Science; Steven Shapin, The Scientific Revolution* (Chicago, il, and London, 2018).

19 Shapin, *Scientific Revolution.*

20 Tinniswood, *Royal Society.*

21 Lisa Jardine, *The Curious Life of Robert Hooke: The Man Who Measured London* (London, 2004).

22 David Livingstone, P*utting Science in Its Place: Geographies of Scientific Knowledge* (Chicago, il, 2013).

23 Barbara M. Thiers, *Herbarium: The Quest to Preserve and Classify the World's Plants* (Portland, or, 2020).

24 Philip Stephens and William Browne, *Catalogus horti botanici oxoniensis* (Oxonii, 1658), preface to the Philobotanick Reader.

25 Paula Findlen, P*ossessing Nature: Museums, Collecting, and Scientific Culture in Early Modern Italy* (Berkeley, ca, 996), p.259.

26 Tore Frängsmyr, ed., *The Structure of Knowledge: Classifications in Science and Learning Since the Renaissance* (Berkeley, ca, 2001).

27 Giulio Pontedera, *Anthologia* (Padua, 1720).

28 Gordon L. Miller, *Von Goethe: The Metamorphosis of Plants* (Cambridge, ma, 2009), pp. xv–xxxi.

29 Quoted in Hans Walter Lack with David J. Mabberley, *The Flora Graeca Story: Sibthorp, Bauer, and Hawkins in the Levant* (Oxford, 1999), p. 35.

30 Stéphane Deligeorges, Alexandre Gady and Françoise Labalette, *Le Jardin des Plantes et le Muséum National d'Histoire Naturelle* (Paris, 2004).

31 Ray Desmond, *The History of the Royal Botanic Gardens Kew* (Kew, 1995).

32 Lucile H. Brockway, *Science and Colonial Expansion: The Role of the British Royal Botanic Gardens* (New Haven, ct, and London, 2002).

33 Nehemiah Grew, *Musaeum Regalis Societatis* (London, 1681), Preface.

34 Lansdown Guilding, *An Account of the Botanic Garden in the Island of St Vincent, from its First Establishment to the Present Time* (Glasgow, 1825).

35 Emma C. Spary, 'Of Nutmegs and Botanists: *The Colonial Cultivation of Botanical Identity', in Colonial Botany: Science, Commerce, and Politics in the Early Modern World*, ed. Londa Schiebinger and Claudia Swan (Philadelphia, pa, 2005), pp. 187–203.

36 Charles Daubeny, *Address to the Members of the University, Delivered on May 20, 1853* (Oxford, 1853), p. 4.

37 Thiers, *Herbarium*.

38 Jens Holmboe, *Studies on the Vegetation of Cyprus: Based on Researches during the Spring and Summer 1905* (Bergen, 1914), p. 187, fig. 61.

39 Morton, *History of Botanical Science; Ogilvie, The Science of Describing*.

40 Gerard, *Herball*, p. 834.

41 William Jackson Hooker, 'Adansonia digitata. Ethiopian sour-gourd, or monkey bread', *Curtis's Botanical Magazine*, lv (1828), tt. 2791–2.

42 Lecture notes by John Sibthorp, delivered at the University of Oxford between 1788 and 1793 (ms Sherard 219, f.39; Sherardian Library of Plant Taxonomy, Bodleian Libraries, Oxford).

43 Stephen Freer, *Linnaeus' Philosophia Botanica* (Oxford, 2005).

44 Wilfrid Blunt, *Linnaeus: The Compleat Naturalist* (London, 2004), pp. 119–23.

45 Emma C. Spary, *Utopia's Garden: French Natural History from Old Regime to Revolution* (London and Chicago, il, 2000).

46 Michel Adanson, *A Voyage to Senegal, the Isle of Goree, and the River Gambia* (London, 1759), pp. iv–v.

47 Frans Stafleu, 'Adanson and His Familles des Plantes', in *Adanson: The Bicentennial of Michel Adanson's Familles des Plantes*, part 1, ed. G.H.M. Lawrence (Pittsburgh, pa, 1963), pp. 123–264; Morton, *History of Botanical Science*.

48 Power, *Experimental Philosophy*, Preface.

49 Gerard l'E. Turner, 'The Impact of Hooke's *Micrographia* and its Influence on Microscopy', in *Robert Hooke and the English Renaissance*, ed. Paul Welberry Kent and Allan Chapman (Leominster, 2005), pp. 124–45; Howard Gest, 'Homage to Robert Hooke (1635–1703): New Insights from the Recently Discovered Hooke Folio', *Perspectives in Biology and Medicine*, lii/3 (Summer 2009), pp. 392–9; Jordynn Jack, 'A Pedagogy of Sight: Microscopic Vision in Robert Hooke's *Micrographia*', *Quarterly Journal of Speech*, xcv/2 (2009), pp. 192–209.

50 Robert Hooke, Micrographia: Or, S*ome Physiological Descriptions of Minute Bodies Made by Magnifying Glasses, With Observations and Inquiries Thereupon* (London, 1665), p. 143.

51 Ibid., p. 142.

52 Ibid., schem. i.

53 Ibid., Preface; Meghan C. Doherty, 'Discovering the "True Form": Hooke's *Micrographia* and the Visual Vocabulary of Engraved Portraits', *Notes and Records of the Royal Society*, lxvi/3 (September 2012), pp. 211–34.

54 Hooke, *Micrographia*, Dedicatory epistle.

55 Morton, *History of Botanical Science*, p. 376.

56 Julius von Sachs, *History of Botany*, 1530–1860 (Oxford, 1890), p. 258.

57 Frederick O. Bower, *Sixty Years of Botany in Britain* (1875–1935): I*mpressions of an Eye-Witness* (London, 1938), p. 30; Stuart M. Walters, *The Shaping of Cambridge Botany* (Cambridge, 1981), p. 23.

58 Sachs, *History of Botany*, p. 247.

59 Morton, *History of Botanical Science*.

60 Henry Harris, *The Birth of the Cell* (New Haven, ct, 1999), pp. 79–81.

61 Hooke, *Micrographia*, p. 113.

62 Johann Jacob Paul Moldenhawer, *Beyträge zur Anatomie der Pflanzen* (Kiel, 1812), p. xi (my translation).

63 K. Goebel, 'Wilhelm Hofmeister', *Plant World*, viii (1905), p. 298; Donald R. Kaplan and Todd J. Cooke, 'The Genius of Wilhelm Hofmeister: The Origin of Causal-Analytical Research in Plant Development', *American Journal of Botany*, lxxxiii/12 (December 1996), pp. 1647–60.

64 Morton, *History of Botanical Science*, p. 399.

65 Bower, *Sixty Years of Botany*, p. 30; Walters, The Shaping of Cambridge Botany, p. 27; Morton, *History of Botanical Science*.

66 Matthias Jacob Schleiden, *Principles of Scientific Botany; or, Botany as an Inductive Science* (London, 1849), p. 2.
67 Morton, *History of Botanical Science*.
68 James A. Secord, *Victorian Sensation: The Extraordinary Publication, Reception, and Secret Authorship of Vestiges of the Natural History of Creation* (Chicago, il, and London, 2003).
69 Ralph E. Cleland, *Oenothera: Cytogenetics and Evolution* (London and New York, 1972), pp. 3–25.
70 Hugo de Vries, G*ruppenweise Artbildung unter Spezieller Berücksichtigung der Gattung Oenothera* (Berlin, 1913), p. iv (my translation).
71 Nathaniel C. Comfort, *The Tangled Field: Barbara McClintock's Search for the Patterns of Genetic Control* (Cambridge, ma, 2001).

[鮮血與寶藏]

1 Julius von Sachs, *History of Botany*, 1530–1860 (Oxford, 1890), p. 109.
2 Dorinda Outram, 'New Spaces in Natural History', in *Cultures of Natural History, ed. N. Jardine, J. A. Secord and E. C. Spary* (Cambridge, 1996), pp. 249–65.
3 Robert Wight, *Icones plantarum Indiae Orientalis: or, Figures of Indian Plants*, vol. i (Madras, 1840), p. ii.
4 Sachs, *History of Botany*, p. 109.
5 Ibid., p. 204.
6 Arthur MacGregor, ed., *Naturalists in the Field: Collecting, Recording and Preserving the Natural World from the Fifteenth to the Twenty-First Century* (Leiden, 2018).
7 Joseph D. Hooker, T*he Rhododendrons of Sikkim-Himalaya* (London, 1849–51), p. 30.
8 Frank N. Egerton, *Roots of Ecology: Antiquity to Haeckel* (Berkeley, ca, 2012).
9 J. Rennie, 'On Juvenile Museums, with an Account of a Boy's Herbarium', *Magazine of Natural History*, i (1828–9), pp. 412–13; Thomas Martyn, Letters on the Elements of Botany (London, 1787), pp. v, 13.
10 George Gardner, *Travels in the Interior of Brazil, Principally through the Northern Provinces, and the Gold and Diamond Districts, during the Years 1836–1841* (London, 1849), pp. viii–ix.
11 Henry W. Bates, *The Naturalist on the River Amazons* (London, 1989), pp. 248–9.
12 Joseph D. Hooker, *Himalayan Journals*, vol. i (London, 1854), pp. 179–80.
13 Harold B. Carter, *Sir Joseph Banks*, 1743–1820 (London, 1988).
14 Ray Desmond, *The History of the Royal Botanic Gardens Kew* (Kew, 1995).
15 Luciana Martins and Felix Driver, "The Struggle for Luxuriance" : William Burchell Collects Tropical Nature', in *Tropical Visions in an Age of Empire, ed. Driver and Martins* (Chicago, il, 2005), pp. 61–2.
16 Alexander Caldcleugh, *Travels in South America, during the Years 1819–20–21; Containing an Account of the Present State of Brazil, Buenos Ayres, and Chile*, vol. i (London, 1825), p. 20.
17 Gardner, *Travels*, p. 307.
18 Richard F. Burton, *Exploration of the Highlands of Brazil; A Full Account of the Gold and Diamond Mines, Also, Canoeing Down 1500 Miles of the Great River São Francisco, from Sabará to the Sea* (London, 1869), p. 187.
19 Quotation from lecture notes by John Sibthorp, delivered at the University of Oxford between 1788 and 1793 (ms Sherard 219, f.45r, Sherardian Library of Plant Taxonomy, Bodleian Libraries, Oxford). See also Wilfrid Blunt, *Linnaeus: The Compleat Naturalist* (London, 2004), pp. 189–201.
20 Joseph D. Hooker, *Journal of the Right Hon. Sir Joseph Banks Bart., kb, prs during Captain Cook's First Voyage in hms Endeavour in 1768–71 to Terra Del Fuego, Otahite, New Zealand, Australia, the Dutch East Indies, etc.* (London, 1896); David Douglas, *Journal Kept by David Douglas during his Travels in North America, 1823–1827* (London, 1914).
21 Londa Schiebinger and Claudia Swan, ed., *Colonial Botany: Science, Commerce, and Politics in the Early Modern World* (Philadelphia, pa, 2005).
22 Joseph P. Tournefort, *A Voyage into the Levant*, vol. i (London, 1718), p. 3.
23 Ibid., p. xviii.
24 Gabrielle Duprat, *Les Manuscrits de Tournefort conservés au Muséum National d'Histoire Naturelle* (Paris, 1957).

25 Tournefort, *Voyage*, p. 2 (Tournefort's emphasis in the quotation).
26 Ibid., p. 2.
27 Joseph Pitton de Tournefort, *A Voyage into the Levant*, vol. ii (London, 1718), p. 190.
28 Réné Louiche Desfontaines, *Choix de plantes du corollaire des Instituts de Tournefort publiées d'après son herbier, et gravées sur les dessins originaux d'Aubriet* (Paris, 1808), p. 2 (my translation).
29 Tournefort, *Voyage*, p. 2.
30 Ibid., p. 190.
31 Duprat, *Les Manuscrits*.
32 Wilfrid Blunt and William T. Stearn, *The Art of Botanical Illustration* (London, 1994), pp. 101–2, 125.
33 Tournefort, *Voyage*, vol. i, title page.
34 William T. Stearn, 'Jaubert and Spach's "Illustrationes Plantarum Orientalium" ', *Archives of Natural History*, i (1939), pp. 255–9.
35 The summary of Sibthorp and Bauer's eastern Mediterranean expedition is taken from Stephen A. Harris, *The Magnificent Flora Graeca: How the Mediterranean Came to the English Garden* (Oxford, 2007).
36 Hans Walter Lack with David J. Mabberley, *The Flora Graeca Story: Sibthorp, Bauer, and Hawkins in the Levant* (Oxford, 1999), p. 108.
37 Quoted ibid., p. 32.
38 Quoted ibid.
39 Alexander de Humboldt, P*ersonal Narrative of Travels to the Equinoctial Regions of the New Continent, during the Years 1799–1804, by Alexander de Humboldt and Aimé Bonpland*, vols i and ii (London, 1822), p. 113.
40 Alexander de Humboldt, *Vues des cordilléres, et monumens des peuples indigénes de l'Amérique* (Paris, 1810), plate 69; David Martín López, 'Jardín, ilustración y periferia: Canarias y la estética de lo foráneo', in *El Mundo urbano en el siglo de la ilustración*, vol. ii, ed. Ofelia Rey Castelao and Roberto J. López (Santiago de Compostela, 2009), pp. 301–16.
41 José Barrios García, 'La Imagen del drago de La Orotava (Tenerife) en la literatura y el arte: Apuntes para un catálogo cronológico (1770–1878)', in xix *Coloquio de historia Canario-Americana* (2010), ed. Francisco Morales Padrón (Las Palmas de Gran Canaria, 2012), pp. 748–58.
42 Charles P. Smyth, *Teneriffe, an Astronomer's Experiment: Or, Specialities of a Residence above the Clouds* (London, 1858), p. 420; E. O. Fenzi, 'Destruction of the Famous Dragon Tree of Teneriffe', *Gardeners' Chronicle and Agricultural Gazette*, xxviii (1868), p. 30.
43 Maria Graham, *Journal of a Voyage to Brazil and Residence There, during Part of the Years 1821, 1822, 1823* (London, 1824), pp. 84–6; Sabin Berthelot, 'Observations sur le Dracaena draco', Annales des sciences naturelles, xiv (1828), pp. 137–47.
44 Smyth, *Teneriffe*, pp. 420–21.
45 Pierre Edmond Boissier, *Voyage botanique dans le midi de l'Espagne pendant l'année 1837, vol. i: Narration et géografie botanique, planches* (Paris, 1839), p. iii (my translation).
46 Smyth, *Teneriffe*, pp. 426–7.
47 Anon., 'The Great Dragon Tree', Gardeners' Chronicle and Agricultural Gazette, xxxii (1872), p. 764.
48 Javier Francisco-Ortega and Arnoldo Santos-Guerra, 'Early Evidence of Plant Hunting in the Canary Islands from 1694', *Archives of Natural History*, xxvi/2 (1999), pp. 239–67; Arnoldo Santos-Guerra et al., 'Late 17th Century Herbarium Collections from the Canary Islands: The Plants Collected by James Cuninghame in La Palma', Taxon, lx/6 (December 2011), pp. 1734–53.
49 Frederick Burkhardt, *Charles Darwin: The 'Beagle' Letters* (Cambridge, 2008), p. 91.
50 William T. Stearn, 'Philip Barker Webb and Canarian Botany', *Monographiae biologicae canarienses*, iv (September 1973), pp. 15–29
51 Philip Barker Webb and Sabin Berthelot, *Histoire naturelle des Iles Canaries* (Paris, 1836–50); David Bramwell and Zoe Bramwell, Wild Flowers of the Canary Islands (Madrid, 2001), p. 6.
52 Malgosia Nowak-Kemp, 'William Burchell in Southern Africa, 1811–1815', in *Naturalists in the Field*, ed. MacGregor, pp. 500–49.

53 William J. Burchell, *Travels in the Interior of Southern Africa*, vol. i (London, 1822), p. viii.

54 S. T. Edwards, '*Burchellia capensis*. Cape Burchellia', *Botanical Register*, vi (1820), t. 466.

55 Quotation from ibid., p. vii; see also Nowak-Kemp, 'William Burchell'.

56 Burchell, Travels, vol. i, pp. 164–5.

57 Ibid., p. 425.

58 Nowak-Kemp, 'William Burchell'.

59 Burchell, *Travels*, vol. i, pp. 310–11.

60 Rudolf Marloth, 'Mimicry among Plants', *Transactions of the South African Philosophical Society*, xv (1904), p. 100.

61 Burchell, *Travels*, vol. i, p. vii.

62 Ibid., pp. vii, viii.

63 Ibid., p. 310.

64 Ibid., p. 212.

65 Burchell, Travels, p. 212.

66 John Charles Melliss, St Helena: *A Physical, Historical and Topographical Description of the Island, Including Geology, Fauna, Flora and Meteorology* (London, 1875), p. 222.

67 Nowak-Kemp, 'William Burchell'.

68 Deepika Gupta, Bruce Bleakley and Rajinder K. Gupta, 'Dragon's Blood: Botany, Chemistry and Therapeutic Uses', *Journal of Ethnopharmacology*, cxv/3 (February 2008), pp. 361–80.

69 Isaac B. Balfour, Botany of Socotra, *Transactions of the Royal Society of Edinburgh*, vol. xxxi (Edinburgh, 1888), p. x.

70 Ibid., p. xi.

71 Ibid., p. xii.

72 Ibid., p. xiii.

73 Ibid., p. xiv.

74 Harris, *Magnificent Flora Graeca*.

75 Balfour, *Botany of Socotra*, p. xviii.

76 Gary Brown and Bruno A. Mies, *Vegetation Ecology of Socotra* (Dordrecht, 2012).

77 Martin Rejžek et al., 'Loss of a Single Tree Species Will Lead to an Overall Decline in Plant Diversity: Effect of *Dracaena cinnabari* Balf. f. on the Vegetation of Socotra Island', *Biological Conservation*, cxcvi (April 2016), pp. 165–72.

78 Thomas T. Cheeseman, *Manual of the New Zealand Flora* (Wellington, 1906), p. xi.

79 Judith A. Diment et al., *Catalogue of the Natural History Drawings Commissioned by Joseph Banks on the Endeavour Voyage, 1768–1771 Held in the British Museum (Natural History) Part 2: Botany: Australia, Bulletin of the British Museum (Natural History) (Historical Series)*, vol. xi (London, 1984), pp. 1–183; Judith A. Diment et al., *Catalogue of the Natural History Drawings Commissioned by Joseph Banks on the Endeavour Voyage 1768–1771 Held in the British Museum (Natural History) Part 2: Botany: Brazil, Java, Madeira, New Zealand, Society Islands and Tierra del Fuego, Bulletin of the British Museum (Natural History) (Historical Series)*, vol. xii (London, 1987), pp. 1–200.

80 Joseph D. Hooker, *Handbook of the New Zealand Flora: A Systematic Description of the Native Plants of New Zealand and the Chatham, Kermadec's, Lord Auckland's, Campbell's, and Macquarrie's Islands* (London, 1867), p. 52.

81 Robert Graham, '*Clianthus puniceus. Crimson Glory-Pea*', *Curtis's Botanical Magazine*, lxiv (1837), t. 3584; William Colenso, 'On *Clianthus puniceus*, Sol.', T*ransactions and Proceedings of the New Zealand Institute*, xviii (1885), pp. 291–5; Diment et al., *Catalogue . . . Brazil*, p. 69; Peter B. Heenan, '*Clianthus* (Fabaceae) in New Zealand: A Reappraisal of Colenso's Taxonomy', *New Zealand Journal of Botany*, xxxviii/3 (September 2000), pp. 361–71.

82 Joseph D. Hooker, *The Botany of the Antarctic Voyage of hm Discovery Ships Erebus and Terror, in the Years 1839–1843, under the Command of Captain Sir James Clark Ross, Kt., rn, frs & ls, etc. ii. Flora Novae-Zelandiae. Part i. Flowering Plants* (London, 1853), p. v (footnote).

83 Leonard Huxley, *Life and Letters of Sir Joseph Dalton Hooker om, gcsi, Based on Materials Collected and Arranged by Lady Hooker*, vol. i (London, 1918), p. 71.

84 Ibid., p. 64.

85 Hooker, Botany of the Antarctic Voyage, Dedication.

86 Ibid., p. 4.

87 Audrey le Lièvre, 'William Colenso, New Zealand Botanist: Something of His Life and Work', Kew Magazine, vii/4 (November 1990), pp. 186–200; A. G. Bagnall and G. C. Petersen, *William Colenso: Printer, Missionary, Botanist, Explorer, Politician: His Life and Journeys* (Dunedin, 2012).

88 Jim Endersby, *Imperial Nature: Joseph Hooker and the Practices of Victorian Science* (Chicago, il, 2010).

89 F. Bruce Sampson, *Early New Zealand Botanical Art* (Auckland, 1985).

90 Nancy M. Adams, 'James Adams, an Early New Zealand Botanist', *Tuatara*, xix/2 (May 1972), pp. 53–6.

91 Thomas T. Cheeseman, 'Description of a New Species of *Loranthus*', *Transactions of the New Zealand Institute*, xiii (1880), pp. 296–7; David A. Norton, '*Trilepidea adamsii*: An Obituary for a Species', *Conservation Biology*, v/1 (March 1991), pp. 52–7.

92 Cheeseman, *Manual*, p. iii.

93 Thomas T. Cheeseman, *Illustrations of the New Zealand Flora*, vol. i (Wellington, 1914), p. 4.

94 Charles Markham, *Peruvian Bark: A Popular Account of the Introduction of Chinchona Cultivation into British India, 1860–1880* (London, 1880).

95 Richard Evans Schultes and María José Nemry von Thenen de Jaramillo-Arango, *The Journals of Hipólito Ruiz: Spanish Botanist in Peru and Chile, 1777–1788* (Cambridge, ma, 1998).

96 José C. Mutis, *Diario de observaciones de José Celestino Mutis, 1760–1790* (Bogotá, 1957–8).

97 José C. Mutis, *El Arcano de la Quina* (Madrid, 1994); Hipólito Ruiz, *Quinologia and Suplemento a la Quinologia* (Madrid, 1994).

98 Daniela Bleichmar, *Visible Empire: Botanical Expeditions and Visual Culture in the Hispanic Enlightenment* (Chicago, il, 2012); *Maria Pilar de San Pío Aladrén, Mutis y la real expedición botânica del Nuevo Reyno de Granada* (Barcelona, 2008).

99 Hipólito Ruiz and José Pavon, *Flora Peruviana, etChilensis*, vol. ii (Madrid, 1799), plates cxci–cxcix.

100 José Triana, *Nouvelles Études sur les Quinquinas, d'après les matériaux présentés en 1867 à l'Exposition Universelle de Paris . . .* (Paris, 1870).

101 Anon., 'Introduction of Cinchona to India', *Kew Bulletin of Miscellaneous Information*, mcmxxxi/3 (1931), pp. 113–17.

102 William D. Hooker, *Inaugural Dissertation upon the Cinchonas, their History*, Uses and Effects (Glasgow, 1839).

103 Richard Spruce, *Notes of a Botanist on the Amazon and Andes: Being Records of Travel on the Amazon and its Tributaries as Also to the Cataracts of the Orinoco during the Years 1849–1864, 1817–1893*, vol. ii (London, 1908).

104 George Watt, *A Dictionary of the Economic Products of India*, vol. ii, *Cabbage to Cyperus* (Calcutta, 1889), pp. 287–316.

105 Joe Jackson, *The Thief at the End of the World: Rubber, Power, and the Seeds of Empire* (London, 2008).

106 Jean Baptiste Christophore Fusée Aublet, *Histoire des plantes de la Guiane Françoise*, vol. i (London, 1775), pp. xiv (my translation).

107 April G. Shelford, 'Buttons and Blood; or, How to Write an Anti-Slavery Treatise in 1770s Paris', *History of European Ideas*, xli/6 (2015), pp. 747–70; Dorit Brixius, 'From Ethnobotany to Emancipation: Slaves, Plant Knowledge, and Gardens on Eighteenth- Century Isle de France', *History of Science*, lviii/1 (March 2020), pp. 51–75.

108 Aublet, *Histoire*, pp. iv–xi.

109 Emma C. Spary, 'Of Nutmegs and Botanists: The Colonial Cultivation of Botanical Identity', in *Colonial Botany: Science, Commerce, and Politics in the Early Modern World*, ed. Londa Schiebinger and Claudia Swan (Philadelphia, pa, 2005), pp. 187–203.

110 Mark J. Plotkin, Brian Morey Boom and Malorye Allison, *The Ethnobotany of Aublet's 'Histoire des Plantes de la Guiane Françoise'* (1775), Monographs in Systematic Botany from the Missouri Botanical Garden, vol. xxxv (St Louis, mo, 1991), pp. 1–108.

111 Aublet, *Histoire*, title page (my translation).

112 James L. Zarucchi, 'The Treatment of Aublet's Generic Names by His Contemporaries and by Present-Day Taxonomists', *Journal of the Arnold Arboretum*, lxv/2 (April 1984), pp. 215–42.

113 Aublet, *Histoire*, p. xxix (my translation).

114 Richard A. Howard, 'The Plates of Aublet's Histoire de Plantes de la Guiane Françoise', *Journal of the Arnold Arboretum*, lxiv/2 (April 1983), p. 258.

115 Aublet, *Histoire*, p. xxix (my translation).

[花園與樹林]

1 James Main, 'Observations on Chinese Scenery, Plants, and Gardening, Made on a Visit to the City of Canton and in its Environs, in the Years 1793 and 1794', *Gardener's Magazine*, ii/6 (March 1827), p. 135.

2 Linda Farrar, *Gardens and Gardeners of the Ancient World: History, Myth and Archaeology* (Oxford, 2016).

3 Michiel Roding and Hans Theunissen, *The Tulip: A Symbol of Two Nations* (Utrecht, 1993).

4 Ibid.; *Anna Pavord*, The Tulip (London, 1999).

5 Florike Egmond, *The World of Carolus Clusius: Natural History in the Making, 1550–1610* (London, 2010); Brian W. Ogilvie, T*he Science of Describing: Natural History in Renaissance Europe* (Chicago, il, and London, 2006).

6 Harold J. Cook, *Matters of Exchange: Commerce, Medicine, and Science in the Dutch Golden Age* (New Haven, ct, and London, 2007); Julie Berger Hochstrasser, *Still Life and Trade in the Dutch Golden Age* (New Haven, ct, and London, 2007).

7 See Pavord, *The Tulip*.

8 Charles Mackay, *Memoirs of Extraordinary Popular Delusions and the Madness of Crowds* (London, 1841).

9 Peter M. Garber, 'Tulipmania', *Journal of Political Economy*, xcvii/3 (June 1989), pp. 535–60; Anne Goldgar, T*ulipmania: Money, Honor, and Knowledge in the Dutch Golden Age* (Chicago, il, 2007); Earl A. Thompson, 'The Tulipmania: Fact or Artifact?', *Public Choice*, cxxx (2007), pp. 99–114.

10 Alice M. Coats, Flowers and their Histories (London, 1956); Alice M. Coats, Garden Shrubs and Their Histories (London, 1963), pp. 290–311.

11 Coats, *Flowers*, p. 68.

12 John Parkinson, *Paradisi in sole* (London, 1629); John Gerard, *The Herball; or, General Historie of Plantes* (London, 1633); John Parkinson, *Theatrum botanicum: The Theater of Plantes or an Universall and Compleate Herball* (London, 1640).

13 Rebecca Bushnell, *Green Desire: Imagining Early Modern English Gardens* (Ithaca, ny, and London, 2003); Jill Francis, Gardens and Gardening in Early Modern England and Wales (New Haven, ct, 2018).

14 Stephen A. Harris, 'Seventeenth-Century Plant Lists and Herbarium Collections: A Case Study from the Oxford Physic Garden', *Journal of the History of Collections*, xxx/1 (March 2018), pp. 1–14.

15 Wilfrid Blunt and William T. Stearn, *The Art of Botanical Illustration* (London, 1994), p. 13.

16 Sacheverell Sitwell and Wilfrid Blunt, Great Flower Books, 1700–1900 (New York, 1990).

17 Douglas Chambers, ' "Storys of Plants" : The Assembling of Mary Capel Somerset's Botanical Collection at Badminton', *Journal of the History of Collections*, ix/1 (1997), pp. 49–60.

18 William T. Stearn and Frederick A. Roach, *Hooker's Finest Fruits: A Selection of Paintings of Fruits by William Hooker (1779–1832)* (London, 1989).

19 Edward A. Bunyard, 'A Guide to the Literature of Pomology', *Journal of the Royal Horticultural Society of London*, xl (1914), p. 433.

20 William Hooker, *The Paradisus Londinensis* (London, 1805), Preface.

21 Ibid.

22 Nicolas Barker, *Hortus Eystettensis: The Bishop's Garden and Besler's Magnificent Book* (New York, 1995).

23 In 1994 a total of 329 of the original copper printing plates were found in the Albertina, Vienna; see Regina Doppelbauer, Veronika Birke and Michael Kiehn, 'Die Kupferplatten zum "Hortus Eystettensis" ', *Wiener Geschichtsblätter*, liv (1999), pp. 22–32.

24 John Gerard, The Herball; or, *General Historie of Plantes* (London, 1633), Thomas Johnson's 'To the Reader'.

25 Blanche Henrey, B*ritish Botanical and Horticultural Literature before 1800*, vol. ii: *The Eighteenth Century: History* (Oxford, 1975), p. 265.

26 Letter from Dillenius to Richard Richardson, dated 8 September 1737; see Dawson Turner, E*xtracts from the Literary and*

Scientific Correspondence of Richard Richardson, md, frs, of Bierley, Yorkshire (Yarmouth, 1835), p. 363, and Henry Trimen, 'Letters Relating to the Death of Dillenius', *Journal of Botany*, xiii (1875), pp. 13–14.

27 Martyn's Historia Plantarum Rariorum (1728–37) is noteworthy as one of the earliest examples of colour-printing from a single plate; see Henrey, *British Botanical and Horticultural Literature*, pp. 52–4.

28 Joseph Dalton Hooker, 'Callistephus hortensis Cass.', *Curtis's Botanical Magazine*, cxxiv (1898), t. 7616.

29 Charles Jarvis, Order Out of Chaos: *Linnaean Plant Names and Their Types* (London, 2007), pp. 123–6.

30 Mark Laird, *A Natural History of English Gardening 1650–1800* (New Haven, ct, and London, 2015), p. 145.

31 Turner, *Extracts*, p. 364.

32 Letter from James Sherard to Richard Richardson, dated 5 December 1732; see Turner, *Extracts*, p. 326.

33 Marianne Klemun and Helga Hühnel, N*ikolaus Joseph Jacquin (1727–1817): Ein Naturforscher (Er)Findet sich* (Göttingen, 2017).

34 William T. Stearn, 'Bonpland's "Description des Plantes Rares Cultivees a Malmaison et a Navarre" ', *Journal of the Arnold Arboretum*, xxiii/1 (1942), pp. 110–11; Hans Walter Lack and Marina Heilmeyer, J*ardin de la Malmaison: Empress Josephine's Garden* (Munich, 2004).

35 Pieter Baas et al., *Pierre-Joseph Redouté: Botanical Artist to the Court of France* (Rotterdam, 2013).

36 Étienne Pierre Ventenat, *Jardin de la Malmaison*, vol. i (Paris, 1803), Ventenat's dedication to Empress Josephine (my translation).

37 The Highgrove Florilegium, with a print run of 175 copies, presented 124 illustrations (size: 457 by 660 millimetres/18 by 26 in) by 72 botanical artists. In 2020 the Florilegium was priced at £12,950. See www.highgrovegardens.com.

38 Celia E. Rosser and Alex S. George, *The Banksias* (Melbourne, 1981–2000).

39 Austin R. Mast and Kevin Thiele, 'The Transfer of *Dryandra R.Br. to Banksia L.f.* (Proteaceae)', Australian Systematic Botany, xx/1 (February 2007), pp. 63–71.

40 John Lindley, *Collectanea botanica: or, Figures and Botanical Illustrations of Rare and Curious Exotic Plant*s (London, 1821), additional page at front of volume; dated London, 31 October 1821.

41 Ray Desmond, *A Celebration of Flowers: Two Hundred Years of Curtis's Botanical Magazine* (London, 1987).

42 Stephen Freer, *Linnaeus' Philosophia Botanica* (Oxford, 2005), p. 182.

43 Nathaniel Wallich, *Plantae asiaticae rariores*, vol. i (London, 1830), p. 3.

44 William Curtis, '*Strelitzia reginae: Canna-Leaved Strelitzia', Botanical Magazine*, iv (1791), t. 119.

45 Ibid.

46 John Sims, 'A*maryllis belladonna* (*α*): B*elladonna Lily', Curtis's Botanical Magazine*, xix (1804), t. 733.

47 Himansu Baijnath and Patricia A. McCracken, *Strelitzias of the World: A Historical and Contemporary Exploration* (Durban, 2018), pp. 230–34.

48 Wallich, *Plantae asiaticae rariores*, p. 2.

49 Ibid.

50 William Jackson Hooker, '*Victoria Regia*. Victoria Water-lily', *Curtis's Botanical Magazine*, lxxiii (1847), pp. 8, 10.

51 Anon., I*llustrated London News*, 17 November 1849.

52 Wallich, *Plantae asiaticae rariores*, p. 3.

53 William J. Hooker and John Smith, '*Amherstia nobilis*: Splendid Amherstia', *Curtis's Botanical Magazine*, lxxv (1849), t. 4453; Benedict Lyte, '*Amherstia nobilis*: Plants in Peril 28', *Curtis's Botanical Magazine*, xx/3 (August 2003), pp. 172–76.

54 Hooker and Smith, '*Amherstia*'.

55 William J. Hooker, *Curtis's Botanical Magazine*, lxviii (1842), Dedication.

56 Lyte, '*Amherstia*'.

57 Tomasz Aniśko, *Victoria the Seductress: A Cultural and Natural History of the World's Greatest Water Lily* (Kennett Square, pa, 2013).

58 William J. Hooker, '*Victoria regia*: Victoria Water-Lily', *Curtis's Botanical Magazine*, lxxiii (1847), tt. 4275–8.

59 Francesco Calabrese, 'Origin and History', in *Citrus: The Genus Citrus*, ed. Giovanni Dugo and Angelo Di

Giacomo (London, 2002), pp. 1–15; Frederick G. Gmitter, Jr, and Xulan Hu, 'The Possible Role of Yunnan, China, in the Origin of Contemporary Citrus Species (Rutaceae)', *Economic Botany*, xliv/2 (April–June 1990), pp. 267–77; L. Ramón-Laca, 'The Introduction of Cultivated Citrus to Europe via Northern Africa and the Iberian Peninsula', *Economic Botany*, lvii/4 (Winter 2003), pp. 502–14.

60 Kenichi Tanigawa, Tadashi Hori and Rebecca Jennison, 'Tokoyo (the Eternal World): The Archetype of the Japanese World View', *Review of Japanese Culture and Society*, i/1 (October 1986), p. 87.

61 John Rea, *Flora, Ceres*, Pomona (London, 1676), p. 16.

62 Jane Kilpatrick, *Gifts from the Gardens of China: The Introduction of Traditional Chinese Garden Plants to Britain, 1698–1862* (London, 2007).

63 Young-tsu Wong, *A Paradise Lost: The Imperial Garden Yuanming Yuan* (Honolulu, hi, 2001).

64 Jean Denis Attiret, A Particular Account of the Emperor of China's Gardens Near Pekin: In a Letter from F. Attiret, a French Missionary . . . (London, 1752).

65 Ray Desmond, *The History of the Royal Botanic Gardens Kew* (Kew, 1995), pp. 44–63.

66 Alice M. Coats, *The Quest for Plants: A History of the Horticultural Explorers* (London, 1969), pp. 63–141.

67 Jane Brown, T*ales of the Rose Tree: Ravishing Rhododendrons and their Travels around the World* (London, 2004).

68 Joseph D. Hooker, *Himalayan Journals*, vol. ii (London, 1854), p. 197.

69 Joseph D. Hooker, *The Rhododendrons of Sikkim- Himalaya* (London, 1849–51), p. 13.

70 Ibid., title page and Preface.

71 Thomas Thomson, *Western Himalaya and Tibet: A Narrative of a Journey through the Mountains of Northern India, during the Years 1847–8* (London, 1852), Advertisement quoting a review in *The A*thenaeum.

72 Robert Chabrié, *Michel Boym jésuite polonais et la fin des Ming en Chine* (1646–1662): Contribution à l'histoire des missions d'Extrême-Orient (Paris, 1933).

73 Michał Boym, *Flora sinensis, fructus floresque humillime porrigens* (Vienna, 1656); Boleslaw Szczesniak, 'The Writings of Michael Boym', Monumenta Serica: *Journal of Oriental Studies*, xiv (1949), pp. 481–538.

74 Emil Bretschneider, *Early European Researches into the Flora of China* (Shanghai, 1880), p. 21.

75 Coats, *Quest for Plants*, pp. 89–91.

76 Stephen R. Platt, I*mperial Twilight: The Opium War and the End of China's Last Golden Age* (London, 2019).

77 E.H.M. Cox, Plant Hunting in China: *A History of Botanical Exploration in China and the Tibetan Marches* (London, 1945), p. 78; *Alistair Watt, Robert Fortune: A Plant Hunter in the Orient* (Kew, 2017).

78 Cox, *Plant Hunting*, pp. 80–81.

79 Ernest C. Nelson, 'From Tubs to Flying Boats: Episodes in Transporting Living Plants', in *Naturalists in the Field: Collecting, Recording and Preserving the Natural World from the Fifteenth to the Twenty-First Century,* ed. Arthur MacGregor (Leiden, 2018), pp. 578–606; Robert Fortune, *Three Years' Wandering in the Northern Provinces of China, a Visit to the Tea, Silk, and Cotton Countries, with an Account of the Agriculture and Horticulture of the Chinese, New Plants, etc.* (London, 1847).

80 Robert Fortune, *A Journey to the Tea Countries of China; Including Sung-Lo and the Bohea Hills: With a Short Notice of the East India Company's Tea Plantations in the Himalaya Mountains* (London, 1852); Robert Fortune, *Two Visits to the Tea Countries of China and the British Tea Plantations in the Himalaya: With a Narrative of Adventures, and a Full Description of the Culture of the Tea Plant, the Agriculture, Horticulture, and Botany of China* (London, 1853); Robert Fortune, A *Residence among the Chinese; Inland, on the Coast and at Sea; Being a Narrative of Scenes and Adventures during a Third Visit to China from 1853 to 1856, Including Notices of Many Natural Productions and Works of Art, the Culture of Silk, c. (*London, 1857); Robert Fortune, *Yedo and Peking: A Narrative of a Journey to the Capitals of Japan and China, with Notices of the Natural Productions*, Agriculture, *Horticulture and Trade of Those Countries and Other Things Met with by the Way* (London, 1863).

81 William B. Hemsley, '*Davidia involucrata*, Var. vilmoriniana', *Curtis's Botanical Magazine*, cxxxviii (1912), t. 8432; Nita G. Tallent-Halsell and Michael S. Watt, '*The Invasive Buddleja davidii* (Butterfly Bush)', Botanical Review, lxxv (2009), pp. 292–325; Jane Kilpatrick, *Fathers of Botany: The Discovery of Chinese Plants by European Missionaries* (Kew, 2014).

82 Richard A. Howard, 'E. H. Wilson as a Botanist', *Arnoldia*, xl/4 (July/August 1980), pp. 154–93.

83 Charles R. Boxer, *Jan Compagnie in Japan, 1600–1850: An Essay on the Cultural, Artistic, and Scientific Influence Exercised by the Hollanders in Japan from the Seventeenth to the Nineteenth Centuries* (The Hague, 1950).

84 Michael Lee Browne, 'Kawahara Keiga: The Painter of Deshima', PhD thesis, University of Michigan, Ann Arbor, 1979.

85 Ernest C. Nelson, 'So Many Really Fine Plants: An Epitome of Japanese Plants in Western European Gardens', *Curtis's Botanical Magazine*, xvi/2 (May 1999), pp. 52–68.

86 John P. Bailey and A. P. Conolly, 'Prize-Winners to Pariahs: A History of Japanese Knotweed s.l. (Polygonaceae) in the British Isles', *Watsonia*, xxiii (2000), pp. 93–110.

87 George L. van Driem, *The Tale of Tea: A Comprehensive History of Tea from Prehistoric Times to the Present Day* (Leiden, 2020).

88 John Lindley, Introduction to 'Extracts from Mr J. G. Veitch's Letters', *Gardeners' Chronicle and Agricultural Gazette*, xx (1860), p. 1104.

89 Philipp Franz de Siebold and Joseph Gerhard Zuccarini, *Flora Japonica sive Plantae, Quas in Imperio Japonico Collegit, Descripsit* . . . (Leiden, 1835), pp. 187–8.

90 Joseph D. Hooker, '*Rhodotypos kerrioides*', *Curtis's Botanical Magazine*, cxv (1869), t. 5805. On Oldham, see Desmond, History, pp. 210–11.

91 William J. Hooker, '*Epiphyllum russelianum*. The Duke of Bedford's Epiphyllum', *Curtis's Botanical Magazine*, lxvi (1840), t. 3717.

92 Desmond, History, p. 211. In 1865, when distributing Oldham's specimens, the curator of Kew's herbarium stated that 'much credit is due to Mr Oldham for the careful selection of his specimens, and their good state of preservation.' See Daniel Oliver, 'Notes upon a Few of the Plants Collected, Chiefly Near Nagasaki, Japan, and in the Islands of the Korean Archipelago, in the Years 1862–1863, by Mr Richard Oldham, Late Botanical Collector Attached to the Royal Gardens, Kew', *Botanical Journal of the Linnean Society of London, Botany*, ix/35 (October 1865), pp. 163–70.

93 Letter to William J. Hooker (Rio de Janeiro, 14 August 1837; *Directors Correspondence*, Royal Botanic Gardens, Kew 67/36).

94A. J. S. McMillan et al., *Christmas Cacti: The Genus Schlumbergera and Its Hybrids* (Sherborne, 1995); Lou C. Menezes, Orchids: Cattleya walkeriana (Brasília, 2011).

95 Kilpatrick, *Gifts from the Gardens of China*.

96 Jaap Spaargaren and Geert van Geest, 'Chrysanthemum', in Ornamental Crops, ed. Johan Van Huylenbroeck, vol. xi of *Handbooks of Plant Breeding* (Cham, 2018), pp. 319–48.

97 John Salter, *The Chrysanthemum: Its History and Culture* (London, 1865).

98 William Curtis, '*Chrysanthemum indicum: Indian Chrysanthemum*', *Botanical Magazine*, ix (1795), t. 327.

99 Salter, *Chrysanthemum*.

100 James Bateman, *The Orchidaceae of Mexico and Guatemala* (London, 1837–43), tab. xiii.

101 Ibid., pp. 7–8.

102 Zhu Shi, Christopher J. Humphries and Michael G. Gilbert, 'Chrysanthemum', *Flora of China*, www.efloras.org, 2021.

103 Fortune, *Three Years' Wandering*.

104 Fortune, *Yedo and Peking*, p. 126.

105 Jim Endersby, Orchid: *A Cultural History* (Chicago, il, and London, 2016).

106 Peter Marren, B*ritain's Rarest Flowers* (London, 2001), pp. 143–8.

107 Bateman, *Orchidaceae of Mexico and Guatemala*, p. 3 and List of Subscribers.

108 Quotation from Wilfrid Blunt and William T. Stearn, *The Art of Botanical Illustration* (London, 1994), p. 249. Figures refer to the bound copy of Bateman's *Orchidaceae of Mexico* and *Guatemala* owned by one of Bateman's *original subscribers*, Charles Daubeny (call number: 582.59 ba1; Sherardian Library of Plant Taxonomy, Bodleian Libraries, Oxford).

109 Bateman, *Orchidaceae of Mexico and Guatemala*, p. 10.

110 Ibid.

111 Ibid., p. 9.

112 Ibid.

113 Ibid., Tab. xiii.

114 W. Hamilton, 'A Short Account of Several Gardens Near London, with Remarks on Some Particulars Where in They Excel, or Are Deficient, upon a View of Them in December 1691 . . .', *Archaeologia*, xii (1796), p. 192.

115 Blunt and Stearn, *Botanical Illustration*, pp. 102–4.

116 Barrie E. Juniper and Hanneke Grootenboer, *The Tradescants' Orchard: The Mystery of a Seventeenth-Century Painted Fruit Book* (Oxford, 2013).

117 Blanche Henrey, *British Botanical and Horticultural Literature before 1800*, vol. ii: *The Eighteenth Century: History* (Oxford, 1975), pp. 343–6.

118 Maxwell T. Masters, '*Nepenthes Northiana*, Hook. f., Sp. Nov.', Gardeners' Chronicle, xvi (1881), p. 717.

119 Mark Catesby, *Hortus Europae Americanus: Or, a Collection of 85 Curious Trees and Shrubs, the Produce of North America; Adapted to the Climates and Soils of Great-Britain, Ireland, and Most Parts of Europe . . .*
(London, 1767), Preface.

120 Henrietta McBurney, *Illuminating Natural History: The Art and Science of Mark Catesby* (New Haven, ct, 2021).

121 Christopher Mills, *Marianne North: The Kew Collection* (Kew, 2018).

122 Marianne North, *Recollections of a Happy Life: Being the Autobiography of Marianne North*, vol. i (London, 1893), pp. 248, 251.

123 James H. Veitch, *Hortus Veitchii: A History of the Rise and Progress of the Nurseries of Messrs James Veitch and Sons, Together with an Account of the Botanical Collectors and Hybridists Employed by Them and a List of the Most Remarkable of their Introductions* (London, 1906), p. 485.

124 Maxwell T. Masters, '*Nepenthes Northiana*, Hook. f., Sp. Nov.', *Gardeners' Chronicle and Agricultural Gazette*, xvi (1881), p. 717.

125 'Advert. for Messrs James Veitch & Sons', *Gardeners' Chronicle and Agricultural Gazette*, xix (1883), p. 560.

126 Blunt and Stearn, *Botanical Illustration*, p. 277.

127 Mills, *Marianne North*.

128 Tian Yi Yu, Ian M. Turner and Martin Cheek, 'Revision of Chassalia (Rubiaceae-Rubioideae-Palicoureeae) in Borneo, with 14 New Species', *European Journal of Taxonomy*, dccxxxviii/1 (2021), pp. 1–60.

129 Bunyard, 'Literature of Pomology', pp. 414–49; Sandra Raphael, *An Oak Spring Pomona: A Selection of the Rare Books of Fruit in the Oak Spring Garden Library* (Upperville, va, 1990); Gavin Hardy and Laurence Totelin, *Ancient Botany* (London and New York, 2016).

130 Batty Langley, *Pomona; or, The Fruit-Garden Illustrated: Containing Sure Methods for Improving All the Best Kinds of Fruits Now Extant in England. Calculated from Great Variety of Experiments Made in All Kinds of Soils and Aspects* (London, 1729); Bunyard, 'Literature of Pomology', p. 421.

131 Robert Furber, *Twelve Plates with Figures of Fruit* (London, 1732).

132 Raphael, *Oak Spring Pomona*, p. 65.

133 Henri-Louis Duhamel du Monceau, *Traité des arbres fruitiers, contenant leur figure, leur description, leur culture, &c. (Paris, 1768); Raphael, Oak Spring Pomona*, pp. 71–87.

134 Natania Meeker and Antónia Szabari, 'Inhabiting Flower Worlds: The Botanical Art of Madeleine Françoise Basseporte', *Arts et Savoirs*, vi (2016), p. 757.

135 Raphael, *Oak Spring Pomona*, pp. 71–87.

136 Bunyard, 'Literature of Pomology', p. 431.

137 Ibid., p. 427; Edward A. Bunyard, 'An Index to Illustrations of *Apples', Journal of the Royal Horticultural Society*, xxxvii (1911), pp. 152–74; Edward A. Bunyard, 'An Index to Illustrations of Pears', *Journal of the Royal Horticultural Society*, xxxvii (1911), pp. 321–49.

138 Bunyard, 'Literature of Pomology', p. 428.

139 Joseph Decaisne, *Le Jardin fruitier du muséum ou iconographie de toutes les espèces et variétés d'arbres fruitiers* (Paris, 1858–75); Blunt and Stearn, *Botanical Illustration*, p. 269.

140 William T. Stearn and Frederick A. Roach, *Hooker's Finest Fruits: A Selection of Paintings of Fruits by William Hooker*

(1779–1832) (London, 1989).
141 John Lindley, *Pomologia Britannica; or, Figures and Descriptions of the Most Important Varieties of Fruit Cultivated in Great Britain* (London, 1841).
142 Hugh Ronalds, *Pyrus malus Brentfordiensis; or, A Concise Description of Selected Apples. With a Figure of Each Sort Drawn from Nature on Stone by His Daughter* (London, 1831), p. viii.
143 Christy Campbell, P*hylloxera: How Wine Was Saved for the World* (London, 2004).
144 Charles Henry Collins Baker, T*he Life and Circumstances of James Brydges, First Duke of Chandos, Patron of the Liberal Arts* (Oxford, 1949); Susan Jenkins, P*ortrait of a Patron: The Patronage and Collecting of James Brydges, 1st Duke of Chandos (1674–1744)* (Aldershot, 2007).
145 Geremie Barmé, 'The Garden of Perfect Brightness: *A Life in Ruins*', *East Asian History*, xi (1996), pp. 111–58.
146 Wong, *A Paradise Lost*.
147 Alfred Egmont Hake, *The Story of Chinese Gordon* (London, 1884), p. 33.
148 Gilles Genest, 'Les Palais européens du Yuanmingyuan: Essai sur la végétation dans les jardins', *Arts Asiatiques*, xlix (1994), pp. 82–90.
149 John Gerard, *The Herball; or, General Historie of Plantes* (London, 1633); John Parkinson, *Theatrum Botanicum: The Theatre of Plantes; or, An Universall and Compleate Herball* (London, 1640).
150 Stephen A. Harris, *Oxford Botanic Garden and Arboretum: A Brief History* (Oxford, 2017), p. 89.
151 D. J. Galloway and E. W. Groves, 'Archibald Menzies, md, fls (1754–1842): Aspects of His Life, Travels and Collections', *Archives of Natural History*, xiv/1 (1987), pp. 3–43; Jack Nisbet, *The Collector: David Douglas and the Natural History of the Northwest* (Seattle, 2009); Watt, *Robert Fortune*.

[裡裡外外的世界]

1 Lionel S. Beale, H*ow to Work with the Microscope* (London, 1868), p. 34.
2 Janis Antonovics and Jacobus Kritzinger, 'A Translation of the Linnaean Dissertation *The Invisible World*', *British Journal for the History of Science*, xlix/3 (September 2016), pp. 353–82.
3 M. W. Wise and J. P. O'Leary, 'Leonardo da Vinci: Anatomist and Physiologist', *American Surgeon*, lxvii/1 (January 2001), pp. 100–2; Rumy Hilloowala, 'Michelangelo: Anatomy and its Implication in His Art', *Vesalius: Acta Internationales Historiae Medicinae*, xv/1 (June 2009), pp. 19–25; Domenico Laurenza, *Art and Anatomy in Renaissance Italy: Images from a Scientific Revolution* (New York, 2012), pp. 14–16; Joseph K. Perloff, 'Human Dissection and the Science and Art of Leonardo da Vinci', *American Journal of Cardiology*, cxi/5 (March 2013), pp. 775–7.
4 Savile Bradbury, *The Evolution of the Microscope* (London, 1967); Brian J. Ford, *Single Lens: The Story of the Simple Microscope* (New York, 1985); Ann La Berge, 'The History of Science and the History of Microscopy', *Perspectives on Science*, vii/1 (Spring 1999), pp. 111–42.
5 Marc J. Ratcliff, *The Quest for the Invisible: Microscopy in the Enlightenment* (Farnham, 2009).
6 Robert Hooke, *Micrographia; or, Some Physiological Descriptions of Minute Bodies Made by Magnifying Glasses. With Observations and Inquires Thereupon* (London, 1665), Preface.
7 George Adams, *Essays on the Microscope: Containing a Practical Description of the Most Improved Microscopes: A General History of Insects, their Transformations, Peculiar Habits, and Oeconomy* . . . (London, 1787), p. 653.
8 Ray F. Evert, E*sau's Plant Anatomy: Meristems, Cells, and Tissues of the Plant Body: Their Structure, Function, and Development* (Hoboken, nj, 2007); Adrian D. Bell, Plant Form: *An Illustrated Guide to Flowering Plant Morphology* (Portland, or, and London, 2008).
9 Beale, *How to Work with the Microscope*, p. 26.
10 Lionel S. Beale, 'Preface', *Archives of Medicine: A Record of Practical Observations and Anatomical and Chemical Researches Connected with the Investigation and Treatment of Disease*, i (1857), p. xii.
11 Ibid., p. xii.
12 Beale, *How to Work with the Microscope*.
13 Gilbert Morgan Smith, 'The Development of Botanical Microtechnique', *Transactions of the American Microscopical Society*,

xxxiv (1915), pp. 71–129.

14 Beale, *How to Work with the Microscope*, pp. 26–32; Ferdinand Bauer, 'On Making Drawings of Microscopic Subjects', in Micrographia: *Containing Practical Essays on Reflecting, Solar, Oxy-Hydrogen Gas Microscopes; Micrometers; Eyepieces, &c. &c.*, ed. C. R. Goring and Andrew Pritchard (London, 1837), pp. 221–6.

15 Beale, *How to Work with the Microscope*, p. 33.

16 Nick Lane, 'The Unseen World: Reflections on Leeuwenhoek (1677) "Concerning Little Animals" ', *Philosophical Transactions of the Royal Society b Biological Sciences*, ccclxx/1666 (April 2015), 20140344.

17 Andrew Pritchard, *History of Infusoria, Including the Desmidiaceae and Diatomaceae, British and Foreign* (London, 1861).

18 John P. Smol and E. F. Stoermer, *The Diatoms: Applications for the Environmental and Earth Sciences* (Cambridge, 2010); Joseph Seckbach and Patrick Kociolek, *The Diatom World* (Dordrecht, 2011).

19 M. D. Guiry, *Bacillaria paradoxa J.F.Gmelin*, nom. illeg. 1791, AlgaeBase, www.algaebase.org, 2020.

20 Brian Bracegirdle, *Microscopical Mounts and Mounters* (London, 1998).

21 Lionel S. Beale, *How to Work with the Microscope* (London, 1868), p. 33.

22 Frank N. Egerton, *Roots of Ecology: Antiquity to Haeckel* (Berkeley, ca, 2012), pp. 198–200.

23 Robert J. Richards, *The Tragic Sense of Life: Ernst Haeckel and the Struggle over Evolutionary Thought* (Chicago, il, 2008); Nick Hopwood, 'Pictures of Evolution and Charges of Fraud: Ernst Haeckel's Embryological Illustrations', Isis, xcvii/2 (June 2006), pp. 260–301; Robert J. Richards, 'Haeckel's Embryos: Fraud Not Proven', *Biology and Philosophy*, xxiv (2009), pp. 147–54; Elizabeth Watts, Georgy S. Levit and Uwe Hossfeld, 'Ernst Haeckel's Contribution to Evo-Devo and Scientific Debate: A Re-Evaluation of Haeckel's Controversial Illustrations in u.s. Textbooks in Response to Creationist Accusations', *Theory in Biosciences*, cxxxviii/1 (May 2019), pp. 9–29.

24 Francis Hallé, *In Praise of Plants* (Portland, or, 2002).

25 Nehemiah Grew, *The Anatomy of Plants: With an Idea of a Philosophical History of Plants, and Several Other Lectures, Read before the Royal Society* (London, 1682), Preface.

26 Ibid.

27 Alan G. Morton, *History of Botanical Science: An Account of the Development of Botany from Ancient Times to the Present Day* (London, 1981).

28 Brian Morley, 'The Plant Illustrations of Leonardo da Vinci', *Burlington Magazine*, cxxi/918 (September 1979), pp. 553–6.

29 Gordon L. Miller, V*on Goethe: The Metamorphosis of Plants* (Cambridge, ma, 2009), p. 102.

30 The 'cutting engine' was invented by the 'ingenious Mr Cummings' to make thin sections through pieces of wood. John Hill, *The Construction of Timber, from its Early Growth; Explained by the Microscope, and Proved from Experiments, in a Great Variety of Kinds*. . . (London, 1770), p. 3, pl. 1. See also Smith, 'The Development of Botanical Microtechnique'.

31 Morton, *History of Botanical Science*.

32 Daniel E. Moerman, *Native American Ethnobotany* (Portland, or, 2010), pp. 123–4.

33 Stephen A. Harris, *What Have Plants Ever Done for Us? Western Civilization in Fifty Plants* (Oxford, 2015), pp. 65–9.

34 John S. Foggett, 'The Manufacture of Carriage Wheels: Part i. Hand-Made Wheels', *Carriage Journal*, xv (1977), pp. 236–42.

35 Peter S. Pallas, T*ravels through the Southern Provinces of the Russian Empire, in the Years 1793 and 1794* (London, 1803).

36 George Rousseau, T*he Notorious Sir John Hill: The Man Destroyed by Ambition in the Era of Celebrity* (Bethlehem, pa, 2012).

37 Hill, *The Construction of Timber*, p. 3.

38 Amy Hinsley et al., 'A Review of the Trade in Orchids and its Implications for *Conservation', Botanical Journal of the Linnean Society*, clxxxvi/4 (April 2018), pp. 435–55.

39 George Gardner, 'Contributions Towards a Flora of Brazil', *London Journal of Botany*, i (1842), p. 542.

40 George Gardner, *Travels in the Interior of Brazil, Principally through the Northern Provinces, and the Gold and Diamond Districts, during the Years 1836–1841* (London, 1849), p. 22.

41 Letter from George Gardner to William J. Hooker (Rio Comprido, near Rio de Janeiro, 18 December 1836; Royal Botanic Gardens, Kew, Directors Correspondence 68/17).

42 R. J. Cleevely, 'Bauer, Franz Andreas (1758–1840)', *Oxford Dictionary of National Biography*, www.oxforddnb.com, 2004;

J. Stewart and William T. Stearn, *The Orchid Paintings of Franz Bauer* (London, 1993); Hans Walter Lack, 'An Annotated Catalogue of the Printed Illustrations by Franz Bauer (1758–1840)', *Archives of Natural History*, xxxi/1 (April 2004), pp. 80–101; Franz Bauer, 'The Smut Balls or Pepper Brand', *Penny Magazine of the Society for the Diffusion of Useful Knowledge*, ii (1833), pp. 126–8.

43 Manuscript dedication (dated 26 February 1846) by William Meyer, an executor of Bauer's will, inserted into a copy of Bauer and Lindley's *Illustrations of Orchidaceous Plants* (1830–38) at the Natural History Museum, London (call number: ss 5824 p169 linfx); William T. Stearn, 'Franz and Ferdinand Bauer, Masters of Botanical Illustration', *Endeavour*, xix (1960), pp. 27–35.

44 John Lindley, 'Oncidium altissimum, Lofty oncidium', Edwards's Botanical Register, xix (1833), t. 1651.

45 Franz Bauer and John Lindley, *Illustrations of Orchidaceous Plants* (London, 1830–38), pp. xii–xiii.

46 Ray Desmond, T*he History of the Royal Botanic Gardens Kew* (Kew, 1995), pp. 85–103.

47 Hans Walter Lack, *The Bauers: Joseph, Franz and Ferdinand: Masters of Botanical Illustration* (London and New York, 2015), pp. 416–19; Cleevely, 'Bauer'.

48 William T. Stearn, *John Lindley, 1799–1865: Gardener-Botanist and Pioneer Orchidologist* (Woodbridge, 1999).

49 Bauer and Lindley, *Illustrations*, Preface.

50 Lack, *The Bauers*, p. 377.

51 Bauer and Lindley, I*llustrations*, Preface.

52 Lack, *The Bauers*, pp. 373–5.

53 James Smith, 'Observations on the Cause of Ergot', *Transactions of the Linnean Society of London*, xviii (1840), pp. 449–52; Edwin J. Quekett, 'Observations on the Ergot of Rye, and Some Other Grasses', T*ransactions of the Linnean Society of London*, xviii (1840), pp. 453–73; Franz Bauer, 'On the Ergot of Rye', *Transactions of the Linnean Society of London*, xviii (1840), pp. 475–82.

54 Grew, *The Anatomy of Plants*, tab. 58.

55 Ibid., p. 169.

56 Robert Kesseler and Madeline Harley, *Pollen: The Hidden Sexuality of Flowers* (London, 2009).

57 Carl Julius Fritzsche, *Über den Pollen* (St Petersburg, 1837).

58 Arthur Hill Hassall, 'Observations on the Structure of the Pollen Granule, Considered Principally with Reference to its Eligibility as a Means of Classification', *Annals and Magazine of Natural History*, viii and ix (1841–2), pp. 92–108, 544–73.

59 Michael P. Edgeworth, *Pollen* (London, 1877).

60 Lack, *The Bauers*, pp. 380–85.

61 Roger P. Wodehouse, *Pollen Grains: Their Structure, Identification and Significance in Science and Medicine* (New York and London, 1935), p. 22.

62 R. Olby, 'Bauer, Franz Andreas', in Complete D*ictionary of Scientific Biography*, vol. i (Detroit, mi, 2008), pp. 520–21.

63 Lack, *The Bauers*, pp. 377–85.

64 Maxwell T. Masters, *Vegetable Teratology: An Account of the Principal Deviations from the Usual Construction of Plants* (London, 1869).

65 Lorraine Daston and Katharine Park, *Wonders and the Order of Nature, 1150–1750* (New York, 2001).

66 Nehemiah Grew, *Musaeum Regalis Societatis* (London, 1681), Preface.

67 William Curtis, *Flora Londinensis* (London, 1777), t. 41.

68 David E. Allen, *The Victorian Fern Craze: A History of Pteridomania* (London, 1969).

69 Ernest C. Nelson, ' "A Gem of the First Water" : P. B. O'Kelly of the Burren', *Kew Magazine*, vii/1 (February 1990), pp. 31–40; R. J. Johns, 'The Fern Herbarium of Thomas Moore', *Kew Magazine*, viii/3 (August 1991), pp. 147–54.

70 Daniel Rudberg, 'Peloria', *Amoenitates Academicae*, i (1749), pp. 55–73; A. Gustafsson, 'Linnaeus' Peloria: The History of a Monster', *Theoretical and Applied Genetics*, liv/6 (November 1979), pp. 241–8; Zsuzsanna Schwarz-Sommer, Brendan Davies and Andrew Hudson, 'An Everlasting Pioneer: The Story of *Antirrhinum Research', Nature Reviews Genetics*, iv (2003), pp. 655–64.

71 B. Glass, 'Eighteenth-Century Concepts of the Origin of Species', *Proceedings of the American Philosophical Society*,

civ (1960), pp. 227–34.

72 Grew, *Musaeum Regalis*, Preface; David E. Allen, *The Botanists: A History of the Botanical Society of the British Isles through a Hundred and Fifty Years* (Winchester, 1986).

73 Harris Rackham, *Pliny: Natural History. Books xvii–xix* (Cambridge, ma, 1997), p. 411, referring to truffles (Tuber).

74 G. C. Ainsworth, *Introduction to the History of Mycology* (Cambridge, 1976).

75 Hieronymus Bock, *De stirpium, maxime earum, quae in Germania nostra nascuntur* (Strasbourg, 1552), p. 942.

76 Carolus Linnaeus, *Systema naturae*, vol. i (Stockholm, 1767), p. 1326.

77 David Pegler and David Freedberg, T*he Paper Museum of Cassiano dal Pozzo: Fungi. Volumes One to Three* (London, 2005).

78 Hooke, *Micrographia*, schem. xii and p. 125.

79 Ibid., p. 126.

80 A. H. Reginald Buller, 'Micheli and the Discovery of Reproduction in Fungi', *Royal Society of Canada Transactions*, ix (1915), pp. 1–25.

81 Miles Joseph Berkeley and Christopher Edmund Broome, 'Notices of British Fungi', *Annals and Magazine of Natural History*, series 5, iii (1879), p. 205.

82 Robert K. Greville, *Scottish Cryptogamic Flora; or, Coloured Figures and Descriptions of Cryptogamic Plants, Belonging Chiefly to the Order Fungi; and Intended to Serve as a Continuation of English Botany* (Edinburgh and London, 1822–8). Forexample, the golden chantrelle (Cantharellus cibarius; pl. 258) and the wrinkled crust fungus (*Phlebia radiata*; pl. 280).

83 Morton, *History of Botanical Science*.

84 Louis Pasteur, *Études sur la bière, ses maladies, causes qui les provoquent, procédé pour le render inaltérable, avec une théorie nouvelle de la fermentation* (Paris, 1876).

85 Merlin Sheldrake, *Entangled Life: How Fungi Make our Worlds, Change our Minds and Shape our Futures* (London, 2020); Nicholas P. Money, *Mushroom* (Oxford, 2011).

[習性與棲地]

1 J. Wilson, *Alexander von Humboldt's Personal Narrative of a Journey to the Equinoctial Regions of the New Continent* (London, 1995), p. lii.

2 Letter from William Burchell to Richard Salisbury (dated 11 August 1826), cited in Luciana Martins and Felix Driver, ' "The Struggle for Luxuriance" : William Burchell Collects Tropical Nature', in *Tropical Visions in an Age of Empire, ed. Driver and Martins* (Chicago, il, 2005), p. 74. See also Malgosia Nowak-Kemp, 'William Burchell in Southern Africa, 1811–1815', in *Naturalists in the Field: Collecting, Recording and Preserving the Natural World from the Fifteenth to the Twenty-First Century*, ed. Arthur MacGregor (Leiden, 2018), pp. 500–49.

3 Charles Darwin, *The Origin of Species and the Voyage of the Beagle* (New York, 2003), p. 27.

4 Andrea Wulf, *The Invention of Nature: The Adventures of Alexander von Humboldt, the Lost Hero of Science* (London, 2015).

5 Frank N. Egerton, *Roots of Ecology: Antiquity to Haeckel* (Berkeley, ca, 2012), pp. 121–5.

6 Joseph D. Hooker, *Himalayan Journals,* vol. i (London, 1854), pp. xvii–xviii.

7 Heloisa Meireles Gesteira, 'A América Portuguesa e a Circulacao de Plantas', in *Usos e Circulação de Plantas no Brasil Séculos xvi a xix*, ed. Lorelai Kury (Rio de Janeiro, 2013), pp. 12–51.

8 Janet Whatley, *Jean de Léry: History of a Voyage to the Land of Brazil, Otherwise Called America* (Berkeley, ca, 1992).

9 John Prest, T*he Garden of Eden: The Botanic Garden and the Re-Creation of Paradise* (New Haven, ct, and London, 1981).

10 George Gardner, *Travels in the Interior of Brazil, Principally through the Northern Provinces, and the Gold and Diamond Districts, during the Years 1836–1841* (London, 1849), p. 11.

11 Georgius E. Rumphii (Georg Eberhard Rumphius), *Herbarium amboinense, plurimas conplectens arbores, frutices, herbas, plantas terrestres & aquaticas . . . pars sexta* (Amsterdam, 1750), p. 210.

12 Ibid., pp. 210–17, t. 81; Jan-Frits Veldkamp, 'Georgius Everhardus Rumphius (1627–1702), the Blind Seer of Ambon', *Gardens' Bulletin, Singapore*, lxiii/4 (2011), pp. 1–15.

13 Londa Schiebinger, 'Jeanne Baret: The First Woman to Circumnavigate the Globe', *Endeavour*, xxvii/1 (March 2003), pp.22–5.

14 William J. Hooker, '*Lodoicea sechellarum*. Double, or Seychelles-Island, Cocoa-Nut', *Curtis's Botanical Magazine*, liv (1827), tt. 2734–8.

15 William Roxburgh, *Plants of the Coast of Coromandel*, vol. iii (London, 1819), pl. 255.

16 Hendrik van Reede tot Draakestein, *Horti indici malabarici: Pars tertia* (Amsterdam, 1682), tt. 1–12.

17 N. P. Foersch, 'Description of the Poison-Tree, in the Island of Java, Translated from the Original Dutch, by Mr Heydinger', *London Magazine; or, Gentleman's Monthly Intelligencer*, lii (1783), pp. 512–17.

18 Erasmus Darwin, The Botanic Garden; *A Poem, in Two Parts. Part i. Containing the Economy of Vegetation. Part ii. The Loves of the Plants. With Philosophical Notes* (London, 1791), p. 110.

19 Joseph D. Hooker, '*Welwitschia mirabilis. African Welwitschia*', *Curtis's Botanical Magazine*, lxxxix (1863), tt. 5368–9.

20 Robert Brown, 'An Account of a New Genus of Plants, Named *Rafflesia*', *Transactions of the Linnean Society of London*, xiii (1822), p. 201; Anon., 'Review: xv. On Welwitschia, a New Genus of Gnetaceae. By Joseph Dalton Hooker', N*atural History Review: A Quarterly Journal of Biological Science*, iii (1863), p. 202.

21 Brown, 'An Account'.

22 Ibid., p. 202.

23 Ibid., p. 203.

24 Ibid., p. 204.

25 Ibid., pl. xv–xxi.

26 Friedrich Welwitsch, 'Extract from a Letter, Addressed to Sir William J. Hooker, on the Botany of Benguela, Mossamedes, &c., in Western Africa', *Journal of the Proceedings of the Linnean Society. Botany*, v (1861), p. 183; letter from Joseph Hooker to Thomas Huxley, dated 20 January 1862, see Leonard Huxley, *Life and Letters of Sir Joseph Dalton Hooker om, gcsi. Based on Materials Collected and Arranged by Lady Hooker*, vol. ii (London, 1918), p. 25.

27 Henry Trimen, 'Friedrich Welwitsch', *Journal of Botany, British and Foreign*, xi (1873), p. 7.

28 H.H.W. Pearson, '*Welwitschia mirabilis*', *Gardeners' Chronicle and Agricultural Gazette*, xlvii (1910), p. 49. See also Thomas Baines, *Explorations in South-West Africa: Being an Account of a Journey in the Years 1861 and 1862 from Walvisch Bay, on the Western Coast to Lake Ngami and the Victoria Falls* (London, 1864), pp. 24–5; James Chapman, T*ravels in the Interior of South Africa, Comprising Fifteen Years' Hunting and Trading; With Journeys across the Continent from Natal to Walvisch Bay, and Visits to Lake Ngami and the Victoria Falls* (London, 1868), pp. 377–8. The contents page of Chapman indicates a wood engraving of welwitschia, but this is replaced with an illustration of an 'Amaryllis sp.'

29 Thomas Baines, '*The Welwitschia mirabilis*', *Nature and Art*, i (1866), p. 70.

30 Thomas Baines, *The Victoria Falls, Zambesi River: Sketched on the Spot* (During the Journey of J. Chapman & T. Baines) (London, 1865), p. 2.

31 *Rafflesia* was known as a rare plant to indigenous people in Sumatra under the name krûbût (Brown, 'An Account', p. 204). In Angola and Namibia, indigenous people called welwitschia *tumbo*, while it was 'called by the Hottentots "Ghories" and by the Damaras "Nyanka-Hykamkop" ' (Joseph D. Hooker, 'The Tumboa of West Africa', *Gardeners' Chronicle and Agricultural Gazette*, xxi (1861), pp. 1007–8; Hooker, 'Welwitschia mirabilis').

32 Joseph D. Hooker, 'On Welwitschia, a New Genus of Gnetaceae', *Transactions of the Linnean Society of London*, xxiv (1863), p. 3; Trimen, 'Friedrich Welwitsch', pp. 1–11; T.D.V. Swinscow, 'Friedrich Welwitsch, 1806–1872. A Centennial Memoir', B*iological Journal of the Linnean Society of London*, iv (1972), pp. 269–89.

33 Hooker, 'On *Welwitschia*', p. 3.

34 Ibid., p. 3.

35 H.H.W. Pearson, 'The Living *Welwitschia*', *Nature*, lxxv (1907), p. 536.

36 Pearson, '*Welwitschia mirabilis*', p. 49.

37 Quoted in Hooker, 'On *Welwitschia*', p. 6.

38 L. Bustard, 'The Ugliest Plant in the World: The Story of *Welwitschia mirabilis*', *Kew Magazine*, vii (1990), pp. 85–90; Gillian A. Cooper-Driver, '*Welwitschia mirabilis: A Dream Come True*', *Arnoldia*, liv/2 (Summer 1994),pp. 2–10.

39 Anon., 'Review: xv', p. 203.

40 Joseph D. Hooker, *Illustrations of Himalayan Plants Chiefly Selected from Drawings Made for the Late J. F. Cathcart Esqre of the Bengal Civil Service* (London, 1855), p. i.

41 Ibid., pl. xix.

42 Ibid.

43 Tsukasa Iwashina et al., 'Flavonoids in Translucent Bracts of the Himalayan *Rheum nobile* (Polygonaceae) as Ultraviolet Shields', *Journal of Plant Research*, cxvii (2004), pp. 101–7.

44 Hooker, *Illustrations of Himalayan Plants, pl. xix. Hooker's illustration of the habit of Rheum nobile* was copied as coloured lithographs by L. B. van Houtte, '1272. Rheum nobile, H. f. et T.', Flore des serres et des jardins de l'Europe, xii (1857), t. 1272, and A. André, 'Rheum nobile, Hooker & Thomson. Rhubarbe Noble', L'Illustration horticole, xxii (1875), t. 209. In the latter publication, the Belgian artist Pieter de Pannemaeker claimed to have made the illustration from nature. The illustration was also reproduced as black-andwhite wood engravings by E. A. von Regel, 'ii. Neue oder empfehlenswerthe Zierpflanzen', *Gartenflora*, xxiv (1875), p. 153; C. Rafarin, '*Rheum nobile*', *Revue horticole*, xlviii (1876), p. 266; and U. Dammer, 'Polygonaceae', in *Die natürlichen Pflanzenfamilien iii, part 1, ed. Adolf Engler* (Leipzig, 1893), p. 22.

45 A total of 175 copies were printed and supplied to 119 subscribers (Hooker, *Illustrations of Himalayan Plants*, Subscribers).

46 Ibid., p. i.

47 Ibid., pl. xix.

48 Ibid.

49 Ibid., pp. i, ii.

50 Jim Endersby, *Imperial Nature: Joseph Hooker and the Practices of Victorian Science* (Chicago, il, 2010).

51 Joseph A. Ewan, *William Lobb, Plant Hunter for Veitch and Messenger of the Big Tree* (Berkeley, ca, 1973).

52 Marianne North, *Recollections of a Happy Life: Being the Autobiography of Marianne North*. vol. i (London, 1893), p. 202.

53 Ewan, *William Lobb*.

54 John Lindley, '*Wellingtonia gigantea*', *Gardeners' Chronicle and Agricultural Gazette*, xiii (1853), p. 823.

55 Charles V. Naudin, 'Le Wellingtonia Gigantea', *Flore des serres et des jardins de l'Europe*, ix (1853), p. 96.

56 Anon., 'Messrs Veitch of Exeter and Chelsea (1854) Advert.', *Gardeners' Chronicle and Agricultural Gazette*, xiv (15 April 1854), p. 233.

57 Naudin, 'Le Wellingtonia Gigantea', pl. 892.

58 William Jackson Hooker, '*Wellingtonia gigantea*. Gigantic Wellingtonia', *Curtis's Botanical Magazine*, lxxx (1854), tt. 4777–8; Charles Morren, 'Le *Wellingtonia gigantea ou le plus grand arbre connu du monde*', *Belgique Horticole, Journal des Jardins et des Vergers*, i (1854), pl. 47.

59 Louis Figuier, *The Vegetable World; Being a History of Plants, with their Botanical Descriptions and Peculiar Properties* (New York, 1867), frontispiece. The copy was made by the French illustrator Auguste Faguet and the wood engraving by the French engraver Charles Laplante. The title page carries the line 'illustrated with 446 engravings . . . and 24 fullpage illustrations; chiefly drawn from nature'. The illustration of giant redwood is not one of those drawn by Faguet from nature.

60 William Robinson, 'Dance on the Big Tree Stump', T*he Garden: An Illustrated Weekly Journal of Horticulture in All Its Branches*, xi (1877), p. 219.

61 North, *Recollections*, pp. 208–9.

62 Christopher Mills, *Marianne North: The Kew Collection* (Kew, 2018).

63 North, *Recollections*, p. 212.

64 Charlotte Klonk, *Science and the Perception of Nature: British Landscape Art in the Late Eighteenth and Early Nineteenth Centuries* (New Haven, ct, 1996).

65 Joaquim de Sousa-Leão, 'Frans Post in Brazil', *Burlington Magazine for Connoisseurs*, lxxx (1941), pp. 58–61, 63; Pedro Corrêa do Lago and Bia Corrêa do Lago, *Frans Post (1612–1680): Catalogue Raisonné* (Milan, 2007); Tolga Erkan, 'As Paisagens Imaginárias de Frans Post. The Imaginary Landscapes of Frans Post', *Mneme: Revista de Humanidades*, xiii/31 (2012), pp. 74–96; Rebecca Parker Brienen, 'Who Owns Frans Post? Collecting Frans Post's Brazilian Landscapes', in *The Legacy of Dutch Brazil*, ed.

Michiel van Groesen (New York, 2014), pp. 229–47; Benjamin Schmidt, 'The "Dutch" "Atlantic" and the Dubious Case of Frans Post', in *Dutch Atlantic Connections, 1680–1800: Linking Empires, Bridging Borders*, ed. Gert Oostindie and Jessica V. Roitman (Leiden, 2014), pp. 249–72.
66 Johann B. von Spix and Carl Friedrich Philipp von Martius, *Travels in Brazil, in the Years 1817–1820*, vol. ii (London, 1824), pp. 207–8.
67 Tony Morrison, Margaret Mee: In Search of Flowers of the Amazon Forests (Woodbridge, 1988).

[觀察與試驗]

1 John Tennent, *Physical Disquisitions: Demonstrating the Real Causes of the Blood's Morbid Rarefaction and Stagnation, and that the Cure of Fevers, Acute and Chronic Diseases, in General, Can Be Effected with Greater Certainty than by the Established Rules of the Practice of Physic* . . . (London, 1745), p. 55.
2 Steven Shapin, *The Scientific Revolution* (Chicago, il, and London, 2018).
3 Adrian Tinniswood, T*he Royal Society and the Invention of Modern Science* (London, 2019).
4 R. H. Syfret, 'Some Early Reactions to the Royal Society', Records: *The Royal Society Journal of the History of Science*, vii/2 (April 1950), pp. 207–58.
5 Robert South, *Sermons Preached upon Several Occasions*, vol. i (Oxford, 1823), p. 374.
6 Carlo Rovelli, *Anaximander and the Birth of Science* (London, 2023).
7 Lincoln Taiz and Lee Taiz, *Flora Unveiled: The Discovery and Denial of Sex in Plants* (Oxford, 2017).
8 John Gerard, *The Herball; or, General Historie of Plantes* (London, 1633), p. 1608. Described as 'Mamoera mas', the male dug tree, and 'Mamoera foemina', the female dug tree, the names correctly reflect the sexes of the trees. The images are copied from Carolus Clusius (Charles de l'Écluse), *Curae posteriores, seu, Plurimarum non ante cognitarum* . . . (Antwerp, 1611), pp. 79–80.
9 Gerard, *Herball*, p. 1609.
10 Jacob Lorch, 'The Discovery of Sexuality and Fertilization in Higher Plants', *Janus*, liii (1966), pp. 219–20; Alan G. Morton, *History of Botanical Science*: *An Account of the Development of Botany from Ancient Times to the Present Day* (London, 1981), pp. 214–20, 239–45; Taiz and Taiz, Flora Unveiled.
11 Roger L. Williams, *Botanophilia in Eighteenth-Century France: The Spirit of the Enlightenment* (Dordrecht, 2001), pp. 9–18; P. Bernasconi and Lincoln Taiz, 'Sebastian Vaillant's 1717 Lecture on the Structure and Function of Flowers', Huntia, xi (2002), pp. 97–128.
12 Taiz and Taiz, *Flora Unveiled*.
13 Arthur Dobbs, 'A Letter from Arthur Dobbs Esq; to Charles Stanhope Esq; frs Concerning Bees, and their Method of Gathering Wax and Honey', *Philosophical Transactions of the Royal Society of London*, xlvi (1750), p. 539.
14 Morton, *History of Botanical Science*, pp. 316–21.
15 Quoted in Herbert Fuller Roberts, *Plant Hybridization before Mendel* (Princeton, nj, 1929), p. 78.
16 Stefan Vogel, 'Christian Konrad Sprengel's Theory of the Flower: The Cradle of Floral Ecology', in F*loral Biology: Studies on Floral Evolution in Animal-Pollinated Plants*, ed. Spencer C. H. Barrett and David G. Lloyd (London, 1996), pp. 44–64.
17 Lorch, 'The Discovery of Sexuality and Fertilization', pp. 212–35; Jacob Lorch, 'The Discovery of Nectar and Nectaries and its Relation to Views on Flowers and Insects', *Isis*, lxix/4 (December 1978), pp. 269–317.
18 James E. Smith, *Tracts Relating to Natural History* (London, 1798), p. 269.
19 Charles R. Darwin, *On the Various Contrivances by Which British and Foreign Orchids Are Fertilized by Insects, and on the Good Effects of Intercrossing* (London, 1862), p. 359.
20 Vogel, 'Christian Konrad Sprengel's Theory'.
21 'Letter no. 889: To J. D. Hooker [11–12 July 1845]', Darwin Correspondence Project, www.darwinproject.ac.uk, 2020, n. 13.
22 Louis-Marie A. du Petit-Thouars, *Histoire particulière des plantes Orchidées recueillies sur les trois iles australes d'Afrique, du France, de Bourbon et de Madagascar* (Paris, 1822), tt. 66–7.
23 Anon., 'Angraecum sesquipedale', *Gardeners' Chronicle and Agricultural Gazette*, xvi (1857), t. 5113, p. 253; William Ellis, *Three Visits to Madagascar during the Years 1853–1854–1856* . . . (London, 1858), pp. 40–41.

24 Anon., 'Angraecum sesquipedale', p. 253.

25 Darwin, *Various Contrivances*, p. 198. Alfred Russel Wallace concurred: 'that such a moth exists in Madagascar may be safely predicted; and naturalists who visit that island should search for it with as much confidence as astronomers searched for the planet Neptune, – and they will be equally successful!'. Wallace, 'Creation by Law', *Quarterly Journal of Science*, iv (1867), p. 477.

26 Darwin, *Various Contrivances*, p. 201.

27 Ibid., pp. 197–203; Duke of Argyll, *The Reign of Law* (London, 1867), pp. 1–52.

28 Wallace, 'Creation by Law', p. 471. Wallace's implication that Campbell had little experience of natural-history observation is unfair given the duke's ornithological and geological experiences in his younger days.

29 Ibid., opposite p. 471.

30 Lionel Walter Rothschild and Karl Jordan, 'A Revision of the Lepidopterous Family Sphingidae', Novitates Zoologicae: A Journal of Zoology in Connection with the Tring Museum, ix (Supplement) (1903), p. 32; Joseph Arditti et al., ' "Good Heavens What Insect Can Suck It" : Charles Darwin, *Angraecum sesquipedale and Xanthopan morganii praedicta', Botanical Journal of the Linnean Society*, clxix/3 (July 2012), pp. 403–32.

31 *Darwin, Various Contrivances*, pp. 202–3; Christoph Netz and Susanne S. Renner, 'Long-Spurred Angraecum Orchids and Long-Tongued Sphingid Moths on Madagascar: A Time-Frame for Darwin's Predicted Xanthopan/Angraecum Coevolution', *Biological Journal of the Linnean Society*, cxxii/2 (October 2017), pp. 469–78.

32 Arditti et al., ' "Good Heavens" ', pp. 403–32.

33 Leendert van der Pijl, P*rinciples of Dispersal in Higher Plants* (Berlin, 1982); Agnes S. Dellinger, 'Pollination Syndromes in the 21st Century: Where Do We Stand and Where May We Go?', *New Phytologist*, ccxxviii/4 (November 2020), pp. 1193–213.

34 William Jackson Hooker, 'Mimulus cardinalis. Cardinal Monkey-Flower', *Curtis's Botanical Magazine*, lxiv (1837), t. 3560.

35 'Dug' means breast or udder, a reference to the appearance of the papaya fruit.

36 Philip Miller, *Figures of the Most Beautiful, Useful, and Uncommon Plants Described in the Gardeners Dictionary*, vol. i (London, 1755), p. 31

37 Alexis Jordan, *Diagnoses d'espèces nouvelles ou méconnues, pour servir de matériaux à une flore réformée de la France et des contrées voisines* (Paris, 1864).

38 D. J. Metcalfe, '*Hedera helix* L.', *Journal of Ecology*, xciii (2005), pp. 632–48.

39 Joseph H. Maiden, *The Forest Flora of New South Wales* (Sydney, 1902–25) is illustrated with 267 black-and white lithographs by Margaret Flockton. Joseph H. Maiden, A *Critical Revision of the Genus Eucalyptus* (Sydney, 1903–33) is illustrated with 292 black-andwhite lithographs and twelve colour halftone plates; 280 black-and-white lithographs were made by Flockton, with others contributed by the official botanical illustrator of the Royal Botanic Gardens Kew, Matilda Smith. See Louise Wilson, *Margaret Flockton: A Fragrant Memory* (Adelaide, 2016).

40 Claude-Antoine Thory, *Monographie; ou, Histoire naturelle du genre Groseillier, contenant la description, l'histoire, la culture et les usages de toutes les Groseilles connues* (Paris, 1829). The title page claimed 24 coloured plates, although one was uncoloured. A total of 18 sorts of gooseberry were depicted by Antoine Pascal, a pupil of Pierre-Joseph Redouté, across 16 of the 23 chromolithographs made by the lithographer A. M. Canneva.

41 R. M. Brennan, 'Currants and Gooseberries', in T*emperate Fruit Crop Breeding*, ed. James F. Hancock (Dordrecht, 2008), pp. 177–96.

42 Charles Darwin, *The Variation of Animals and Plants under Domestication*, vol. i (London, 1868), p. 355.

43 Anne Secord, 'Science in the Pub: Artisan Botanists in Early Nineteenth-Century Lancashire', *History of Science*, xxxii/97 (1994), pp. 269–315.

44 Anon., T*he Gooseberry Growers' Register*. . .(Macclesfield, 1846).

45 John Lindley and Thomas Moore, T*he Treasury of Botany: A Popular Dictionary of the Vegetable Kingdom; with Which Is Incorporated a Glossary of Botanical Terms*, part 2 (London, 1866), p. 971; Clifford M. Foust, Rhubarb: *The Wondrous Drug* (Princeton, nj, 1992).

46 Pietro A. Matthioli, *Commentarii in Sex Libros Pedacii Dioscoridis Anazarbei de Medica Materia* (Venice, 1565), p. 639; John Gerard, The Herball; or, General Historie of Plantes (London, 1633), pp. 316, 393.

47 John Parkinson, *Paradisi in sole* (London, 1629), p. 485.
48 James Lindley and William Hutton, The Fossil Flora of Great Britain, vol. i (London, 1831), pp. 1, 5.
49 Denis Lamy et al., Auguste de Saint-Hilaire (1779–1853): Un Botaniste Français au Brésil/Um Botânico Francês no Brasil (Paris, 2016).
50 Augustine de Saint-Hilaire, Flora *brasiliae meridionalis* (Paris, 1825–32). The French botanists Adrien-Henri de Jussieu and Jacques Cambessèdes joined Saint-Hilaire as authors for volumes ii and iii. Cambessèdes was the husband of Marie Eulalie, the work's primary illustrator.
51 Daniel P. Bebber et al., 'Herbaria Are a Major Frontier for Species Discovery', *Proceedings of the National Academy of Sciences of the United States of America*, cvii/51 (December 2010), pp. 22169–71.
52 Christopher J. Cleal and Barry A. Thomas, *Introduction to Plant Fossils* (Cambridge, 2009).
53 Christopher J. Cleal et al., 'The Forests before the Flood: The Palaeobotanical Contributions of Edmund Tyrell Artis (1789–1847)', *Earth Sciences History*, xxviii/2 (October 2009), pp. 245–75.
54 Edmund T. Artis, *Antediluvian Phytology, Illustrated by a Collection of the Fossil Remains of Plants Peculiar to the Coal Formations of Great Britain* (London, 1825). All plates were engraved by the Weddell family (Henry J. Noltie, '*Doryanthes excelsa and Rafflesia arnoldii*: Two "Swagger Prints" by Edward Smith Weddell (1796–1858), and the Work of the Weddell Family of Engravers (1814–1852)', *Archives of Natural History*, xli (2014), pp. 189–208), based on illustrations by Artis (two plates) and the English entomologist and natural-history illustrator John Curtis.
55 Cleal et al., 'The Forests before the Flood'.
56 Gideon Algernon Mantell, *A Pictorial Atlas of Fossil Remains, Consisting of Coloured Illustrations Selected from Parkinson's "Organic Remains of a Former World", and Artis's "Antediluvian Phytology"* (London, 1850). The title page emphasizes that the volume has 'seventy-four Plates, containing nearly nine hundred figures', with a dedication to William Buckland.
57 Alexander von Humboldt, *Plantes équinoxiales recueillies au Mexique: Dans l'île de Cuba, dans les provinces de Caracas, de Cumana et de Barcelone, aux Andes de la Nouvelle Grenade, de Quito et du Pèrou, et sur les bords du Rio-Negro de Orènoque et de la Rivie` re des Amazones* (Paris, 1808), p. 123 (my translation).
58 Daniel Oliver, 'Actinotinus sinensis, Oliv.', *Hooker's Icones Plantarum*, xviii (1888), t. 1740.
59 Daniel Oliver, '[Erratum]', *Hooker's Icones Plantarum* xix (1889), unnumbered.
60 Karl Blossfeldt, *Urformen der Kunst: Photographische Pflanzenbilder* (Berlin, 1929); Gordon L. Miller, *Von Goethe: The Metamorphosis of Plants* (Cambridge, ma, 2009); Xiaofeng Yin, 'Phyllotaxis: From Classical Knowledge to Molecular Genetics', *Journal of Plant Research*, cxxxiv/3 (May 2021), pp. 373–401.
61 I. Adler, D. Barabe and R. V. Jean, 'A History of the Study of Phyllotaxis', *Annals of Botany*, lxxx (1997), pp. 231–44; John A. Adam, *A Mathematical Nature Walk* (Princeton, nj, 2009), pp. 31–42; Yin, 'Phyllotaxis'.
62 Jonathan Swinton, Erinma Ochu and the msi Turing's Sunflower Consortium, 'Novel Fibonacci and Non-Fibonacci Structure in the Sunflower: Results of a Citizen Science Experiment', *Royal Society Open Science*, iii/5 (May 2016), 160091.
63 Francis Hallé, *In Praise of Plants* (Portland, or, 2002); Karl J. Niklas and Hanns-Christoph Spatz, *Plant Physics* (Chicago, il, and London, 2012).
64 Charles Darwin, *The Power of Movement of Plants* (London, 1880).

[汗水與淚水]

1 W.H.S. Jones, *Pliny: Natural History. Books 24–27* (London, 1956), book 26, p. 11.
2 James H. Wandersee and Elisabeth E. Schussler, 'Preventing Plant Blindness', *American Biology Teacher*, lxi/2 (February 1999), pp. 82–6; Sandy Knapp, 'Are Humans Really Blind to Plants?', *Plants, People, Planet*, i/3 (July 2019), pp. 164–8; Kathryn M. Parsley, 'Plant Awareness Disparity: A Case for Renaming Plant Blindness', *Plants, People, Planet*, ii/6 (November 2020), pp. 598–601.
3 William F. Ganong, *The Teaching Botanist: A Manual of Information upon Botanical Instruction Together with Outlines and Directions for a Comprehensive Elementary Course* (New York, 1899), p. 75.
4 E. Bersot, *Un Moralist: Études et pensées d'Ernest Bersot* (Paris, 1882), 'Lettre sur la botanique', dated March 1868, p. 277 (my translation); Gaston Bonnier, *Les Noms des fleurs trouvés par la méthode simple sans aucune notion de botanique* (Paris, c. 1909).

5 Bersot, *Un Moralist*, p. 277 (my translation); Bonnier, *Les Noms*.

6 Thomas Martyn, *Letters on the Elements of Botany. Addressed to a Lady. By the Celebrated J. J. Rousseau. Translated into English, with Notes, and Twenty-Four Additional Letters, Fully Explaining the System of Linnaeus* (London, 1791), p. 13.

7 Lecture notes by John Sibthorp, delivered at the University of Oxford between 1788 and 1793 (ms Sherard 219, f. 143r; Sherardian Library of Plant Taxonomy, Bodleian Libraries, Oxford).

8 Daniel M'Alpine, *The Botanical Atlas: A Guide to the Practical Study of Plants Containing Representatives of the Leading Forms of Plant Life*, vol. i: *Phaneograms* (Edinburgh, 1883), Preface.

9 Letter from the entomologist Alexander McLeay to James Edward Smith, quoted in Andrew Thomas Gage and William T. Stearn, *A Bicentenary History of the Linnean Society of London* (London, 1988), p. 141. For background on Robert Thornton and a detailed analysis of the *Temple of Flora*, see Stephen A. Harris, *The Temple of Flora: Commentary* (London, 2008).

10 Stuart M. Walters, *The Shaping of Cambridge Botany* (Cambridge, 1981), pp. 30–46.

11 Robert J. Thornton, 'From Dr Thornton, Lecturer on Botany at Guy's Hospital, to Mr Tilloch, Editor of the *Philosophical Magazine*', *Philosophical Magazine*, xix (1804), p. 145 (Thornton's emphasis).

12 John Evelyn, in his unpublished *Elysium Britannicum*; John E. Ingram, ed., *Elysium Britannicum*; or, T*he Royal Gardens* (Philadelphia, pa, 2001), p. 42.

13 Robert J. Thornton, *Prospectus of the New Illustration of the Sexual System of Linnaeus* (London, 1797).

14 Josephine Walpole, *A History and Dictionary of British Flower Painters, 1650–1950* (Woodbridge, 2006), p. 178.

15 Harris, *The Temple*.

16 Anon., in *Monthly Magazine; or, British Register*, xvii (1804), p. 647.

17 Anon., 'A New Illustration of the Sexual System of Linnaeus. By Robert John Thornton, md & c.', Annual Review, and History of Literature, for 1803, xi (1804), p. 882.

18 John Lindley, *A Synopsis of the British Flora; Arranged According to the Natural Orders* (London, 1829), p. vii. Charlotte Klonk, *Science and the Perception of Nature: British Landscape Art in the Late Eighteenth and Early Nineteenth Centuries* (New Haven, ct, 1996), argues that Thornton's ordering of the plates in the *Temple of Flora* reflected his ideas of relationships between humans and nature.

19 Aaron Sachs, *The Humboldt Current: A European Explorer and His American Disciples* (Oxford, 2007); Klonk, *Science and the Perception of Nature*.

20 Wilfrid Blunt and William T. Stearn, *The Art of Botanical Illustration* (London, 1994)

21 The cost of each part would be one guinea and the first was to be published on 1 March 1799, and thereafter each quarter until completed. The total subscription was to be 750 (Harris, *The Temple*). Thornton published more modestly priced volumes with more obvious botanical education purposes, such as *Elements of Botany* (1812).

22 Harris, *The Temple*.

23 Anon., *Monthly Magazine*, p. 647.

24 William J. Burchell, *Travels in the Interior of Southern Africa*, vol. i (London, 1822), p. vi.

25 'L'éducation par les yeux est celle qui fatigue le moins l'intelligence, mais cette éducation ne peut avoir de bons résultats que si les idées qui se gravent dans l'esprit de l'enfant sont d'une rigoureuse exactitude', attributed to Émile Deyrolle, quoted at *Deyrolle: La Boutique en ligne*, www.deyrolle.com, 20 February 2021 (my translation).

26 Phoebe Lankester, 'For the Young of the Household: In Cozy Nook: Eyes and No Eyes', *St James's Magazine*, ii (1861), p. 122.

27 Ganong, *The Teaching Botanist*, p. 69.

28 Alexandra Cook, *Jean-Jacques Rousseau and Botany: The Salutary Science* (Oxford, 2012), pp. 189–91.

29 Martyn, *Letters*, p. 49 (letter dated 16 July 1772).

30 Ganong, *The Teaching Botanist*, p. 67.

31 Ibid., p. 68.

32 Ibid., p. 66.

33 Ibid., p. 68.

34 Ibid., p. 74.

35 Stephen Freer, *Linnaeus' Philosophia Botanica* (Oxford, 2005), p. 111.

36 Anne Secord, 'Botany on a Plate: Pleasure and the Power of Pictures in Promoting Early Nineteenth-Century Scientific Knowledge', *Isis*, xciii/1 (March 2002), pp. 28–57; Brian W. Ogilvie, 'Image and Text in Natural History, 1500–1700', in *The Power of Images in Early Modern Science*, ed. Wolfgang Lefèvre, Jürgen Renn and Urs Schoepflin (Basle, 2003), pp. 141–66; Lorraine Daston and Peter Galison, *Objectivity* (New York, 2010).

37 Daston and Galison, Objectivity, p. 82; Freer, *Linnaeus' Philosophia Botanica*.

38 Freer, *Linnaeus' Philosophia Botanica*.

39 Ibid., p. 17.

40 John Lindley's *Ladies' Botany; or, A Familiar Introduction to the Study of the Natural System of Botany* was first published in 1834; the fifth and final edition appeared in 1848.

41 Jane Loudon, *Botany for Ladies; or, A Popular Introduction to the Natural System of Plants, According to the Classification of De Candolle* (London, 1842), p. vi.

42 Bernard Lightman, *Victorian Popularizers of Science: Designing Nature for New Audiences* (Chicago, il, and London, 2010), pp. 99–100.

43 William Aiton, *Hortus Kewensis, or, A Catalogue of the Plants Cultivated in the Royal Botanic Garden at Kew*, vol. ii: Octandria-Monadelphia (London, 1789), p. 424.

44 Blanche Henrey, *British Botanical and Horticultural Literature before 1800*, vol. ii: The Eighteenth Century: History (Oxford, 1975), p. 53.

45 Martyn, *Letters*, pp. x–xi, n. f.

46 Herreu, *British Botanical and Horticultural Literature Before 1800*, vol. ii,p. xi, n. f.

47 Ibid., p. xii.

48 Thomas Martyn, *The Language of Botany: Being a Dictionary of the Terms Made Use of in that Science, Principally by Linneus: With Familiar Explanations, and an Attempt to Establish Significant English Terms* (London, 1793).

49 John S. Henslow, *A Dictionary of Botanical Terms* (London, 1857). For the review, see Anon., '*A Dictionary of Botanical Terms*. By the Rev.J. S. Henslow, ma, Professor of Botany in the University of Cambridge. Post 8vo. Groombridge, London', *Annals and Magazine of Natural History; Zoology, Botany, and Geology*, xix (1857), p. 480.

50 Gaston Bonnier and Georges de Layens, *Tableaux synoptiques des plantes vasculaires de la flore de la France* (Paris, 1894), title page.

51 Frederick O. Bower, *Sixty Years of Botany in Britain (1875–1935): Impressions of an Eye-Witness* (London, 1938), p. 30; Stuart M. Walters, *The Shaping of Cambridge Botany* (Cambridge, 1981), pp. 70–72.

52 Lightman, *Victorian Popularizers*, p. 6.

53 Jeffrey A. Auerbach, *The Great Exhibition of 1851: A Nation on Display* (New Haven, ct, 1999).

54 David E. Allen, *The Naturalist in Britain: A Social History* (Princeton, nj, 1994); Lightman, Victorian Popularizers.

55 Martyn, *Letters*, p. vii.

56 Ann B. Shteir, C*ultivating Women, Cultivating Science: Flora's Daughters and Botany in England, 1760 to 1860* (Baltimore, 1996); Lightman, *Victorian Popularizers*, pp. 95–165.

57 Elizabeth Twining, *Illustrations of the Natural Orders of Plants with Groups and Descriptions*, vol. i (London, 1868), p. ii.

58 Ibid., p. 161.

59 Allen, *The Naturalist; David E. Allen, Books and Naturalists* (London, 2010).

60 David E. Allen, 'George Bentham's *Handbook of the British Flora: From Controversy to Cult', Archives of Natural History*, xxx/2 (October 2003), pp. 224–36.

61 George Bentham, *Handbook of the British Flora; A Description of the Flowering Plants and Ferns Indigenous to, or Naturalised in, the British Isles, for the Use of Beginners and Amateurs* (London, 1858), p. 2.

62 Arthur R. Clapham, T. G. Tutin and E. F. Warburg, *Flora of the British Isles: Illustrations* (Cambridge, 1957–65). Importantly, the plants used as the models for the illustrations were made into herbarium specimens and permanently preserved. Stella Ross-Craig, *Drawings of British Plants: Being Illustrations of the Species of Flowering Plants Growing Naturally in the British Isles* (London, 1948–74); Ross-Craig omitted drawings of the grasses and sedges.

63 Stella Ross-Craig, *Drawings of British Plants: Being Illustrations of the Species of Flowering Plants Growing Naturally in the British Isles, parts 1–3, Ranunculaceae to Cruciferae* (London, 1948–9), Foreword by Edward Salisbury.

64 Peter Sell and Gina Murrell, *Flora of Great Britain and Ireland*, vol. i, Lycopodiaceae-Salicaceae (Cambridge, 2018), p. xi.

65 William Keble Martin, *Sketches for the Flora* (London, 1972).

66 Allen, *Books and Naturalists*, pp. 443–6.

67 Lynn K. Nyhart, *Modern Nature: The Rise of the Biological Perspective in Germany* (Chicago, il, 2009); Lynn K. Nyhart, 'Natural History and the "New" Biology', in *Cultures of Natural History*, ed. N. Jardine, J. A. Secord and E. C. Spary (Cambridge, 1996), pp. 426–43.

68 David E. Allen, 'Walking the Swards: Medical Education and the Rise of the Botanical Field Class', *Archives of Natural History*, xxvii (2000), pp. 335–67.

69 Tony Bennett, 'Speaking to the Eyes: Museums, Legibility and the Social Order', in *The Politics of Display: Museums, Science, Culture*, ed. Sharon Macdonald (New York, 1998), pp. 25–35.

70 Caitlin Donahue Wylie, 'Teaching Nature Study on the Blackboard in Late Nineteenth- and Early Twentieth-Century England', *Archives of Natural History*, xxxix/1 (March 2012), pp. 59–76.

71 Secord, 'Botany on a Plate'.

72 Massimiano Bucchi, 'Images of Science in the Classroom: Wallcharts and Science Education, 1850–1920', *British Journal for the History of Science*, xxxi/2 (June 1998), pp. 161–84; Secord, 'Botany on a Plate'.

73 Rudolf Schmid, 'Wall Charts (*Wandtafeln*): Remembrance of Things Past', Taxon, xxxix (1990), pp. 471–2; Anna Laurent, *The Botanical Wall Chart: Art from the Golden Age of Scientific Discovery* (London, 2016).

74 Arnold Dodel-Port and Carolina Dodel-Port, *Erläuternder Text zum anatomisch-physiolischen Atlas der Botanik* (Esslingen, 1883), 'Prospekt und Vorwort' (my translation).

75 Walters, *The Shaping of Cambridge Botany*, pp. 51–2.

76 J. B. Morrell, *Individualism and the Structure of British Science in 1830* (Philadelphia, pa, 1971), pp. 86, 131.

77 Laurent, *The Botanical Wall Chart*.

78 Leopold Kny, *Botanische Wandtafeln mit Erlauterndem*, parts 1–13 (Berlin, 1874–1911).

79 Science and Art Department of the Committee of Council on Education, *Catalogue of the Special Loan Collection of Scientific Apparatus at the South Kensington Museum* (London, 1877), p. 988.

80 Walter Deane, 'The Ware Collection of Blaschka Glass Models of Flowers at Harvard', Botanical Gazette, xix/4 (April 1894), p. 148; Jennifer Brown, Scott E. Fulton and Donald H. Pfister, *Glass Flowers: Marvels of Art and Science at Harvard* (New York, 2020).

81 Robert Bud, 'Responding to Stories: The 1876 Loan Collection of Scientific Apparatus and the Science Museum', *Science Museum Group Journal*, i (Spring 2014), doi: 10.15180/140104; Anne-Marie Bogaert-Damin, *Voyage au coeur des fleurs: Modèles botaniques et flores d'Europe au xixe siècle* (Namur, 2007); Jan Brazier and Molly Duggins, 'Visualising Nature: Models and Wall Charts For Teaching Biology in Australia and New Zealand', *reCollections*, x/2 (2015); Henry T. Tribe, 'Sowerby's Models and "Sowerby Inspiration Models" ', *Bulletin of the British Mycological Society*, xviii/1 (April 1984), pp. 61–4.

82 Margaret Maria Olszewski, 'Dr Auzoux's Botanical Teaching Models and Medical Education at the Universities of Glasgow and Aberdeen', *Studies in History and Philosophy of Science Part c: Studies in History and Philosophy of Biological and Biomedical Sciences*, xlii/3 (September 2011), pp. 285–96; Margaret Maria Cocks, 'Dr Louis Auzoux and His Collection of Papier-Mâché Flowers, Fruits and Seeds', *Journal of the History of Collections*, xxvi/2 (July 2014), pp. 229–48.

83 Graziana Fiorini, Luana Maekawa and Peter Stiberc, 'La "Collezione Brendel" di Modelli di Fiori ed Altri Organi Vegetali del Dipartimento di Biologia Vegetale dell'Università degli Studi di Firenze', *Museologia Scientifica*, xxii/2 (January 2007), pp. 249–73; Graziana Fiorini, Luana Maekawa and Peter Stiberc, 'Save the Plants: Conservation of Brendel Anatomical Botany

Models', *Book and Paper Group Annual*, xxvii (2008), pp. 35–45;Giancarlo Sibilio, R. Muoio, B. Menal and Maria Rosaria Barone Lumaga, 'The Collection of Brendel Botanical Models at the Botanical Garden of Naples, Italy', *Delpinoa*, lviii–lix (2016–17), pp. 5–18.

84 Henri Reiling and Tat'jána Spunarová, 'Václav Friĉ (1839–1916) and his Influence on Collecting Natural History', *Journal of the History of Collections*, xvii/1 (January 2005), pp. 23–43; Brazier and Duggins, 'Visualising Nature'.

further reading 延伸閱讀

GENERAL TEXTS ON BOTANICAL ILLUSTRATION

Arber, Agnes, *Herbals, their Origin and Evolution: A Chapter in the History of Botany, 1470–1670* (Cambridge, 1986)

Blunt, Wilfrid, and William T. Stearn, *The Art of Botanical Illustration* (London, 1994)

Bynum, Helen, and William Bynum, Botanical Sketchbooks (London, 2017)

BOTANICAL ILLUSTRATION WEBSITES

Biodiversity Heritage Library
www.biodiversitylibrary.org

An invaluable, freely accessible digital library of the world 's biodiversity-related literature, enabling access to vast numbers of the world 's most famous illustrated botanical books and journals

Botanical Art and Artists
www.botanicalartandartists.com

An actively managed compendium of resources for botanical illustrators

Hunt Institution for Botanical Documentation
www.huntbotanical.org

Provides ready access to large quantities of botanical illustrations, especially unpublished materials

Plant Illustrations
www.plantillustrations.org

Searchable database of thousands of botanical illustrations compiled from web-based sources

acknowledgements 致謝

本書的編寫工作始於 二〇二〇 年英國第一次新冠疫情封鎖後不久。首先要感謝世界各地的植物標本館、檔案館、圖書館和博物館的數位資源，它們保持了對其研究藏品的遠端存取——其中許多在本書中被引用。我感謝已故的 Barrie Juniper——他對植物圖像的熱情不僅僅是對植物多樣性的記錄，而且深具感染力。還要感謝我的妻子 Carolyn Proença 在準備這本書的期間所給予的包容。一位不願透露姓名的捐贈者為彩色印刷的費用做出了貢獻——向他們表示衷心感謝。經過多年醞釀，Reaktion Books 的編輯 Vivian Constantinopoulos 敦促我將自己對植物插圖和植物科學的想法寫成此書。感謝她和 Reaktion Books 團隊付出了辛勤的努力。

photo acknowledgements 圖像出處

Unless stated otherwise, all images are derived from the material in the Sherardian Library of Plant Taxonomy, Bodleian Libraries, University of Oxford.

Page 5: William Baxter, *British phaenogamous botany*(Oxford, 1834), Tab. 44: **Page** 7: Leonard Plukenet,*Amaltheum Botanicum* (Londini, 1705), Tab. ccccliv; **Page** 10: Epitype of *Solanum brasilianum* Dunal; specimen collected by William Dampier in Salvador, Brazil in April–May 1699 (Sher-0451-a; Oxford University Herbaria); **Page** 15: William H. Harvey, *Phycologia Australica*, vol. i (London, 1858), Plate xxxii; **Page** 17: Hieronymus Tragi, *De stirpium* (Argentorati, 1552), p. 341; **Page** 19: William Roxburgh, *Plants of the Coast of Coromandel*, vol. iii (London, 1819), Plate 234; **Page** 22: Leonhard Fuchs, D*e Historia Stirpium Commentarii Insignes* (Basileae, 1542), unumbered Page at end of volume; **Page** 24: ms Sherard 393, f.26 and *Simpson* s.n. (Oxford University Herbaria); **Page** 27: ms Sherard 435, f.57; **Page** 29: Wang Shichang et al., *Chinese Materia Medica illustration* (Ming period, 1505), Cluster mallow (Wellcome Collection); **Page** 30: Hieronymus Tragi, *De stirpium* (Argentorati, 1552), p. 1050; **Page** 31: Pietro A. Mattioli, *Commentarii in sex libros Pedacii Dioscoridis Anazarbei de medica matéria* (Venetiis, 1565), p. 239; **Page** 32: Fabio Colonna, *Phytobasanos, sive plantarvm aliqvot historia* (Napoli, 1592), p. 111; **Page** 36: Johann C. D. von Schreber, Beschreibung der Gräser Nebst Inhren Abbildungen Nach der Natur (Leipzig, 1769), Tab. X; **Page** 36: RO, 'Bye-notes on Nile trees ', *The Garden* (1871), p. 173; **Page** 37: John F. Royle, I*llustrations of the Botany and other Branches of the Natural History of the Himalayan Mountains, and of the Flora of Cashmere*, vol. ii: *Plates* (London, 1839), Plate 75; **Page** 40: Nature print, 1690s–1710s, probably by Jacob Bobart the Younger (Mor_Misc_1599; Oxford University Herbaria); **Page** 41: William G. Johnstone and A. Croall, *The Nature-printed British Sea-weeds: a History, Accompanied by Figures and Dissections of the Algae of the British Isles* (London, 1859), Plate lvi; **Page** 42: Crispijn van de Passe, *Hortus Floridus* (Arnhemii, 1614), Plate d.10; **Page** 45: Homi Shirasawa, *Iconographie des essences forestiéres du Japon* (Tokyo, 1900), Tab. 73; **Page** 46: MacGregor Skene, *A Flower Book for the Pocket* (London, 1935), p. 290; **Page** 53: Otto Brunfels, *Herbarum Vivae Eicones* (Argentorati, 1530), p. 36; **Page** 55 left: Otto Brunfels, *Herbarum Vivae Eicones* (Argentorati, 1530), p. 41; **Page** 55 right: Leonhard Fuchs, *De Historia stirpium commentarii insignes* (Basileae, 1542), p. 69; **Page** 59: Charles E. Moss, *The Cambridge British Flora*, vol. iii: *Portulaceae to Fumariaceae. Text* (Cambridge, 1920), t. 49; **Page** 58: John Gerard, *The Herball or General Historie of Plantes* (London, 1633), p.

1592; Wilhem Piso and G. Markgraf (1648) H*istoria Naturalis Brasiliae* (Lugdun Batavorum, 1648), Lib. II: 71; Robert Morison, *Plantarum Historiae Universalis Oxoniensis Pars Secunda* (Oxonii, 1680), Sect. 1, Tab. 1; **Pages** 59: Paulo Boccone, *Icones & descriptiones rariorum plantarum Siciliae, Melitae, Galliae, & Italiae* (Oxford, 1674), Tab. 36); Robert Morison, *Plantarum historiae universalis oxoniensis pars tertia* (Oxonii, 1699), Sect. 7, Tab. 12; **Page** 61: Otto Brunfels, *Herbarum vivae eicones* (Argentorati, 1530), p. 46; William Turner, *A New Herball* (London, 1551), p. 24; Leonhard Fuchs, *De Historia stirpivm commentarii insignes* (Basileae, 1542), p. 69; **Page** 62: José Velloso, *Florae Fluminensis Icones*, vol. iv (Pariis, 1827), Tab. 71; **Page** 63: W. F. von Gleichen-Rußwurm, *Auserlesene Mikroskopische Entdeckungen bey den Pflanzen, Blumen und Blüthen, Insekten und Andern Merkwürdigkeiten* (Nürnberg, 1777), Tab. xlii; **Page** 65: Adolf Engler and L. Diels, *Monographieen Afrikanischer Pflanzen-Familien und -Gattungen. iii. Combretaceae – Combretum* (Leipzig, 1899), Taf. vii; **Page** 66: Mark Catesby, *The Natural History of Carolina, Florida, and the Bahama Islands*, vol. ii (London, 1771), Appendix, Plate 20; **Pages** 68–9: Elizabeth Blackwell, *Herbarivm Blackwellianvm. Centvria VI* (Norimbergae ,1773), tt. 561–3; **Page** 75: ms Sherard 245, f.60 and ms Sherard 247, f.27r (Sherardian Library of Plant Taxonomy); **Page** 78: John Sibthorp and J. E. Smith, *Flora Graeca 3(2)* (London, 1821), t. 290; ms Sherard 242, f.6; **Page** 84: Anonymous, *Hortus Sanitatis* (probably Strasbourg, c. 1492), Chap. cclxxvi and Chap. cclxxvii; **Page** 87: Giulio Pontedera, *Anthologia* (Padua, 1720), Tab. 8; **Page** 90: Jens Holmboe, *Studies on the Vegetation of Cyprus* (Bergen, 1914), fig. 61; **Page** 93: Robert Morison, *Plantarum umbelliferarum distributio nova* (Oxonii, 1672), Tab. 3; **Page** 94: Christoph J. Trew, *Plantae Selectae* (Augsburg, 1750–73), Tab. xx; **Page** 95: William J. Hooker, '*Adansonia digitata*. Ethiopian Sour-gourd, or Monkiey Bread ', *Curtis 's Botanical Magazine*, lv (1828), t. 2792; **Page** 97: Robert Hooke, *Micrographia* (London, 1665), Schem. xv; **Page** 99: Hugo Mohl, *Ueber den Bau und das Winden der Ranken und Schlingpflanzen* (Tübingen, 1827), Tab. vi; Hugo Mohl, 'Ueber den Bau der Grossen Getüpfelten Röhren von *Ephedra* ', *Linnaea*, vi (1831), Taf. viii; **Page** 102: *Wilhelm Hofmeister, Vergleichende Untersuchungen der Keimung, Entfaltung und Fruchtbildung höherer Kryptogamen* (Moose, Farrn, Equisetaceen, Rhizocarpeen und Lycopodiaceen) und der Samenbildung der Coniferen (Leipzig, 1851), Plate v; **Page** 103: Moldenhawer, JJP (1812) *Beyträge zur Anatomie der Pflanzen*. Kiel, Gedruckt in der Königlichen Schulbuchdruckeret durch. C. L. Wäser, Tab. 1; **Page** 105: Elizabeth Blackwell, *A Curious Herbal* (London, 1737), Plate 83; **Page** 108: Robert Wight, *Icones Plantarum Indiae Orientalis*, vol. i (Madras, 1840), Plate 38; **Page** 114: Joseph P. Tournefort, *Relation d 'un Voyage du Levant* (Lyon, 1717), p. 190; **Pages** 116–17: ms Sherard 245, f.79; ms Sherard 247, f.21; Sib-0790; **Page** 119: Anonymous, 'The Great Dragon Tree ', *The Gardeners ' Chronicle and Agricultural Gazette*, xxxii (1872), pp. 763–5; **Page** 121: Edmond Boissier, *Voyage Botanique dans le Midi de l 'Espagne Pendant l'Année 1837.* Tome I (Paris, 1839), Tab. 20; **Page** 123 Top: Francis Masson, *Stapeliae Novae* (London, 1796), Tab. 13; **Page** 123 Bottom: S. T. Edwards, '*Burchellia capensis*. Cape Burchellia ', *Botanical Register*, vi (1820), t. 466; **Page** 125: Joseph D. Hooker, '*Mesembryanthemum truncatellum* ', *Curtis's Botanical Magazine*, c (1874), t. 6077; **Page** 126: Isaac B. Balfour, 'Botany of Socotra ', *Transactions of the Royal Society of Edinburgh*, xxxi (1888), Tab. xii; **Page** 127: Isaac B. Balfour,

'Botany of Socotra ', Transactions of *the Royal Society of Edinburgh*, xxxi (1888), Tab. xcvi; **Page** 131 Top: R. Graham, *'Clianthus puniceus.* Crimson Glory-pea ', Curtis 's *Botanical Magazine*, lxiv (1837), t. 3584; **Page** 131 Bottom: Joseph D. Hooker, *The Botany of the Antarctic Voyage of H.M. Discovery Ships Erebus and Terror. ii. Flora Novae-Zelandiae. Part I. Flowering Plants* (London, 1853), Plate xxix; **Page** 132: Thomas F. Cheeseman, *Illustrations of the New Zealand Flora*, vol. ii (Wellington, 1914), Plate 176; **Page** 137: Hipólito Ruiz and José Pavón *Flora Peruviana, et Chilensis. Tomus ii* (Madrid, 1799), Plate cxcii; **Page** 139: Jean B.C.F. Aublet, jbcf *Histoire des Plantes de la Guiane Françoise. Tome Troisième* (Londres, Paris: 1775), Tab. 174; **Page** 140: JS, 'Tulipes simples hatives ', *Flore des Serres et des Jardin de l 'Europe*, xvi (1865), t. 1684; **Page** 145: Basil Besler, *Hortus Eystettenis* (Nuremberg, 1613), Autumn, Plate 345; **Page** 147: Johann J. Dillenius, *Hortus Elthamensis seu Plantarum Rariorum quas in Horto suo Elthami in Cantio*, vol. i (Londini, 1732), Tab. 34; **Page** 148: Auguste P. de Candole, *Plantes Grasses de P. J. Redouté, Peintre du Muséum National d 'Histoire Naturelle. 24a Livraison (Paris, c. 1802)*, 'Cierge à cochenille '; **Page** 151: William Curtis, *'Strelitzia reginae.* Canna-leaved strelitzia ', *Botanical Magazine*, iv (1791), t. 119; **Page** 152: Nathaniel Wallich, Plantae Asiaticae rariores, vol. i (London, 1830), t. 1; **Page** 153: William J. Hooker, *'Victoria Regia.* Victoria water-lily ', *Curtis 's Botanical Magazine*, lxxiii (1847), t. 4275; **Page** 159: Joseph D. Hooker, *The Rhododendrons of Sikkim-Himalaya* (London, 1849–51), Plate xii; **Page** 160: Michał Boym, Flora Sinensis, *Fructus Floresque Humillime Porrigens* (Vienna, 1656), Plate DE;163 Top: William J. Hooker, *'Epiphyllum russelianum.* The Duke of Bedford 's Epiphyllum ', *Curtis 's Botanical Magazine*, lxvi (1840), t. 3717; **Page** 163 Bottom: Joseph D. Hooker, *'Rhodotypos kerrioides '*, *Curtis 's Botanical Magazine*, xcv (1869), t. 5805; **Page** 166: E. Pynaert, 'Chrysanthèmes a Petites Fleurs (Pertuzès). Variétés Nouvelles ', *Flore des Serres et des Jardins l 'Europe*, xiv (1861), p. 271; **Page** 167: James Bateman, *The Orchidaceae of Mexico and Guatemala* (London, 1837–43), Tab. xiii; **Page** 172: Maxwell T. Masters, *'Nepenthes Northiana*, Hook.f., Sp. Nov. ', *The Gardeners ' Chronicle*, xvi (1881), p. 717, supplementary image (Oxford University Herbaria); **Page** 177: Anonymous, 'Le Phylloxera, ses Ravages son Mode de Propogation, les Moyens de la Reconnaitre et de le Detruire ', *Flore des Serres et des Jardin de l 'Europe*, xix (1873), p. 140; **Page** 180: J. Grafen Leszczyc-Sumiński, *Zur Entwickelungs-Geschichte der Farrnfräuter* (Berlin, 1848), Taf. 1; **Page** 185: Alexander Tschirch and O. Oesterle, *Anatomischer Atlas der Pharmakognosie und Nahrungsmittelkunde* (Leipzig, 1900), Taf. 66; **Page** 187: Andrew Pritchard, *A History of Infusoria, Including the Desmidiaceae and Diatomaceae, British and Foreign* (London, 1861), Plate viii (Private collection); **Page** 188: Ernst Haeckel, *Kunstformen der Natur* (Leipzig und Wien, 1901), Taf. 24 (Private collection); **Page** 191: Nehemiah Grew, *The Anatomy of Plants* (London, 1682), t. 28; **Page** 193: Charles-François de Mirbel, 'Nouvelles Notes sur le Cambium. Estraites d 'um Travail sur l 'Anatomie de la Racine du Dattier ', *Mémoires de l 'Académie (Royale) des Sciences de l 'Institut (Imperial) de France*, xviii (1842), Plate. xii; **Page** 194: Peter S. Pallas, *Flora Rossica.* Tomi I (Petropoli, 1784), t. C. (Private collection); **Page** 196: John Lindley, 'Oncidium altissimum, Lofty Oncidium ', *Edwards 's Botanical Register*, xix (1833), t. 1651; **Page** 197: Franz Bauer and J. Lindley *Illustrations of Orchidaceous Plants* (London, 1830–38), Tab. vii; **Page** 199: Franz Bauer and J. Lindley *Illustrations of Orchidaceous Plants* (London, 1830–

38), Tab. ix; **Pages** 203、204: Michael P. Edgeworth, *Pollen* (London, 1877), Plate xix; Manuscript notes (ms Sherard 468, f.35); **Page** 205: Abraham Munting, *Naauwkeurige Beschryving der Aardgewassen* (Leyden, 1696), t. 3; **Page** 206: Thomas Moore, *The Ferns of Great Britain and Ireland* (London, 1855), Plate xlii;**Page** 208: William Curtis, *Flora Londinensis* (London, 1777), t. 41; **Page** 210 Left: Robert Morison, P*lantarum historiae universalis oxoniensis pars secunda* (Oxonii, 1680), Sect. 3, Tab. 1; **Page** 210 Righr: Mordecai Cooke, *Illustrations of British Fungi* (Hymenomycetes), vol. ii (London, 1881–3), Plate 178; **Page** 202: Pier A.Micheli, *Nova plantarvm genera* (Florentiae, 1729), t. 95; **Page** 212 Top: Franz Bauer, 'On the Ergot of Rye', *Transactions of the Linnean Society of London*, xviii (1840), Plate 32; **Page** 212 Bottom: Louis Pasteur, *Etudes sur la Bière, ses Maladies, Causes qui les Provoquent, Procédé pour le Render Inaltérable, avec une Théorie Nouvelle de la Fermentation* (Paris, 1876), Plate ix (Private collection); **Page** 214: Carl F. P. Martius, *Flora Brasiliensis. Tabulae Physiognomicae Brasiliae Regiones. Volumen I. Pars I* (Monachii, 1906), t. 15; **Page** 217: Hendrik van Reede tot Drakenstein, Hortus Malabarici. Pars Tertia (Amstelaedami, 1682), fig. 2; **Page** 219: Carl L. Blume, *Rumphia* (Lugduni Batavorum, 1835), Tab. 22; **Page** 221: Robert Brown, 'An Account of a New Genus of Plants, Named *Rafflesia*', *Transactions of the Linnean Society of London*, xiii (1822), Plate xv; **Page** 222: Joseph D. Hooker, 'On Welwitschia, a New Genus of Gnetaceae', *Transactions of the Linnean Society of London*, xxiv (1863), Plate I; **Page** 225: Louis Figuier, *The Vegetable World: Being a History of Plants* (London, 1869), p. 127 (Private collection); **Page** 227: Joseph D. Hooker, *Illustrations of Himalayan Plants* (London, 1855), Plate xix; **Page** 230: Charles V. Naudin, 'Le Wellingtonia Gigantea', *Flore des Serres et des Jardins de l'Europe*, ix (1853), Plate 892; **Page** 233: Wilhem Piso and G. Markgraf, *Historia Naturalis Brasiliae* (Lugdun Batavorum, 1648), Titlepage; **Page** 234–235 top: Carl F. P. Martius, *Flora Brasiliensis. Tabulae Physiognomicae Brasiliae Regiones. Volumen I. Pars I* (Monachii, 1906), t. 10; **Page** 236–237: Carl F. P. Martius, *Flora Brasiliensis. Tabulae Physiognomicae Brasiliae Regiones. Volumen I. Pars I* (Monachii, 1906), t. 16; **Page** 242: Carolus Clusius, *Atrebatis cvrae posteriores* (Antwerp, 1611), p. 42; **Page** 246: Christian K. Sprengel, *Das Entdeckte Geheimniss der Natur im Bau und in der Befruchtung der Blumen* (Berlin, 1793), Titlepage; **Page** 248: Christian K. Sprengel, *Das Entdeckte Geheimniss der Natur im Bau und in der Befruchtung der Blumen* (Berlin, 1793), Plate xxiv; **Page** 251: *Anonymous, 'Angraecum sesquipedale. Sesquipedalian anagaecum', Curtis's Botanical Magazine*, lxxxv (1859), t. 5113; **Page** 252: John Lindley, 'Mimulus moschatus. Musk-scented Monkey-Flower', *Botanical Register*, xiii (1827), t. 1118; William J. Hooker, 'Mimulus cardinalis. Cardinal Monkey-flower', Curtis's Botanical Magazine, lxiv (1837), t. 3560; **Page** 254: Hendrik van Rheede tot Drakenstein, *Hortus Malabarici*. Tom. I (Amstelaedami, 1678), fig. 15; **Page** 255: Philip Miller, *figures of the Most Beautiful, Useful, and Uncommon Plants Described in the Gardeners Dictionary, vol. i* (London, 1755), Plate xlvi; **Page** 256: Felix Rosen, 'Systematische und Biologische Beobachtungen über *Erophila verna*', *Botanische Zeitung*, xlviii (1889), t. 8; **Page** 257: Ludwig eichenbach, *Icones Florae Germanicae et Helveticae*, vol. iii: *Papaveraceae, Cappārideae, Violaceae, Cistinieae et Ranunculaceae pro parte* (Lipsiae, 1838–39), Plate iii; **Page** 259: Joseph H. Maiden, *A Critical Revision of the Genus Eucalyptus*, vol. ii (Sydney, 1914), Plate 55; **Page** 260: George Brookshaw, *Pomona Britannica*

(London, 1804–12), Plate xc; **Page** 262: John Gerard, *The Herball; or, Generall Historie of Plantes* (London, 1597), p. 316; John Parkinson, *Paradisi in Sole* (London, 1629), p. 485; John Gerard, *The Herball; or, General Historie of Plantes* (London, 1633), p. 393; **Page** 264: John Lindley and W. Hutton, *The Fossil Flora of Great Britain*, vol. i (London, 1831), Plate 1; **Page** 265: Daniel Oliver, '*Actinotinus sinensis, Oliv.* ', *Hooker 's Icones Plantarum*, xviii (1888), t. 1740; **Page** 268: Alexander von Humboldt, *Plantes équinoxiales*. (Paris, 1808), t. 36; **Page** 271: Aylmer B. Lambert, *A Description of the Genus Pinus* (London, 1803), Tab. viii; **Page** 275: ms Sherard 244, f.2; **Page** 277: August J. G. K. Batsch, *Analyses florum e diversis plantarum generibus* (Halae Magdeburgicae, 1790), Tab. vii; **Page** 278: Daniel M 'Alpine, *The Botanical Atlas*, vol. i: *Phaneogams* (Edinburgh, 1883), Plate xxii; **Page** 280: Robert J. Thornton, *New Illustration of the Sexual System of Carolus von Linnaeus: and the Temple of Flora, or Garden of Nature* (London, 1807), Mimosa; **Page** 283: Charles S. Sargent, *The Silva of North America*, vol. v: *Hamamelideae-Sapotaceae* (Boston and New York, 1893), Plate cxcviii; **Page** 285: Carolus Linnaeus, *Hortus Cliffortianus* (Amstelaedami, 1737), Tab. V; **Page** 287: John Martyn, *Historia Plantarum Rariorum* (Londini, 1728), Plate 3; **Pages** 288–289: Gaston Bonnier, *Name This Flower* (London and Toronto, 1917), pp. 164–5, plates 56–7 (Private collection); **Page** 294: Elizabeth Twining, *Illustrations of the Natural Orders of Plants with Groups and Descriptions*, vol. i (London, 1868), Plate 122; **Page** 296: Leopold Kny, *Botanische Wandtafeln* (Berlin, early 1900s), Tab. li (Oxford University Herbaria); **Page** 297: Arnold Dodel-Port and C. Dodel-Port, *Anatomisch Physiologische Atlas der Botanik* (Esslingen, early 1900s), Tab. xxx (Oxford University Herbaria); **Page** 298: 'Pinus Laricio. (Germination of Microspore) ', artist unknown, early twentieth century (Oxford University Herbaria); **Page** 301: Didactic botanical models, Brendel Company (Berlin, late 1800s), autumn crocus and cypress spurge (Oxford University Herbaria).

[flow] 005

妝花：藝術與科學相映的植物插畫演進史

THE BEAUTY OF THE FLOWER

作者　史蒂芬・A・哈里斯 Stephen A. Harris
譯者　王立柔・林庭如
審定　林哲緯

副總編輯　洪源鴻
企劃選書　董秉哲
責任編輯　董秉哲
封面設計　朱疋
版面構成　adj. 形容詞
文字校訂　郭正偉
行銷企劃　二十張出版

出版　二十張出版 — 左岸文化事業有限公司
發行　遠足文化事業股份有限公司（讀書共和國出版集團）
地址　新北市新店區民權路108之3號3樓
電話　02・2218・1417
傳真　02・2218・0727
客服專線　0800・221・029
信箱　akker2022@gmail.com
Facebook　facebook.com/akker.fans
法律顧問　華洋法律事務所 — 蘇文生律師

製版　中原造像股份有限公司
印刷　中原造像股份有限公司
裝訂　中原造像股份有限公司

出版　二〇二五年五月 — 初版一刷
定價　五五〇元

ISBN — 978・626・7662・08・3（平裝）、978・626・7662・05・2（ePub）、978・626・7662・04・5（PDF）

國家圖書館出版品預行編目（CIP）資料：妝花：藝術與科學相映的植物插畫演進史
史蒂芬 A. 哈里斯 STEPHEN A. HARRIS 著 — 初版 — 新北市：二十張出版 — 左岸文化事業有限公司
（flow; 5） 譯自：The beauty of the flower　2025.5　320 面　16 × 23 公分　ISBN：978・626・7662・08・3（平裝）
1. 植物學　2. 生物科學　3. 繪畫史　370　114001146

AKKER
二十張出版

妝花

THE BEAUTY *of the* FLOWER

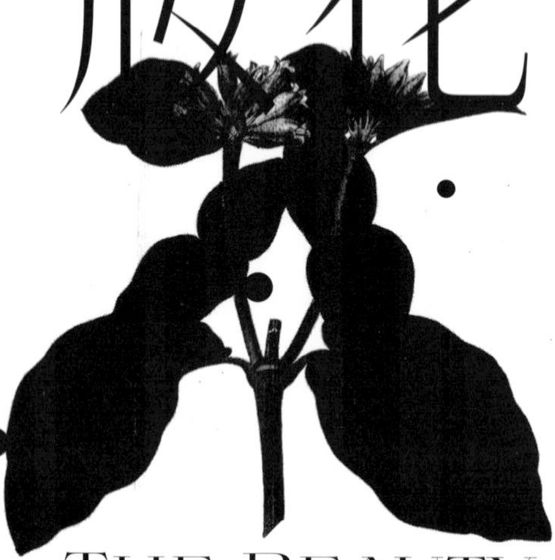

史蒂芬・A・哈里斯 Stephen A. Harris